AF551700

EUL
VERLAG

NUTZUNG VON ANALOGIEN FÜR DIE ENTWICKLUNG VON LOGISTIKINNOVATIONEN

Konzeption eines Vorgehens zur Anwendung von Analogien in der Logistik

Vom Promotionsausschuss der
Technischen Universität Hamburg-Harburg
zur Erlangung des akademischen Grades
Doktor-Ingenieur (Dr.-Ing.)

genehmigte Dissertation

von

Nikolaus Christian Wagenstetter

aus Rosenheim

2015

1. Gutachter: Prof. Dr. Dr. h. c. Wolfgang Kersten
Institut für Logistik und Unternehmensführung
Technische Universität Hamburg-Harburg

2. Gutachter: Prof. Dr.-Ing. Heike Flämig
Institut für Verkehrsplanung und Logistik
Technische Universität Hamburg-Harburg

Tag der mündlichen Prüfung: 08.06.2015

Reihe: Supply Chain, Logistics and Operations Management · Band 19
Herausgegeben von Prof. Dr. Dr. h. c. Wolfgang Kersten, Hamburg

Nikolaus Christian Wagenstetter

Nutzung von Analogien für die Entwicklung von Logistikinnovationen

Konzeption eines Vorgehens zur Anwendung von Analogien in der Logistik

Mit einem Geleitwort von Prof. Dr. Dr. h. c. Wolfgang Kersten,
Technische Universität Hamburg-Harburg

Bibliografische Information der Deutschen Nationalbibliothek

Die Deutsche Nationalbibliothek verzeichnet diese Publikation in der Deutschen Nationalbibliografie; detaillierte bibliografische Daten sind im Internet über <http://dnb.d-nb.de> abrufbar.

Dissertation, Technische Universität Hamburg-Harburg, 2015

ISBN 978-3-8441-0414-1
1. Auflage August 2015

JOSEF EUL VERLAG GmbH
Brandsberg 6
53797 Lohmar
Tel.: 0 22 05 / 90 10 6-6
Fax: 0 22 05 / 90 10 6-88
E-Mail: info@eul-verlag.de
http://www.eul-verlag.de

Bei der Herstellung unserer Bücher möchten wir die Umwelt schonen. Dieses Buch ist daher auf säurefreiem, 100% chlorfrei gebleichtem, alterungsbeständigem Papier nach DIN 6738 gedruckt.

Geleitwort

Technologischer Fortschritt, verschärfte Konkurrenzbedingungen und ein sich ständig wandelndes Kundenverhalten zwingen die Logistikbranche zur Entwicklung innovativer Lösungen, um ihre Wettbewerbsfähigkeit zu steigern. Dennoch werden in der Logistik im Vergleich zu anderen Industrien weniger Innovationen generiert und erfolgen häufig erst auf Anstoß des Kunden. Auf Grund von fehlenden Methodenkenntnissen und der Dominanz des Tagesgeschäfts ist häufig kein Prozess zur Entwicklung von Logistikinnovationen definiert. Das daraus resultierende reaktive Innovationsverhalten der Logistik erweist sich letztlich als kostenintensive Vorgehensweise, durch die meist nur inkrementelle Innovationen hervorgebracht werden. Dabei fordern sowohl Kunden als auch Logistiker selbst verstärkt radikale Innovationen in der Logistik.

Mit der vorliegenden Arbeit greift Herr Nikolaus Christian Wagenstetter genau das Themenfeld der Entwicklung eines strukturierten Vorgehens zur Generierung von radikalen Logistikideen auf. Zum Erreichen des Forschungsziels unterteilt er seine Arbeit in drei Teilbereiche. Zu Beginn setzt er sich mit der aktuellen Entstehung von Innovationen in Logistik auseinander, indem er sowohl eine Literaturrecherche als auch einen Praxisabgleich durch eine qualitative empirische Erhebung mit Industrievertretern aus der Logistik durchführt.

Im zweiten Abschnitt untersucht Herr Wagenstetter die Anwendung von Analogien und deren Nutzung in der Logistik. Die Anwendung von Analogien ist eine vielversprechende Methode, bei der aus verschiedenen Bereichen Wissen zusammengeführt wird, um Problemstellungen kreativ zu lösen. Insbesondere für die Generierung von radikalen Innovationen ist die Anwendung von Analogien eine geeignete Methode. Als Forschungsmethode wird dazu ein Systematic Literature Review angewendet. Das Ergebnis des Systematic Literature Review zeigt, dass Analogien bereits erfolgreich in der Logistik eingesetzt werden, jedoch noch kein systematisches Vorgehen zur Identifikation von solchen Analogien existiert.

Aus diesem Grund generiert Herr Wagenstetter im dritten Teil seiner Arbeit ein Vorgehen für die Anwendung von Analogien in der Logistik. Dazu entwickelt er sowohl eine Methodik mit geeigneten Hilfsmitteln in den einzelnen Phasen der Anwendung als auch ein Analogienetzwerk. In dem Analogienetzwerk sind allgemeine Logistikprobleme bereits mit dazu geeigneten analogen Bereichen vernetzt, um ein schnelles Auffinden von Analogien ohne große methodische Kenntnisse zu ermöglichen. In diesem dritten Teil der Arbeit wendet Herr Wagenstetter erneut eine Literaturrecherche und eine qualitative empirische Erhebung an und optimiert sein Vorgehen durch mehrere Workshops mit Experten aus Logistikunternehmen. Für eine einfache Anwendung in der Praxis werden die Erkenntnisse zusätzlich in eine webbasierte Software überführt, deren Anwendung durch ein Benutzerhandbuch unterstützt wird.

Mit Hilfe der abschließenden Evaluation des entwickelten Gesamtvorgehens durch Logistiker konnte dessen Praxistauglichkeit nachgewiesen werden. Deshalb ist davon auszugehen, dass die vorliegende Arbeit nicht nur für die Wissenschaft, sondern insbesondere auch für die Wirtschaft wichtige Impulse liefern wird, um die Logistik künftig deutlich innovativer zu gestalten.

Hamburg, im Juli 2015
Prof. Dr. Dr. h. c. Wolfgang Kersten

Inhaltsverzeichnis

Abbildungsverzeichnis

Tabellenverzeichnis

Abkürzungsverzeichnis

A	Analogie
B	Bionik
FMEA	Failure Mode and Effects Analysis
IB	Ingenieurstechnische Bionik
KMU	Kleine und mittlere Unternehmen
L	Logistik
LU	Luscinius
IÜ	industrieübergreifend
QFD	Quality function development
RI	radikale Innovationen
SCM	Supply Chain Management
SFT	Suchen, Finden und Transfer
SQAT	Search, Qualify, Analyze and Transfer
TB	Technische Biologie
TRIZ	Teoria Reschenija Isobretatjelskich Sadatsch
VDI	Verein Deutscher Ingenieure

1 Einleitung

1.1 Ausgangssituation

In der Logistik wird ein weites Spektrum an Dienstleistungen angeboten. Die Kernleistungen Transport, Umschlag und Lagerung werden von Informationsleistungen und einer immer größer werdenden Anzahl an Zusatzleistungen unterstützt (vgl. Isermann 1994, S. 25). Aufgrund der zunehmenden globalen Vernetzung von Unternehmen und dem steigenden Trend des Outsourcings verzeichnet die Logistikbranche ein rasantes Wachstum (vgl. Anderson et al. 2011, S. 97; Ellinger et al. 2008, S. 353). Durch Innovationen können sich Logistikunternehmen in diesem hart umkämpften Wettbewerbsumfeld von ihren Konkurrenten absetzen. ANDERSON ET AL. (2011) weisen in ihrer Studie darauf hin, dass bei der Fremdvergabe von Logistikleistungen der Innovationsgrad des Logistikunternehmens eine entscheidende Rolle spielt.

Innovationen beschränken sich nicht nur auf physische Produkte und technologische Verbesserungen, sondern umfassen auch die Entwicklung von neuen Dienstleistungen und Prozessen. Die meisten Konzepte des Innovationsmanagements wurden für die Entwicklung von physischen Produkten entworfen. Dienstleistungen jedoch besitzen besondere Charakteristika, die eine unreflektierte Übertragung der Innovationsmanagementansätze für physische Produkte erschweren (vgl. Stauss und Bruhn 2013, S. 10; Burr und Stephan 2006, S. 106; Meiren und Barth 2002, S. 13).

Logistische Dienstleistungen sind immateriell und können nicht auf Lager produziert werden. Bei der Produktion ist eine Integration des externen Faktors notwendig und findet zeitgleich mit dem Konsum der logistischen Dienstleistung statt (vgl. Corsten und Gössinger 2007, S. 27).

Die Erfolgsfaktoren des Innovationsmanagements für Dienstleistungen sind denen für physische Produkte ähnlich (vgl. Cooper und de Brentani 1991, S. 85). Im Innovationsprozess für Dienstleistungen sind jedoch besondere Eigenschaften in Bezug auf den Inhalt und die Aktivitäten innerhalb bestimmter Phasen zu berücksichtigen. Weiterhin ist von einer längeren Entwicklungszeit für Dienstleistungsinnovationen im Vergleich zur Entwicklung innovativer physischer Produkte auszugehen (vgl. Hipp et al. 2007, S. 420).

In der Logistik entstehen Innovationen meist nur als Reaktionen auf einzelne Kundenanforderungen (vgl. Kersten et al. 2010, S. 370). Aufgrund des hohen Zeitdrucks während der Entwicklung von reaktiven Innovationen sind sie schwieriger durchzuführen als proaktive Innovationen (vgl. Oke 2008, S. 21). Außerdem werden aufgrund dieser Herangehensweise kaum standardisierte Lösungen entwickelt, weshalb die individuelle Anpassung für andere Kunden nur mit erhöhtem Mehraufwand möglich ist. Insgesamt erweist sich das reaktive Innovationsverhalten der Logistik als kostenintensive Vorgehensweise, durch die meist nur am Branchentrend orientierte geringfügige Verbesserungen erzeugt werden (vgl. Frunzke 2010, S. 294; Cowell 1988, S. 306). Dabei wird auf den Bedarf von radikalen Innovationen in der Logistik mehrfach hingewiesen (Singhal und Singhal 2012a, S. 243; Golicic und Sebastiao 2011, S. 255).

Der Entstehungspunkt von radikalen Innovationen liegt in der Phase der Ideengenerierung. Ansätze des klassischen Innovationsmanagements können in dieser Phase der Logistikinnovation angewandt werden, jedoch werden diese kaum von Logistikern genutzt (vgl. Klement 2007, S. 217). Aus diesem Grund wird ein strukturierter und systematischer Ansatz benötigt, der durch geeignete Methoden unterstützt wird (vgl. Busse und Wagner 2008, S. 115; Klement 2007, S. 212). Ein leicht anzuwendender Ansatz, der die Anforderungen der Logistik an diese Phase des Innovationsmanagements berücksichtigt, könnte das Innovationspotential in der Logistik erheblich steigern.

Die Anwendung von innovativen Analogien in der Phase der Ideengenerierung ist eine vielversprechende Methode, um erfolgreich radikale Lösungsansätze zu erzeugen. Bei der Anwendung von Analogien wird Wissen aus unterschiedlichen Bereichen kombiniert, um die Problemstellung innovativ zu lösen (vgl. Kalogerakis et al. 2014, S. 4). Eine Übertragung dieser Methode auf die Logistik fand jedoch noch nicht statt.

1.2 Zielsetzung der Arbeit

Die Zielsetzung dieser Arbeit ist die Entwicklung eines Vorgehens zur Generierung von radikalen Logistikideen. Zum Erreichen des Forschungsziels werden sukzessive folgende drei Forschungsfragen hergeleitet:

1. Forschungsfrage:	**Wie entstehen aktuell Innovationen in der Logistik?**
2. Forschungsfrage:	**Existieren Ansätze der Verwendung von Analogien, um Logistikinnovationen zu generieren?**
3. Forschungsfrage:	**Wie ist ein Vorgehen für die Anwendung von Analogien in der Logistik auszugestalten?**

Die erste Forschungsfrage analysiert den aktuellen Entstehungsprozess von Innovationen in der Logistik, um ein tieferes Verständnis bereits etablierter Prozesse und Methoden des Innovationsmanagements bei Logistikunternehmen zu erhalten.

Aufbauend auf diesen Erkenntnissen wurde die zweite Forschungsfrage abgeleitet. Diese beschäftigt sich mit dem Ansatz von Analogien in der Logistik. Ziel ist es dabei, den aktuellen Stand der Forschung in diesem Bereich zu analysieren. Die Antwort auf die zweite Forschungsfrage bildet die Basis, um im dritten Schritt ein Vorgehen für die Anwendung von Analogien in der Logistik zu entwickeln und zu bewerten.

1.3 Vorgehensweise

Der Aufbau dieser Arbeit gliedert sich in acht Kapitel (siehe Abbildung 1). Nachfolgend zur Einleitung werden im **zweiten Kapitel** die für diese Arbeit notwendigen theoretischen Grundlagen dargelegt. Es werden die Begriffe Innovation, Innovationsmanagement, Analogien und Logistik erläutert, danach steht die erste Forschungsfrage im Fokus.

Zur Beantwortung der ersten Forschungsfrage wird in **Kapitel 3** zunächst eine Literaturrecherche zum Innovationsmanagement in der Logistik durchgeführt. Zum Praxisabgleich werden Logistiker über Innovationsprozesse und Methoden in ihren Unternehmen mittels qualitativer Interviews befragt. Am Ende des dritten Kapitels wird die erste Forschungsfrage beantwortet und die zweite abgeleitet.

Im **vierten Kapitel** wird die Anwendung von Analogien genauer analysiert, um sich mit der zweiten Forschungsfrage detaillierter auseinanderzusetzen. Als Basis für die spätere Entwicklung eines Vorgehensmodells der Anwendung von Analogien in der Logistik wird besonders auf in der Literatur beschriebenen Vorgehensmodelle eingegangen. Im Anschluss daran wird ein Systematic Literature Review zum Themenbereich Analogien in der Logistik durchgeführt, um bereits geleistete Vorarbeiten zu identifizieren.

In den Kapiteln 5, 6 und 7 wird das Vorgehen für die Anwendung von Analogien in der Logistik entwickelt und bewertet (3. Forschungsfrage). Dafür werden in **Kapitel 5** zwei unterschiedliche Ansätze verfolgt. Zum einen wird das Vorgehen in den entscheidenden Phasen methodisch an die Anforderungen der Logistik angepasst. Dazu werden in einem Workshop Anforderungen der Logistik an ein solches Vorgehen ermittelt, die als Kriterien für die anschließende Methodenauswahl dienen. Durch eine mehrstufige Pilotanwendung werden die ausgewählten Methoden bewertet und weiter für den Einsatz in der Logistik optimiert. Zum anderen erfolgt die Entwicklung eines Analogienetzwerks für die Logistik, mit dessen Unterstützung Logistiker ressourcenschonend und zielgerichtet analoge Bereiche identifizieren können. Ausgangspunkt der Entwicklung des Analogienetzwerks ist die Identifikation von logistischen Problemen durch qualitative Interviews. Anschließend wurden durch Workshops die Logistikprobleme abstrahiert und mit analogen Bereichen verknüpft.

Das **sechste Kapitel** bereitet das entwickelte Vorgehen für die Anwendung in der Praxis auf. Dafür werden zunächst beide Ansätze in einem Gesamtvorgehen integriert. Das Gesamtvorgehen wird danach in ein webbasiertes Softwaretool umgesetzt, um eine benutzerfreundliche Anwendung besonders des Analogienetzwerks zu ermöglichen. Zusätzlich erleichtert die Benutzung ein Leitfaden zur Anwendung des entwickelten Gesamtvorgehens.

Die Evaluation des entwickelten Gesamtvorgehens ist in **Kapitel 7** dargestellt. Logistiker bewerten die Forschungsergebnisse im Rahmen eines Workshops, indem sie möglichst radikale Lösungsideen zu einem Logistikproblem mithilfe des webbasierten Softwaretools identifizieren.

Die Arbeit endet mit einer Schlussbetrachtung in **Kapitel 8**. Darin werden zunächst die zentralen Forschungsergebnisse zusammengefasst und im Anschluss Möglichkeiten für künftige Forschungsaktivitäten aufgezeigt.

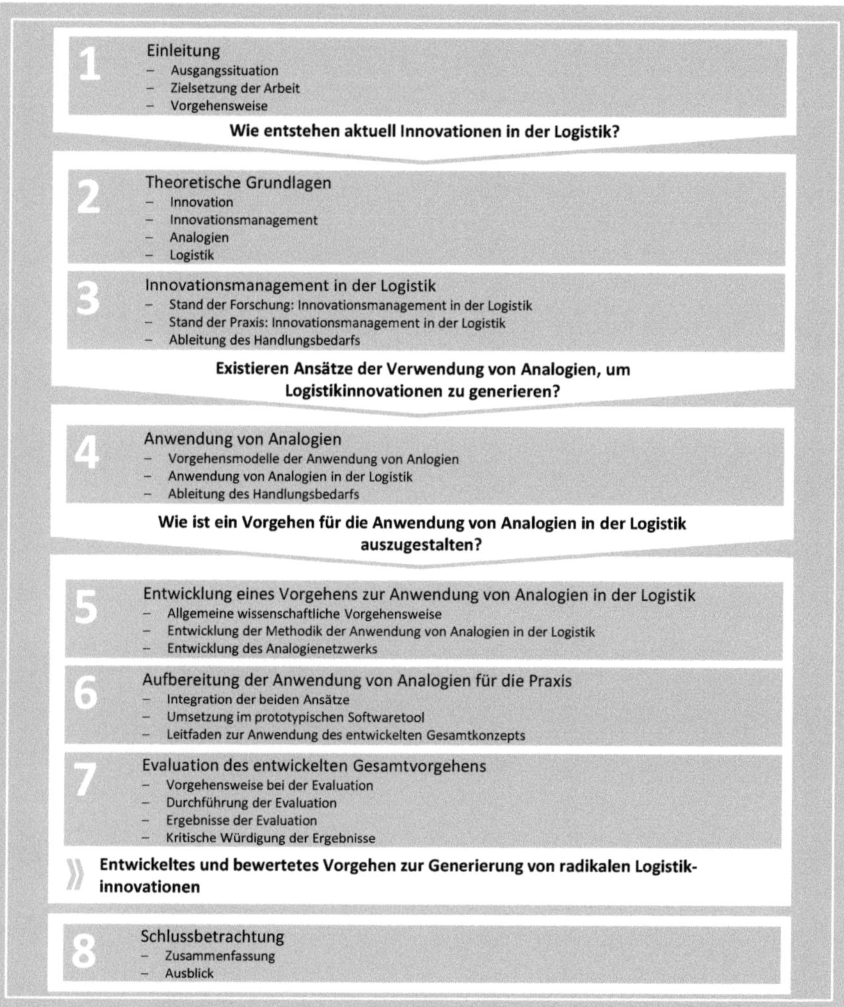

1 Einleitung
- Ausgangssituation
- Zielsetzung der Arbeit
- Vorgehensweise

Wie entstehen aktuell Innovationen in der Logistik?

2 Theoretische Grundlagen
- Innovation
- Innovationsmanagement
- Analogien
- Logistik

3 Innovationsmanagement in der Logistik
- Stand der Forschung: Innovationsmanagement in der Logistik
- Stand der Praxis: Innovationsmanagement in der Logistik
- Ableitung des Handlungsbedarfs

Existieren Ansätze der Verwendung von Analogien, um Logistikinnovationen zu generieren?

4 Anwendung von Analogien
- Vorgehensmodelle der Anwendung von Anlogien
- Anwendung von Analogien in der Logistik
- Ableitung des Handlungsbedarfs

Wie ist ein Vorgehen für die Anwendung von Analogien in der Logistik auszugestalten?

5 Entwicklung eines Vorgehens zur Anwendung von Analogien in der Logistik
- Allgemeine wissenschaftliche Vorgehensweise
- Entwicklung der Methodik der Anwendung von Analogien in der Logistik
- Entwicklung des Analogienetzwerks

6 Aufbereitung der Anwendung von Analogien für die Praxis
- Integration der beiden Ansätze
- Umsetzung im prototypischen Softwaretool
- Leitfaden zur Anwendung des entwickelten Gesamtkonzepts

7 Evaluation des entwickelten Gesamtvorgehens
- Vorgehensweise bei der Evaluation
- Durchführung der Evaluation
- Ergebnisse der Evaluation
- Kritische Würdigung der Ergebnisse

Entwickeltes und bewertetes Vorgehen zur Generierung von radikalen Logistik-innovationen

8 Schlussbetrachtung
- Zusammenfassung
- Ausblick

Abbildung 1: Aufbau der Arbeit

2 Begriffliche Grundlagen

In diesem Kapitel werden die Begriffe Innovation, Innovationsmanagement, Analogien, Dienstleistung/Logistik und Logistikinnovation definiert und anschließend genauer erläutert, um ein einheitliches Verständnis für die darauf folgenden Kapitel zu schaffen.

2.1 Innovation

Der Begriff Innovation stammt von dem lateinischen Wort „innovatio" (Neuerung, Erneuerung) ab. Daher ist Neuerung oder Erneuerung das zentrale Merkmal einer Innovation. Eine einheitliche Definition in der Literatur konnte sich bisher nicht herausbilden (vgl. Vahs und Brem 2013, S. 20; Pfohl et al. 2007a, S. 17; Hauschildt und Salomo 2011, S. 3). Tabelle 1 verdeutlicht die unterschiedlichen Schwerpunkte der Definitionen für den Innovationsbegriff.

Autoren	Definition von Innovation
BROCKHOFF (1999, S. 37)	*„Liegt eine Erfindung vor und verspricht sie wirtschaftlichen Erfolg, so werden Investitionen für die Fertigungsvorbereitung und die Markterschließung erforderlich, Produktion und Marketing müssen in Gang gesetzt werden. Kann damit die Einführung am Markt erreicht werden oder ein neues Verfahren eingesetzt werden, so spricht man von einer Produktinnovation oder einer Prozeßinnovation."*
GERPOTT (2005, S. 37)	*„Aus betriebswirtschaftlicher Sicht sind Innovationen von Unternehmen mit der Absicht der Verbesserung des eigenen wirtschaftlichen Erfolgs am Markt oder intern im Unternehmen eingeführte qualitative Neuerungen."*
HAUSCHILDT UND SALOMO (2011, S. 4)	*„Innovationen sind im Ergebnis qualitativ neuartige Produkte oder Verfahren, die sich gegenüber dem vorangehenden Zustand merklich – wie immer das zu bestimmen ist – unterscheiden."*
PLESCHAK UND SABISCH (1996, S. 1)	*„Aus betriebswirtschaftlicher Sicht ist Innovation die Durchsetzung neuer technischer, wirtschaftlicher, organisatorischer und sozialer Problemlösungen im Unternehmen. Sie ist darauf gerichtet, Unternehmensziele auf neuartige Weise zu erfüllen."*
ROBERTS (1987, S. 3)	*„[...] innovation = invention + exploitation. The invention process covers all efforts aimed at creating new ideas and getting them to work."*
SCHUMPETER (1993, S. 137 f.)	*„Prozeß einer industriellen Mutation [...], der unaufhörlich die Wirtschaftsstruktur von innen heraus revolutioniert, unaufhörlich die alte Struktur zerstört und unaufhörlich eine neue schafft. Dieser Prozeß der ‚schöpferischen Zerstörung' ist das für den Kapitalismus wesentliche Faktum."*

Tabelle 1: Definitionen von Innovation

Die in Tabelle 1 genannten Autoren fixieren den Begriff der Innovation auf der Basis unterschiedlicher Blickwinkel. Beispielsweise bestimmt BROCKHOFF (1999, S. 37) Innovation durch eine Markteinführung. ROBERTS (1987, S. 3) hingegen determiniert eine Innovation als einen Prozess und HAUSCHILDT UND SALOMO (2011, S. 4) definieren sie durch das Ergebnis. Um für diese Arbeit ein einheitliches und allgemein konsensfähiges Verständnis zu schaffen, wird aus den genannten Literaturquellen (siehe Tabelle 1) folgende Definition von Innovation ableitet:

Innovationen sind Produkte, Prozesse, Organisationen oder soziale Zusammenhänge, die sich deutlich von dem vorangegangenen Zustand unterscheiden und die Unternehmensziele auf neuartige Weise erfüllen.

Für eine weiterreichende Erklärung des Begriffs Innovation werden in den folgenden Kapiteln zunächst Merkmale und anschließend Arten von Innovationen beschrieben.

2.1.1 Innovationsmerkmale

Neben dem bereits erwähnten Neuheitsgrad sind Unsicherheit, Komplexität und Konfliktpotential typische Merkmale einer Innovation (vgl. Vahs und Brem 2013, S. 31 ff.; Pleschak und Sabisch 1996, S. 4; Thom 1980, S. 390 f.).

Der Neuheitsgrad gibt Auskunft über die Stärke der Veränderung gegenüber dem ursprünglichen Erkenntnis- und Erfahrungsstand (state of the art). Die Basis für diesen Vergleich kann sowohl auf dem persönlichen, unternehmens-, branchenspezifischen als auch weltweiten Erkenntnis- und Erfahrungsstand gebildet werden (vgl. Pleschak und Sabisch 1996, S. 4; Corsten und Meier 1983, S. 252).

Die Unsicherheit einer Innovation ist eng verbunden mit dem Neuheitsgrad. Die Entwicklung eines neuen Produkts oder Prozesses birgt speziell in einem frühen Stadium des Innovationsprozesses Unklarheit über das zu erwartende Ergebnis. Für den späteren Erfolg der Innovation können weder subjektiv noch objektiv Wahrscheinlichkeiten ermittelt werden (vgl. Vahs und Schäfer-Kunz 2012, S. 83). Unerwartete Hindernisse können zu einem finanziellen sowie zeitlichen Mehraufwand oder sogar zum Scheitern führen (vgl. Vahs und Brem 2013, S. 32; Thom 1983, S. 6 f.).

Die Komplexität wird bei den meisten Innovationen durch eine unklare Problemstruktur und durch zeitlich nicht lineare Phasen im Innovationsprozess verursacht (vgl. Trommsdorff und Steinhoff 2013, S. 34; Vahs und Brem 2013, S. 33 f.; Goffin et al. 2009, S. 44). Eine zusätzliche Erhöhung des Komplexitätsgrads erfolgt in der Regel durch die Beteiligung verschiedener Fachbereiche oder sogar des Kunden im Innovationsprozess, weshalb eine zielgerichtete Organisation und ein Management notwendig sind (vgl. Vahs und Brem 2013, S. 33 f.; Pleschak und Sabisch 1996, S. 4).

Innovationen stellen vielfach ein großes Konfliktpotential dar, da der Entstehung von Neuem häufig ein Konflikt in Form eines Problems vorausgeht (vgl. Vahs und Brem 2013, S. 36; Rosenstiel 1992, S. 290; Brockhoff 1999, S. 160). Ebenfalls verändern Innovationen gewohnte Arbeitsweisen z. B. im Unternehmen oder bei den Kunden, was als störend wahrgenommen wird (vgl. Brockhoff 1999, S. 160). Allerdings können diese Störungen auch als konstruktive Konflikte betrachtet werden, da sie als Stimuli für neue Ideen nutzbar sind (vgl. Staehle et al. 1999, S. 392; Dahrendorf 1972, S. 18).

Einen Zusammenhang zwischen diesen vier Merkmalen einer Innovation stellte bereits THOM (1980, S. 390 f.) in einer Studie fest (siehe Abbildung 2). Es wurde nachgewiesen, dass der Neuheitsgrad einen positiven Einfluss auf die Unsicherheit und das Konfliktpotential ausübt. Dies wurde zum einen mit dem Risiko einer Neuentwicklung im Vergleich zu einer kleineren Anpassung begründet, zum anderen werde durch die Neuentwicklung eine stärkere Veränderung der Arbeitsweisen notwendig, was zu einem höheren Konfliktpotential führe. Neben dem Neuheitsgrad wirkt sich auch die Komplexität positiv auf die Unsicherheit und das Konfliktpotential aus (vgl. Goffin et al. 2009, S. 44 f.): Eine geringe Komplexität resultiert in einer verminderten Unsicherheit, da die Innovation dadurch kalkulierbarer ist. Zugleich ist bei einer hohen Komplexität eine größere Abwehrhaltung, etwa von Mitarbeitern des Innovationsunternehmens oder auf der Ebene des Kunden gegenüber der Innovation zu erwarten. So wird durch eine Erhöhung der Komplexität des Innovationsvorhabens gleichzeitig das Konfliktpotential gesteigert. Die Unsicherheit und das Konfliktpotential beeinflussen sich laut der Studie von THOM (vgl. 1980, S. 390) gegenseitig positiv. Das Konfliktpotential einer Innovation stellt er in den Mittelpunkt einer jeden Neuerung und empfiehlt, eine positive Grundeinstellung gegenüber Konflikten in der Unternehmenskultur zu verankern (vgl. Thom 1980, S. 391; Geiselhart 1995, S. 91 ff.).

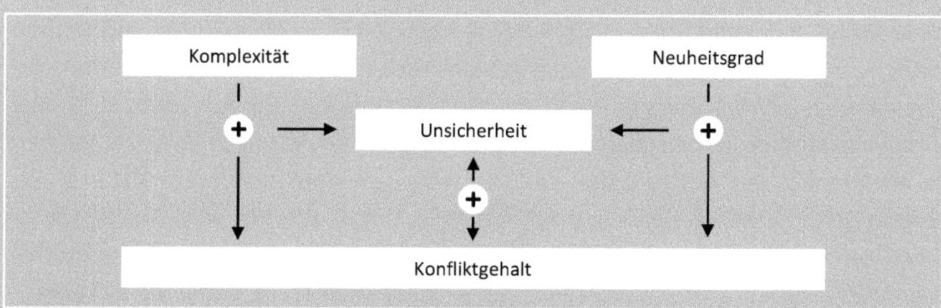

Abbildung 2: Wirkzusammenhänge typischer Innovationsmerkmale
Quelle: vgl. THOM *(1980, S. 391)*

2.1.2 Innovationsarten

Nach der Beschreibung der einzelnen Merkmale wird darauf eingegangen, wie das Ergebnis einer Innovation Kriterien basiert differenziert werden kann. In der Literatur wird eine Innovation anhand von der Objekt-, Intensitäts- und Subjektdimension (siehe Abbildung 3) abgebildet (vgl. Trommsdorff und Steinhoff 2013, S. 24; Vahs und Brem 2013, S. 52 ff.; Hauschildt und Salomo 2011, S. 5 ff.; Pfohl et al. 2007a, S. 19; Gerpott 2005, S. 37 ff.).

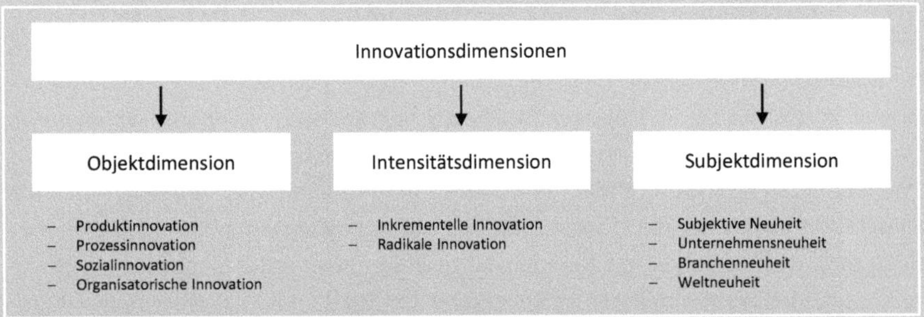

Abbildung 3: Innovationsdimensionen
Quelle: vgl. Pfohl (2007a, S. 19)

Die Objektdimension befasst sich mit dem Gegenstandsbereich einer Innovation und wird differenziert in Produkt-, Prozess-, Sozial- und organisatorische Innovationen. Dabei sind Produktinnovationen am Markt angebotene materielle oder immaterielle Leistungen, die Kundenbedürfnisse anhand von konkreten Eigenschaften und Funktionen befriedigen (vgl. Vahs und Brem 2013, S. 52; Pleschak und Sabisch 1996, S. 15). Prozessinnovationen gelten einer Neugestaltung oder Verbesserung der Leistungserstellung (vgl. Vahs und Brem 2013, S. 56; Gerpott 2005, S. 38; Pleschak und Sabisch 1996, S. 20). Erzielt wird dies durch sowohl technische als auch organisatorische Innovationen mit dem Ziel der Produktivitätssteigerung (vgl. Gerpott 2005, S. 20). Bei Sozialinnovationen stehen sogenannte humanitäre Veränderungen im Unternehmen im Mittelpunkt des Ansatzes zur Verbesserung (vgl. Vahs und Brem 2013, S. 59; Gerpott 2005, S. 38; Pleschak und Sabisch 1996, S. 23). Erreicht wird dies beispielsweise durch eine Veränderung des Arbeitsinhalts (z. B. Beseitigung von Monotonie) oder Verbesserung des Betriebsklimas (z. B. Implementierung neuer Kommunikations-verfahren) (vgl. Pleschak und Sabisch 1996, S. 23). Durch organisatorische Innovationen wird die Aufbau- und Ablauforganisation optimiert. Meistens sind dazu auch Produkt-, Prozess- oder Sozialinnovationen notwendig (vgl. Vahs und Brem 2013, S. 60; vgl. Gerpott 2005, S. 38; Pleschak und Sabisch 1996, S. 22), sodass sich hier bereits auch die Interdependenz der einzelnen Dimensionen andeutet.

Die Intensitätsdimension lässt sich anhand des Neuheitsgrads der Innovation differenzieren. Ziel ist es dabei, das Delta zwischen der Innovation und dem bisherigen Zustand messbar zu gestalten (vgl. Hauschildt und Salomo 2011, S. 12). Eine nur geringfügige Abweichung wird in der Literatur als inkrementelle Innovation bezeichnet, im Kontrast dazu sind radikale Innovationen durch eine fundamentale Veränderung geprägt (vgl. Gerpott 2005, S. 40 f.). Radikale Innovationen werden häufig auch unter dem Begriff der Basisinnovationen gefasst, da sie durch einen Technologiesprung oder ein neues Organisationsprinzip grundlegend neu generiert werden (vgl. Trommsdorff und Schneider 1990, S. 4). Verbesserungs-, Anpassungsinnovationen, Imitationen und selbstredend Scheininnovationen zählen zu den inkrementellen Innovationen, da sie eben keine grundlegenden Eigenschaften oder Funktionen verändern (Verbesserungsinnovation), lediglich kundenspezifische Adaptionen umsetzen (Anpassungsinnovation), bereits existierende Lösungen nachahmen (Imitation) oder keinen zusätzlichen oder neuen Kundennutzen (Scheininnovationen) bedeuten (vgl. Vahs und Brem 2013, S. 64; Hauschildt und Salomo 2011, S. 18; Pleschak und Sabisch 1996, S. 4).

Anhand der Subjektdimension (siehe Abbildung 4) kann identifiziert werden, für wen die Innovation eine Neuheit darstellt (vgl. Trommsdorff und Steinhoff 2013, S. 24; Hauschildt und Salomo 2011, S. 22). Damit ist diese Dimension speziell dafür geeignet, die Unterscheidung anhand der betrachteten Perspektive (vgl. Gerpott 2005, S. 46) zu treffen. Beispielsweise kann die Einführung einer Just-In-Time-Lieferung aus Sicht eines spezifischen Unternehmens eine Innovation darstellen, für die Branche jedoch wurde dieses Lieferkonzept längst erfolgreich eingeführt und stellt für die Branche keine Innovation dar.

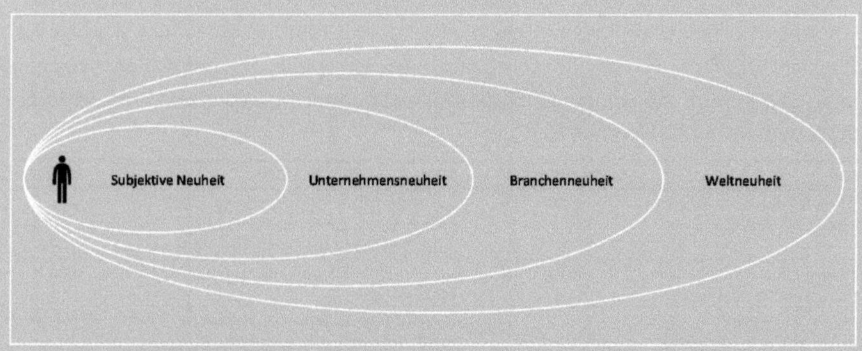

Abbildung 4: Subjektdimension einer Innovation

2.2 Innovationsmanagement

Sowohl unter den Vorzeichen theoretischer Modelle als auch aufgrund allgemeiner Praxiserfahrungen sind Innovationen dann erfolgreich, wenn sie zielgerichtet und systematisch vorbereitet, entwickelt und am Markt umgesetzt werden (vgl. Vahs und Brem 2013, S. 28). In diesem Kontext ist die Abstimmung der einzelnen Innovationsphasen von höchster Bedeutung, um Innovationen effizient und effektiv zu generieren (vgl. Pleschak und Sabisch 1996, S. 43). Ein gut strukturiertes Innovationsmanagement ist deshalb unumgänglich.

Es befasst sich mit der dispositiven Gestaltung aller Innovationsaktivitäten (Planung, Führung, Organisation und Kontrolle) eines Unternehmens und fokussiert sämtliche Prozesse und Aspekte, die zur Entwicklung und Umsetzung von marktfähigen Ideen notwendig sind (vgl. Vahs und Brem 2013, S. 28; Hauschildt und Salomo 2011, S. 29; Gerpott 2005, S. 57; Pleschak und Sabisch 1996, S. 44).

2.2.1 Innovationsprozess

Zur systematischen Entwicklung von Innovationsprojekten wurden abhängig von der Zielsetzung verschiedene Prozessmodelle entwickelt. Wie die Untersuchungen sowohl von Verworn und Herstatt (2000) als auch von Vahs und Brem (2013) zeigen, lassen sich diese Modelle recht gut vergleichen. Die Studien gelangen zu dem Ergebnis, dass sich die nach Signifikanz ausgewählten Modelle meist nur in Details wie Phasenanzahl, Terminologie und Phasenablauf (sukzessive oder parallel) unterscheiden (vgl. Pleschak und Sabisch 1996, S. 24; Cooper 1994, S. 4). Tabelle 2 gibt eine Übersicht über die Phasen der einzelnen Prozessmodelle des Innovationsmanagements in der deutschen und englischsprachigen Literatur (vgl. Vahs und Brem 2013, S. 232 ff.; Verworn und Herstatt 2000).

Modell	Phasenanzahl	Bezeichnung der Phasen
Phasenmodell nach Brockhoff (1999)	6	1. Projektidee, 2. Forschung und Entwicklung, 3. Erfindung, 4. Geplante Invention, 5. Investition, Fertigung, Marketing und 6. Einführung am Markt
Phase-Review-Prozess nach Hughes und Chafin (1996)	4	1. Concept, 2. Definition, 3.Implementation und 4. Manufacturing
Stage-Gate-Modell nach Cooper (2008, 1996, 1994)	6	0. Discovery 1. Scoping, 2. Business Case, 3. Development, 4. Testing und 5. Launch
Prozess nach Ebert et al. (1992)	3	1. Vorbereitung, 2. Ausarbeitung und 3. Umsetzung
Innovationsprozess nach Geschka (1993)	5	0. Vorphase, 1. Planung und Konzeptionsfindung, 2. Produkt- und Verfahrensentwicklung, 3. Aufbau der Produktion und 4. Markteinführung
Innovationsprozess nach Herstatt und Verworn (2007)	5	1. Ideengenerierung und -bewertung, 2. Konzepterarbeitung, Produktplanung, 3. Entwicklung, 4. Prototypenbau, Pilotanwendung/Testing und 5. Produktion, Markteinführung und -durchdringung

Modell	Phasenanzahl	Bezeichnung der Phasen
Phasenmodell nach PLESCHAK UND SABISCH (1996)	6	0. Problemerkenntnis/Problemanalyse, 1. Ideengewinnung, 2. Projektplanung, 3. Forschung und Entwicklung, 4. Produktionseinführung und 5. Markteinführung
Dreiphasenmodell nach THOM (1992)	3	1. Ideengenerierung, 2. Ideenakzeptierung und 3. Ideenrealisierung
Prozessmodell nach ULRICH UND EPPINGER (2008)	5	1. Concept Development, 2. System-Level Design, 3. Detail Design, 4. Testing and Refinement und 5. Production Ramp-Up
Innovationsprozess nach VAHS UND BREM (2013)	6	1. Innovationsanstoß, 2. Ideengewinnung, 3. Bewertung, 4. Entscheidung, 5. Umsetzung und 6. Markteinführung
Innovationsprozess nach WITT (1996)	8	1. Festlegung des Suchfelds, 2. Ideengewinnung, 3. Rohentwurf, 4. Grobentwurf, 5. Feinauswahl, 6. Entwicklung, 7. Markttests und 8. Markteinführung

Tabelle 2: Überblick über Modelle von Innovationsprozessen physischer Produkte (alphabetisch nach Autoren geordnet)

Im Hinblick auf die Rezeption der einzelnen Modelle wird festgestellt, dass der englischsprachige Raum stark durch das von COOPER (2009, 1996, 1994) entwickelte Stage-Gate-Modell beeinflusst wurde. Auch im deutschsprachigen Raum lehnen sich viele Autoren an das Vorgehen Coopers an (vgl. Verworn und Herstatt 2000, S. 11). Daher wird im Folgenden zum besseren Verständnis des Innovationsprozesses beispielhaft das Stage-Gate-Modell nach COOPER (1996) vorgestellt.

Im Stage-Gate-Modell sind schon begrifflich seine Kernelemente benannt: Es werden einzelne Phasen (Stages) durchlaufen, an deren Ende jeweils ein Meilenstein (Gate) steht bzw. ein Gate durchschritten wird. Bevor also eine neue Phase begonnen werden kann, muss das Projekt den davorliegenden Meilenstein erfolgreich passieren. Dabei finden eine Fortschrittskontrolle und ein Abgleich der in dieser Phase zu erreichenden Ziele statt. Anhand festgelegter Kriterien wird eine Entscheidung (go/kill) über die Fortsetzung des Gesamtvorhabens getroffen. Der Innovationsprozess ist demnach strikt in sequenziell zu durchlaufende Phasen unterteilt (vgl. Cooper 1996, S. 478).

COOPER (1996) lagert seinem Modell eine Phase der Ideenfindung (Discovery) vor, in der eine geeignete Lösungsidee identifiziert wird, sein Modell beruht demnach initial auf einer Problematik bzw. einem Desiderat, das eine Lösung erfordert. Bei der anschließenden Anwendung des Stage-Gate-Modells werden insgesamt folgende fünf Phasen durchlaufen (vgl. Cooper 1996, S. 478 f.):

1. Scoping: Grobe Bewertung der technologischen, geschäfts- und marktseitigen Gegebenheiten
2. Business Case: Detaillierte Überprüfung der Rentabilität, Festlegung des Produktkonzepts und Definition eines Aktionsplans für die folgenden Phasen

3. Development: Entwicklung des Produkts inkl. der Anfertigung eines Prototypen für unternehmensinterne Tests
4. Testing: Prüfung und Bewertung des entwickelten Produkts, der Produktion und des Marketings
5. Launch: Einführung des neuen Produkts auf dem Markt

Dieses fünfstufige Vorgehensmodell wurde von COOPER (2009, 2008) in seinem *„next-generation Stage-Gate"* weiterentwickelt (siehe Abbildung 5). Er differenziert sein bisheriges Vorgehen in drei Sub-Prozesse. Unterscheidungskriterium ist die Art und damit das Risiko des Innovationsprojekts (vgl. Cooper 2008, S. 223). Während für eine radikale Neuentwicklung alle Phasen detailliert zu durchlaufen sind (Full Stage-Gate), bergen Erweiterungen, Verbesserungen und Modifikationen meist ein überschaubares Risiko, weshalb in diesen Fällen das Stage-Gate XPress angewendet werden kann. Dabei werden jeweils die Phasen Scope und Business Case sowie Development und Testing zu einer einzigen Phase zusammengefasst. Dadurch wird der Gesamtprozess verschlankt und beschleunigt. Für kleinere seitens des Kunden geforderte Anpassungen kann das Stage-Gate Lite verwendet werden. In diesem Sub-Prozess wird auf zwei Phasen verkürzt, indem zusätzlich Launch, Development und Testing zusammengeführt werden (vgl. Cooper 2009, S. 54 f., 2008, S. 233 f.).

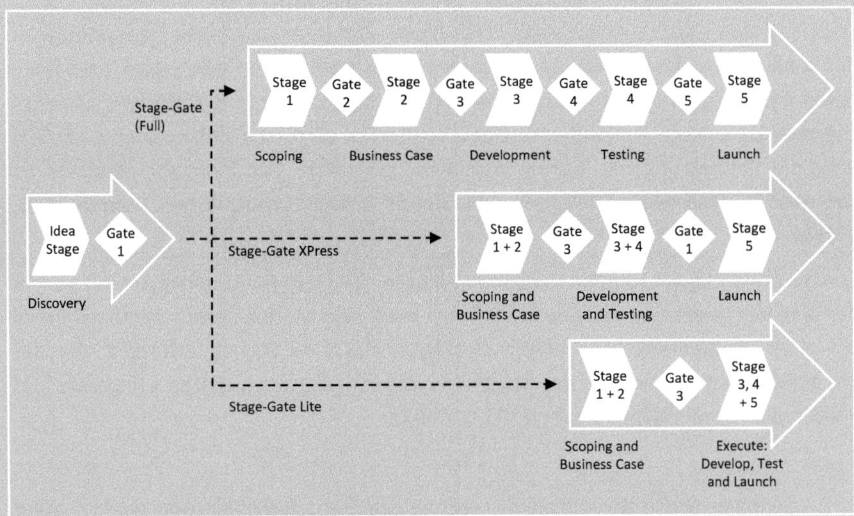

Abbildung 5: Next-generation Stage-Gate
Quelle: COOPER (2009, S. 54)

Die im Prozessmodell von Cooper (2009, 2008) vorgelagerte Ideengenerierung und die Phase der Konzeption (Scoping und Business Case) rücken aufgrund ihrer hohen Bedeutung für den nachfolgenden Prozess immer stärker in den Mittelpunkt vieler anderer Untersuchungen (vgl. Herstatt und Verworn 2007; Koen et al. 2002). Diese frühen Phasen (Ideengenerierung und Konzeption) des Innovationsprozesses werden auch „Fuzzy-Front-End“ genannt und besitzen eine entscheidende Hebelwirkung für jeden erfolgreichen Innovationsprozess (vgl. Schuh 2013, S. 13; Herstatt und Verworn 2007, S. 8). Dies liegt zum einen ganz simpel darin begründet, dass ohne neue Ideen keine Innovationen möglich sind (vgl. Lenk und Zelewski 2000, S. 87). Zum anderen werden bereits in diesen Phasen die Rahmenbedingungen für die folgende Umsetzung und anschließende Markteinführung definiert (vgl. Herstatt und Verworn 2007, S. 6; Kim und Wilemon 2002, S. 269). Besonders bei der Entwicklung von radikalen Innovationen ist diese Phase entscheidend, da mit einer von Anfang an gut durchdachten Idee dem Innovationsmerkmal Unsicherheit entgegengewirkt werden kann (vgl. Reid und De Brentani 2004, S. 180 f.). Durch die Festlegung eines Großteils der Kosten, der Terminierung und der Qualitätsmerkmale des Produkts in diesen frühen Phasen reduziert sich das Risiko ungeplanter Änderungen in den darauf folgenden Phasen, die nur mit erhöhtem Mehraufwand zu bewältigen wären (vgl. Specht et al. 2002, S. 5; Bürgel und Zeller 1997, S. 219). So werden mit gut durchdachten Ideen und Konzepten die Kosten während des Innovationsprozesses gesenkt und gleichzeitig die Chancen einer erfolgreichen Implementierung des Produkts am Markt erhöht (vgl. Scherer 2008, S. 38).

Für den weiteren Verlauf dieser Arbeit lässt sich zusammenfassend aus der Literaturrecherche der Innovationsprozess in die Phasen Ideengenerierung, Konzeption, Entwicklung, Test und Implementierung unterteilen (siehe Abbildung 6). Das strukturierte und zielgerichtete Vorgehen wird durch den Einsatz von Methoden unterstützt, die im nachfolgenden Abschnitt beschrieben werden.

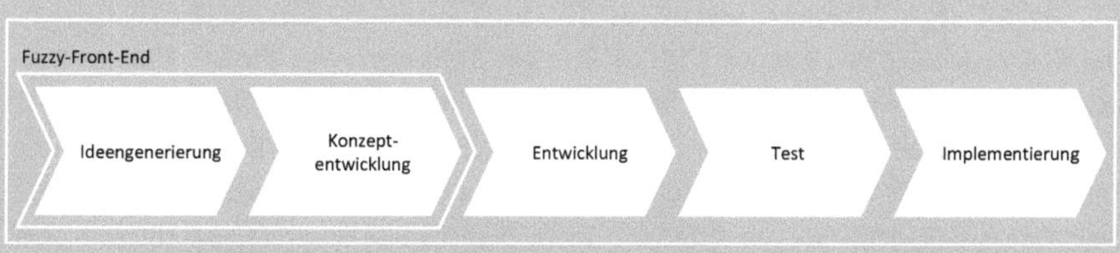

Abbildung 6: Typische Phasen des Innovationsprozesses

2.2.2 Methoden des Innovationsprozesses

Um die benötigten Ergebnisse effizient und systematisch zu erreichen und abschließend eine Innovation erfolgreich zu implementieren, werden phasenspezifische Methoden angewendet. Nachfolgend werden für die einzelnen Phasen des Innovationsprozesses Methoden erläutert, die geeignet sind, das systematische Vorgehen zu unterstützen. Einige dieser Methoden werden in der Literatur unterschiedlichen bzw. mehreren Phasen gleichzeitig zugeordnet (siehe Anhang I). Aus Gründen der Übersichtlichkeit und engeren Fokussierung werden die Methoden nur einmalig in ihren Hauptphasen genannt.

Ideengenerierung

Der Phase der Ideengenerierung werden Methoden zur Förderung von Kreativität zugeordnet. Signifikante, in der Literatur häufig angesprochene Methoden sind Brainstorming, Brainwriting, Morphologischer Kasten und die Anwendung von Analogien (vgl. Trommsdorff und Steinhoff 2013, S. 281 ff.; Vahs und Brem 2013, S. 281 ff.; Hauschildt und Salomo 2011, S. 279 ff.; Wildemann 2010, S. 148 ff.; Kobe 2007, S. 34; Klement 2007, S. 218; Disselkamp 2005, S. 89 ff.; Wahren 2004, S. 134; Horsch 2003, S. 137 ff.; Gaul und Volkmann 2000, S. 77; Geschka 1986, S. 150).

Brainstorming und Brainwriting sind typische Kreativitätsmethoden, die einfach und schnell realisierbar sind. Beim Brainstorming werden Lösungsansätze gemeinsam durch eine Gruppendiskussion entwickelt. Ziel ist es, durch wechselseitige Inspiration ein möglichst großes Spektrum an Ideen in kürzester Zeit zu generieren (vgl. Disselkamp 2005, S. 98). Dies gelingt dadurch, dass zu Beginn des Brainstormingprozesses alle Ideen kommentarlos, d. h. ohne jede (kritische) Anmerkung und unabhängig von der späteren Machbarkeit festgehalten werden (vgl. Vahs und Brem 2013, S. 282). Für die Weiterentwicklung oder neue Kombination bereits gefundener Ansätze werden die Ideen für alle Teilnehmer sichtbar schriftlich festgehalten (vgl. Bullinger und Schlick 2002, S. 284 ff.).

Der Grundgedanke des Brainwritings ist dem des Brainstormings ähnlich. Hier werden die Ideen nicht zeitgleich offen präsentiert, sondern schriftlich verfasst und erst danach unter den Prozessteilnehmern ausgetauscht. Dadurch wird die konzentrierte Einzelleistung mit der gedanklichen Verknüpfung der Gruppenleistung verbunden (vgl. Hauschildt und Salomo 2011, S. 283). Typische Brainwriting-Methoden sind beispielsweise die Methode 635, Sechs-Hut-Methode, Kartenumlauftechnik und das Ideendelphi (vgl. Geschka 1986, S. 150).

Beim Morphologischen Kasten wird das Problem in einzelne charakteristische Elemente zerlegt (vgl. Hauschildt und Salomo 2011, S. 289). Zu diesen Elementen werden einzelne Lösungsideen generiert. Durch unterschiedliche Kombinationen der

Einzelideen entsteht eine große Vielfalt an Gesamtlösungen für die vorliegende Problemstellung (vgl. Vahs und Brem 2013, S. 289; Pleschak und Sabisch 1996, S. 34).

Zu den prozessual anspruchsvolleren Kreativitätstechniken zählt die Anwendung von Analogien, da die Teilnehmer die vorliegende Problemstellung (Ziel) mit einem Lösungsbereich (Quelle) aus anderen Bereichen (z. B. der Natur oder anderen Branchen) in Beziehung bringen, die eine vergleichbare Problemstellung aufweisen (vgl. Wildemann 2010, S. 148; Disselkamp 2005, S. 111). Anschließend erfolgt ein Wissenstransfer von der Analogiequelle zum Zielbereich (ursprüngliche Problemstellung) (vgl. Kalogerakis 2010, S. 1). Durch die Suche nach Lösungsansätzen in anderen Bereichen weisen die gefundenen Ideen meist ein höheres Potential an Radikalität auf (vgl. Gassmann und Zeschky 2007, S. 8).

Konzeption

In der Phase der Konzeption wird die Idee hinsichtlich ihres Erfolgs am Markt und der technischen Umsetzbarkeit analysiert. Für eine möglichst objektive Bewertung der Idee werden meist Methoden wie die Nutzwertanalyse, Checklisten, Conjoint-Analysen oder Kosten-Nutzen-Analysen verwendet (vgl. Vahs und Brem 2013, S. 312 ff.; Trommsdorff und Steinhoff 2013, S. 299 ff.; Wildemann 2010, S. 164 ff.; Kobe 2007, S. 34; Lüthje 2007, S. 51 ff.; Wahren 2004, S. 172 ff.; Horsch 2003, S. 169 ff.; Gaul und Volkmann 2000, S. 77).

Bei der Nutzwertanalyse wird die Lösungsidee anhand ausgewählter Kriterien bewertet. Zur visuellen Aufbereitung der Ergebnisse dient eine Polarkoordinatendarstellung, in der mehrere Produkte mit ihren Ausprägungen parallel dargestellt und verglichen werden können (vgl. Vahs und Brem 2013, S. 329; Wahren 2004, S. 179). Die Kriterien können sowohl qualitativ als auch quantitativ sein und durch den Anwender unterschiedlich gewichtet werden (vgl. Trommsdorff und Steinhoff 2013, S. 305).

Checklisten können in Komplexität und Umfang stark variieren (vgl. Wahren 2004, S. 175). Aus diesem Grund sind sie für jede Problemstellung individuell zu konfigurieren. Unterschieden wird zwischen sogenannten Kann- und Muss-Kriterien. Um eine Idee weiterzuverfolgen, ist die Erfüllung aller Muss-Kriterien notwendig. Kann-Kriterien sind optional und dienen zur Entscheidung zwischen mehreren Lösungsalternativen (vgl. Vahs und Brem 2013, S. 322; Trommsdorff und Steinhoff 2013, S. 302).

Mit der Conjoint-Analyse werden ein oder mehrere Ausprägungen einer neuen Idee durch Fragebögen oder Interviews, z. B. mit Kunden, skalenspezifisch eingeschätzt (vgl. Disselkamp 2005, S. 200 f.). Durch die Verknüpfung der Messwerte wird auf einen subjektiven Gesamtwert des Befragten geschlossen (vgl. Trommsdorff und Steinhoff 2013, S. 348). Die Bewertung der Ausprägungen bleibt dicht an der Einschätzung des Kunden und erfolgt somit eng aus Kundensicht (vgl. Wildemann 2010, S. 185 ff.; Eversheim et al. 2003, S. 209).

Die Kosten-Nutzen-Analyse kombiniert die Investitionsrechnung mit der Nutzwertanalyse, indem zum einen weiche Faktoren (soft facts) aus der Nutzwertanalyse und zum anderen eindeutigen Finanzzahlen (hard facts) herangezogen werden (vgl. Rutzen 2006, S. 40; Horváth 2003, S. 731). Durch die Komplexität der Kosten-Nutzen-Analyse und den hierdurch bedingten Aufwand ist sie nur bei radikalen Innovationen sinnvoll (vgl. Ott 2011, S. 154; Wahren 2004, S. 189).

Entwicklung

Eine effiziente und zielgerichtete Entwicklung kann beispielsweise durch die Anwendung eines Target-Costing, einer Failure Mode and Effects Analysis (FMEA) und eines Quality-Function-Deployment (QFD) unterstützt werden (vgl. Trommsdorff und Steinhoff 2013, S. 343 ff.; Vahs und Brem 2013, S. 354 ff.; Wildemann 2010, S. 190 ff.; Horsch 2003, S. 169; Gaul und Volkmann 2000, S. 77).

Beim Target-Costing werden Zielkosten für die geplante Innovation ermittelt, indem der Kunde nach seiner Zahlungsbereitschaft für einzelne Eigenschaften der Innovation befragt wird. Dadurch werden die am Markt erlaubten Kosten ermittelt (vgl. Horváth 2003, S. 539 f.; Horsch 2003, S. 173 f.). Diese Controlling-Methode ist besonders für Nachfolge- und Neuprodukte geeignet (vgl. Vahs und Brem 2013, S. 358), denn so wird die Gestaltung der Produkteigenschaften konsequent an den Kundenbedürfnissen ausgerichtet (vgl. Trommsdorff und Steinhoff 2013, S. 361 f.; Horváth 2003, S. 540).

Die Failure Mode and Effects Analysis ist eine Methode, um Fehler und deren Auswirkungen auf die Innovation zu identifizieren (vgl. Vahs und Brem 2013, S. 310). Durch den Einsatz dieser Methode bereits in der Entwicklungsphase sollen Fehler schon in einer frühen Phase entdeckt und somit etwaige zusätzliche Kosten und Zeit gespart bzw. verhindert werden (vgl. Vahs und Brem 2013, S. 310; Horsch 2003, S. 183).

Das Quality-Function-Deployment übersetzt die Kundenanforderungen in quantifizierbare technische Anforderungen (vgl. Trommsdorff und Steinhoff 2013, S. 356). Dabei stehen nicht nur Qualitätsmerkmale wie z. B. Zuverlässigkeit im Mittelpunkt, sondern alle Arten des Kundennutzens (vgl. Vahs und Brem 2013, S. 306), sodass diese Methode auch zur strukturierten Übertragung des Lasten- in ein Pflichtenheft angewendet werden kann (vgl. Horsch 2003, S. 182).

Test

Bevor die Serienproduktion gestartet oder ein Prozess verändert wird (Implementierung der Innovation) sollte jede Innovation getestet werden. Anhand definierter Kriterien wie beispielsweise Leistungsfähigkeit, Qualität, Anwendbarkeit, Nutzen und

Konsistenz können Schwachstellen identifiziert und gegebenenfalls Modifikationen vorgenommen werden (vgl. Disselkamp 2005, S. 200). Je nach Art der Innovation und der gewünschten Zielgruppe stehen diverse Tests zur Verfügung, z. B. Leistungsmerkmaltest, Akzeptanztest, Markttest, Umwelttest, Stresstest, Typtest (vgl. Horsch 2003, S. 303). Eine weitere Methode für die Testphase ist die Simulation. Per Simulation ist es beispielsweise möglich, das Kaufverhalten von Zielkunden genauer zu analysieren (vgl. Trommsdorff und Steinhoff 2013, S. 375; Homburg und Krohmer 2009, S. 559).

Implementierung

Am Ende eines Innovationsprozesses erfolgt die Implementierung. Eine erfolgreiche Implementierung geht meist auf den Einsatz spezieller Marketing-Instrumente zurück (vgl. Trommsdorff und Steinhoff 2013, S. 370 f.; Vahs und Brem 2013, S. 403). Häufig verwendete Methoden sind beispielsweise Kundenzufriedenheits-, Marktpotentials- oder Positionierungsanalysen (vgl. Gaul und Volkmann 2000, S. 77).

Zusammenfassend ist festzustellen, dass die Literatur eine Vielzahl an Methoden für den Innovationsprozess vorgelegt hat. Um in der Handlungspraxis ein strukturiertes und zielgerichtetes Vorgehen zu gewährleisten, in dem sich das Risiko einer Fehlentwicklung minimiert, wird die parallele Anwendung von mehreren Methoden pro Phase (Multi-Methoden-Ansatz) empfohlen (vgl. Trommsdorff und Steinhoff 2013, S. 385). Dies geht sicherlich auf die Tatsache zurück, dass die Heterogenität von Unternehmen und somit die Spezifika jedes einzelnen Unternehmens nur so adäquat identifiziert und im Innovationsprozess insgesamt berücksichtigt werden können. Allerdings ist die Machbarkeit eines Multi-Methoden-Ansatzes bzgl. der im Unternehmen verfügbaren Methodenkenntnisse und Ressourcen vorab zu prüfen.

2.3 Analogien

Wie bereits in Kapitel 2.2.1 beschrieben gewinnt die Phase der Ideengenerierung aufgrund ihrer Hebelwirkung für die nachfolgenden Prozessschritte verstärkt an Bedeutung. Eine vielversprechende Methode zur Entwicklung von radikalen Innovationen ist die Anwendung von Analogien, weshalb sich der Schwerpunkt dieser Arbeit auf diesen Bereich konzentriert. Aus diesem Grund werden in diesem Abschnitt die begrifflichen Grundlagen geschaffen und der Prozess zur Ableitung von Analogien (kognitive Analogiebildungsprozess) dargestellt.

2.3.1 Definition von Analogien

Analogien entstehen durch eine Assoziation oder einen Vergleich aufgrund von Ähnlichkeiten bzw. Übereinstimmungen von gewissen Merkmalen zweier betrachteter Gegenstände (vgl. Jordan 2008, S. 67; Biela 1991, S. 14).

Bei einer Analogie weisen beide Betrachtungsgegenstände ein gemeinsames Beziehungsmuster auf, obwohl sie sich selbst stark z. B. materiell unterscheiden können (vgl. Schulthess 2012, S. 11; Gentner und Markman 1997, S. 48; Mayer 1992, S. 419). Demnach werden bei der Anwendung von Analogien Problemstellungen durch die Übertragung von Informationen (Wissen) aus einem bekannten Bereich (Quelle) auf einen neuen Bereich (Ziel) gelöst (vgl. Holyoak und Koh 1987, S. 332).

Die Gemeinsamkeiten von Ziel- und Quellbereich können sowohl oberflächliche als auch strukturelle Ähnlichkeiten umfassen (vgl. Forbus et al. 1994, S. 142; Gentner et al. 1993, S. 525). Oberflächliche Ähnlichkeiten bestehen, wenn die äußere Erscheinungsform gleichartig ist. Ein Beispiel dafür ist die Analogie zwischen einem Planeten und einem Ball (vgl. Gentner und Markman 1997, S. 48), die alleine auf der Geometrie (Kugel) basiert. Strukturelle Ähnlichkeiten sind zu identifizieren, wenn die Beziehungen des Quellbereichs denen des Zielbereichs ähnlich sind (vgl. Schulthess 2012, S. 19; Kalogerakis 2010, S. 17; Gentner und Markman 1997, S. 48). Die Analogie eines Sonnensystems und eines Atoms kann als ein Beispiel einer strukturellen Ähnlichkeit herangezogen werden. Dabei verhalten sich die Planeten zur Sonne ähnlich wie Elektronen zu einem Atomkern. Es besteht zwischen beiden (Planeten – Sonne und Elektronen – Atomkern) jeweils eine Anziehungskraft, die jeweiligen Paare unterscheiden sich im Gewicht und die Planeten/Elektronen kreisen um die Sonne/den Atomkern (vgl. Markman 1997, S. 373; Keane et al. 1994, S. 398 ff.; Gentner 1983, S. 159 f.). Interessanterweise haben Studien aus unterschiedlichen Disziplinen gezeigt, dass das Identifizieren von Analogien aufgrund von oberflächlichen Ähnlichkeiten einfacher ist als strukturelle Ähnlichkeiten zu erkennen (vgl. Schmid et al. 2003, S. 57; Forbus et al. 1994, S. 142; Ross 1984, S. 377).

Ward (1998, S. 221 f.) unterscheidet zwischen erklärenden und innovativen Analogien. Erklärende Analogien versuchen ein fehlendes Verständnis über einen strukturellen Sachverhalt durch einen analogen Betrachtungsgegenstand zu erläutern (vgl. Metzig und Schuster 2010, S. 150; El Houssi et al. 2005, S. 555; Gregan-Paxton et al. 2002, S. 536; Gentner 1989, S. 200; Holyoak und Thagard 1989, S. 318). Ein Beispiel dafür ist die Analogie zwischen einer Kamera und dem menschlichen Auge. Durch das bekannte Prinzip der Funktionsweise einer Kamera kann erklärt werden, wie ein menschliches Auge aufgebaut ist und das Sehen möglich ist (vgl. Arbinger 1997, S. 93).

Innovative Analogien werden eingesetzt, um bereits etablierte Lösungsprinzipien (Quelle) auf neue Anwendungsbereiche (Ziel) zu übertragen (vgl. Schulthess 2012, S. 14; Kalogerakis 2010, S. 26; Kalogerakis et al. 2010, S. 420). Die Anwendung von innovativen Analogien erfolgt in der Phase der Ideengenerierung (vgl. Anderson 2013, S. 168; Novick und Bassok 2005, S. 334; Dahl und Moreau 2002, S. 47). Ein Beispiel dafür ist die Übertragung des Bassbogens aus dem Violinenbau auf Ski, um unerwünschte Vibrationen zu vermeiden (vgl. Enkel und Gassmann 2010, S. 260; Gassmann und Zeschky 2008, S. 100). Carving-Ski waren bei bestimmten Geschwindigkeiten nur schwer zu kontrollieren, da aufgrund der Geometrie und des hohen Luftwiderstands der Ski anfing zu „flattern". Aufbauend auf diesen Erkenntnissen wurde nach Analogien für die Absorption von Vibrationen gesucht. Als analoger Bereich wurde die Violine identifiziert, in der ein Bassbogen eingebaut wird, um unerwünschte Schwingungen zu vermeiden. Das Prinzip wurde auf die Skikonstruktion übertragen, indem eine zusätzliche Schicht mit einer ähnlichen materiellen und strukturellen Beschaffenheit wie ein Bassbogen auf dem Ski angebracht wurde (vgl. Gassmann und Zeschky 2008, S. 100). Im Hinblick auf das Ziel und die notwendige Engführung der Arbeit (Generierung von radikalen Logistikinnovationen) werden im weiteren Verlauf innovative Analogien fokussiert.

In der Literatur werden Analogiearten anhand der Transferdistanz unterschieden (siehe Abbildung 7). Als Transferdistanz wird die Entfernung zwischen dem Quell- und dem Zielbereich einer Analogie bezeichnet und zwischen nahen und fernen Analogien unterschieden (vgl. Kalogerakis et al. 2014, S. 10; Schulthess 2012, S. 29; Enkel et al. 2009, S. 146; Casakin 2004, S. 131; Bonnardel und Marmèche 2004, S. 178; Ward 1998, S. 221).

Bei nahen Analogien findet die Übertragung des Wissens bzw. der Information von dem Quell- zu dem Zielbereich innerhalb einer Branche statt (vgl. Bonnardel und Marmèche 2004, S. 178). Meist beruht dies auf oberflächlichen Ähnlichkeiten, die leicht zu identifizieren sind (vgl. Enkel et al. 2009, S. 146). Ein Beispiel dafür ist die Übertragung des Containers als Objekt aus der Schifffahrt in die Luftfahrt. Schiffscontainer wurden in den 1950er Jahren eingeführt, um das Be- und Entladen von Frachtern zu beschleunigen und somit Liegezeiten zu verkürzen. Dieses Prinzip wurde später auf den Luftfrachttransport übertragen (vgl. Rodrigue und Slack 2013, S. 116). Da die Transferdistanz zwischen Schiff- und Luftfahrttransport relativ gering ist, wird von einer nahen Analogie gesprochen.

Ferne Analogien hingegen weisen selten oberflächliche Ähnlichkeiten auf und verbinden meist zwei unterschiedliche Bereiche miteinander (vgl. Bonnardel und Marmèche 2004, S. 178). Die Beziehungen zwischen Quell- und Zielbereich basieren bei fernen Analogien auf strukturellen Gemeinsamkeiten (vgl. Vosniadou 1989, S. 418). Die

Identifikation dieser Analogien wird erschwert, da die Verbindungen aufgrund der strukturellen Ähnlichkeit nur schwer zu erkennen sind und detaillierteres Wissen aus dem Quellbereich benötigt wird (vgl. Enkel et al. 2009, S. 146). Gleichzeitig bieten ferne Analogien ein höheres Potential, radikale Veränderungen im Zielbereich auszulösen (vgl. Kalogerakis et al. 2010, S. 426). Ferne Analogien werden in industrieübergreifende (Cross-Industry) und aus der Natur stammende Analogien (Bionik) unterschieden (vgl. Schulthess 2012, S. 31; Kalogerakis 2010, S. 28).

Industrieübergreifende Analogien entstehen, wenn ein Wissenstransfer über Branchengrenzen hinweg stattfindet (vgl. Enkel et al. 2009, S. 138). Ein Beispiel dafür ist die Übertragung des Lenkdrachenprinzips aus dem Sportbereich in die Schifffahrt, wobei das aus dem Kitesurfen bekannte Prinzip der Fortbewegung mittels eines Lenkdrachens für Hochseeschiffe übertragen wurde (vgl. SkySails GmbH 2014; Kitelife Magazin 2011, S. 16 f.). Durch den Wissenstransfer aus dem Sportbereich in die Logistik kann diese Analogie als industrieübergreifend eingestuft werden.

Bionische Analogien lösen technische Problemstellungen durch die Übertragung von Wissen aus der genauen Naturbeobachtung (vgl. Seipold 2012, S. 42; Nachtigall 2010, S. 90). Bereits Leonardo da Vinci wendete diese Vorgehensweise bei der Entwicklung eines Fluggeräts auf Basis seiner Forschungsergebnisse des Vogelflugs an (vgl. Piccottini 2011, S. 79; Nachtigall 2010, S. 92). Ein Beispiel aus dem Bereich der Logistik ist der Transfer der Oberflächenstruktur der Haifischhaut auf die Außenhaut eines Schiffsrumpfs oder Flugzeugs: Durch die Anbringung einer haihautähnlichen Struktur auf die Oberfläche wird der Strömungswiderstand gesenkt und somit weniger Kraftstoff bei gleichbleibender Geschwindigkeit benötigt (vgl. Bhushan 2012, S. 3; Dean und Bhushan 2010, S. 4775; Löffler 2009, S. 107; Bechert 1998, S. 237 ff.).

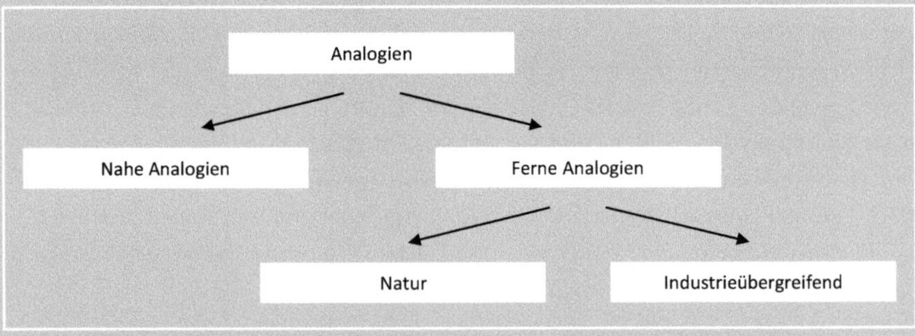

Abbildung 7: Analogiedistanzen

Im Allgemeinen besitzen die fernen innovativen Analogien aufgrund des Wissenstransfers aus der Natur oder anderen Industrien ein hohes Potential zur Erzeugung radikaler Lösungsideen (vgl. Enkel et al. 2009, S. 138). Gleichzeitig kann das Entwicklungsrisiko gemindert werden, da auf evidente, beobachtbare Phänomene bzw. bereits erfolgreich etablierte Lösungen zurückgegriffen wird und im Idealfall nur noch eine leichte Anpassung notwendig ist (vgl. Tiwari und Herstatt 2014, S. 83). Durch eine reine Adaption der Lösung ist eine verkürzte Entwicklungszeit im Vergleich zu einer Neuentwicklung möglich (vgl. Kalogerakis et al. 2014, S. 30). Kritisch wird allerdings die meist benötigte Integration von externem Wissen gesehen, die bei der Suche nach Analogien den Wissensbereich erweitert. Deshalb wird diese Methode als anspruchsvolle Kreativitätstechnik eingestuft (vgl. Wildemann 2010, S. 148).

2.3.2 Kognitiver Analogiebildungsprozess

Der kognitive Prozess zur Bildung von Analogien (siehe Abbildung 8) unterscheidet zwischen Quelle und Ziel der Analogie und gliedert sich in folgende vier Schritte (vgl. Holyoak 2005, S. 117; Holyoak et al. 2001, S. 9; Gentner et al. 1993, S. 527):

1. Retrieval/Access
2. Mapping
3. Transfer (Adaption and Evaluating)
4. Learning

Im ersten Schritt (Retrieval/Access) wird basierend auf der Zielsituation nach Wissensbeständen aus anderen Bereichen (Quelle) gesucht (vgl. Holyoak 2005, S. 117). Dabei soll der Suchbereich möglichst groß gehalten werden, um somit eine möglichst große Auswahl an Lösungen zu erhalten. Durch das anschließende Mapping ausgewählter Quellbereiche auf die Zielsituation werden Elemente aus beiden Betrachtungsgegenständen systematisch einander gegenübergestellt und somit strukturelle und oberflächliche Ähnlichkeiten erforscht (vgl. Gick und Holyoak 1980, S. 350). Der nächste Schritt (Transfer) kann in eine Adaption und eine Evaluation untergliedert werden (vgl. Holyoak et al. 2001, S. 9; Gentner et al. 1993, S. 527). Im Normalfall können analoge Lösungen nicht direkt übertragen werden, d. h. es muss eine Adaption erfolgen. Die dann folgende Evaluation überprüft die Zielerreichung der eingangs aufgestellten Anforderungen (vgl. Gentner et al. 1993, S. 527). Eine ungeeignete Lösung als Ergebnis der Evaluation der Analogie kann sowohl durch eine fehlerhafte Ausführung des Transfers, als auch durch eine falsche Auswahl der Analogiequelle oder mangelhafte Zuordnung der Elemente entstehen (vgl. Novick 1988, S. 512). Der letzte Schritt im kognitiven Analogieprozess ist das Learning. Dabei wird die gefundene Analogie generalisiert, um ein allgemeines Lösungsschema für ähnliche zukünftige Lösungsfindungsprozesse zu erhalten (vgl. Holyoak und Thagard 1999, S. 134).

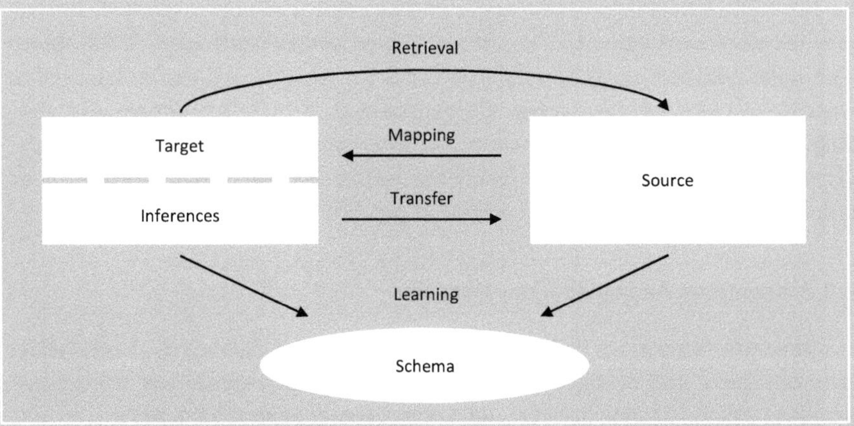

Abbildung 8: Kognitiver Analogieprozess
Quelle: Holyoak (2005, S. 118)

Wichtig ist, dass innerhalb des kognitiven Prozesses beim Anwender gedankliche Fixierungen eintreten und somit den individuellen Kreativitätsprozess hemmen können. Schulthess (2012, S. 24 ff.) unterscheidet dabei zwischen einer Fixierung aufgrund vorhandenen Wissens (Problem-Solving-Set/Design Fixation) und einer funktionalen Fixierung (vgl. Kalogerakis 2010, S. 22).

Das Problem-Solving-Set beschreibt die gedankliche Fixierung bei der Problemlösung auf die erneute Anwendung einer bekannten Vorgehensweise. In der Studie von Luchins (1969) wird diese Fixierung nachgewiesen, indem die Probanden wiederholt komplexe Aufgabenstellungen erfolgreich durch das eine bekannte Vorgehensschema lösen. Im Anschluss bekommen die Probanden eine wesentlich einfachere Aufgabe, die sie jedoch aufgrund der gedanklichen Fixierung erneut durch das eine bekannte, wenngleich unnötig aufwendige Lösungsverfahren bewältigen. Durch ihre Fixierung auf das bisherige erfolgreiche Vorgehen waren sie nicht in der Lage, einen leichteren und effizienteren Lösungsweg zu erkennen (vgl. Luchins 1969, S. 188), oder – denn dies wäre ebenso denkbar – sie neigten dazu, den erfahrungsgemäß absolut sicheren Weg zu bevorzugen.

Eine ähnliche Situation untersuchten Jansson und Smith (1991) in ihrer Studie zur Design Fixation. Dabei wurden die Probanden vor die Aufgabe gestellt, einen Fahrradträger für einen bestimmten Pkw-Typ zu entwickeln. Vor der Erarbeitung erhielten die Probanden mit bereits entwickelten Lösungen zu dem Thema einen konkreten Input. Wie erwartet, orientierten sich die im Anschluss erarbeiteten Lösungen meist an den ihnen vorgestellten Ansätzen. Dadurch wurde erneut gezeigt, dass durch die unreflektierte Anwendung von Wissen eine kontraproduktive Lösungsfixierung entstehen kann (vgl. Smith et al. 2011, S. 36). Ähnliche Ergebnisse resultierten auch aus den Studien von Condoor und LaVoie (2007), Marsh et al. (1999, 1996) und Smith et al. (1993) und betonen den Einfluss individueller kognitiver Grenzen und Chancen.

Die funktionale Fixierung beschränkt den kognitiven Analogieprozess anhand des ursprünglichen Zwecks des Betrachtungsgegenstandes. Duncker (1945, S. 93 ff.) wies die funktionale Fixierung anhand eines Experiments nach: Kerzen mussten so an einer Wand angebracht werden, dass das Kerzenwachs beim Brennen nicht auf den Boden tropfen konnte. Als Hilfsmittel standen jeweils eine Schachtel mit Kerzen, Nägel und Streichhölzer zur Verfügung (vgl. Duncker 1945, S. 86). Die Lösung bestand darin, die Schachtel getrennt von ihrem Inhalt zu betrachten und somit als Untergrund für die Kerze zu verwenden. In dem Experiment konnten sich die meisten Probanden von dieser funktionalen Fixierung der Schachtel als Verpackungsmaterial nicht lösen, weshalb sie an der Aufgabe scheiterten (vgl. Duncker 1945, S. 99). Auch andere Studien (Adamson und Taylor 1954; Adamson 1952) zeigen aufbauend auf diesen Erkenntnissen ähnliche Ergebnisse.

Eine Möglichkeit zur Überwindung der Fixierung ist die Inkubation. Mit diesem Begriff wird die Phase in einem kreativen Problemlösungsprozess betrachtet, in der keine aktive Auseinandersetzung mit der Problematik erfolgt. Dennoch wird sich kognitiv integral gesteuert einer Lösung genähert, indem sich von bekannten Assoziationen gelöst wird und neue entstehen (vgl. Funke 2003, S. 48; Dorfman et al. 1995, S. 258; Wallas 1926, S. 80 f.). Die Studien von Christensen und Schunn (2005) und Smith und Blankenship (1989) belegen, dass sich eine höhere Bearbeitungszeit positiv auf die Überwindung von gedanklichen Fixierungen auswirkt.

Eine weitere Möglichkeit zur Verminderung von kognitiven Fixierungen ist die Verwendung von Stimuli. Schulthess (2012, S. 159) zeigt in seiner Studie, dass besonders die Konfrontation von nicht naheliegenden und ungewöhnlichen Stimuli förderlich für die Findung von fernen Analogien ist[1].

Im Allgemeinen wird die Anwendung von Analogien als Methode zur Überwindung einer kognitiven Fixierung angesehen (vgl. Smith et al. 2011, S. 38), indem bewusst der Suchradius erweitert wird und sich von dem ursprünglichen Problem entfernt

1 Ähnliche Ergebnisse wurden auch in den Studien von Bonnardel (2000) und Bonnardel und Marmèche (2004, 2005) erreicht.

wird. Um jedoch systematisch und effizient Analogien zu finden und anschließend Innovationen zu entwickeln, empfiehlt sich die Nutzung eines strukturierten Vorgehensmodells bei der Anwendung von Analogien.

2.4 Logistik

Bevor im nachfolgenden Kapitel 3.1 auf die Besonderheiten des Innovationsmanagements in der Logistik eingegangen werden kann, sind in diesem Abschnitt die für das Verständnis notwendigen Begriffe Logistik und Logistikmanagement zu definieren. Ebenso bedeutsam sind die Merkmale und Dimensionen der Logistik, die eine direkte Übertragung des klassischen Innovationsmanagementansatzes erschweren. Abschließend erfolgt eine Definition von Innovationen in der Logistik.

2.4.1 Definition der Logistik und des Logistikmanagements

Die Logistik befasst sich mit Material- und den begleitenden Informationsflüssen und ist Gegenstand sowohl der Wirtschafts- als auch der Ingenieurwissenschaften (vgl. Kummer 2013, S. 309; Pawellek 2007, S. 15; Fähnrich und Opitz 2006, S. 102; Günthner 2003, S. 7). Primär im wirtschaftswissenschaftlichen Anwendungskontext werden logistische Konzepte und Strategien entwickelt (Kummer 2013, S. 309; Günthner und Heptner 2007, S. 17), in denen Erkenntnisse aus den Bereichen Marketing, Organisation und Qualitätsmanagement zum Tragen kommen (vgl. Fähnrich und Opitz 2006, S. 102). Ein wichtiges Kriterium bei logistischen Entscheidungen ist dabei immer das Kosten-Nutzen-Verhältnis (vgl. Huber und Laverentz 2012, S. 12; Pfohl 2004b, S. 51 f.).

Die Ingenieurwissenschaften konzentrieren sich auf die technische Umsetzung der logistischen Strategien und Konzepte. Ihr Anliegen ist es, der Logistik Komponenten wie die Kommissionier-, Lager-, Förder-, Sortiertechnik sowie Informations- und Steuerungstechniken zur Verfügung zu stellen (vgl. Koether 2007; Günthner und Heptner 2007, S. 15). Die Logistik ist damit eine Querschnittsdisziplin (siehe Abbildung 9), zu deren Erfolg sowohl die technische als auch die betriebswirtschaftliche Komponente beitragen (vgl. Günthner und Heptner 2007, S. 17).

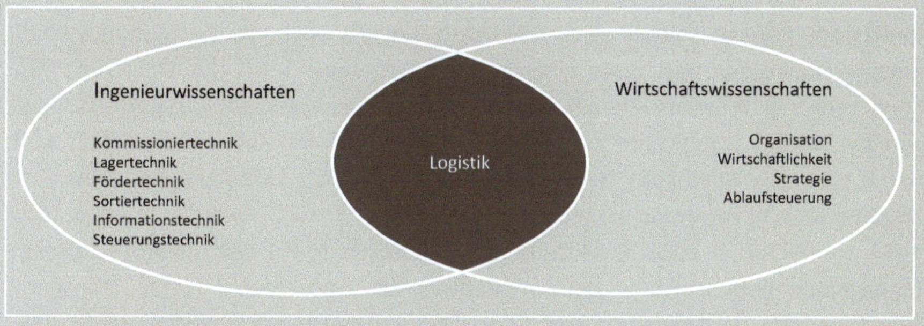

Abbildung 9: Logistik als Querschnittsdisziplin

Unter dem Begriff Logistik als klassische Dienstleistung wird im Allgemeinen der Transport und Umschlag sowie die Lagerung von Gütern verstanden (vgl. Huber und Laverentz 2012, S. 5; Gudehus 2007, S. 1; Pfohl 2004a, S. 5). Neben der logistischen Kernleistung werden Informations- und Zusatzleistungen (Value Added Services) angeboten (vgl. Toonen und Windt 2008, S. 583; Gleißner und Femerling 2008, S. 9; Isermann 1994, S. 25). Logistische Informationsleistungen sind etwa die Bereitstellung von Sendungsdaten für den Kunden (z. B. Menge, Gewicht, aktueller Aufenthaltsort). Ein Beispiel für eine Zusatzleistung ist das Etikettieren von Kleidungsstücken durch den Logistikdienstleister im zentralen Warenlager.

Logistik ist [demnach] ein System, das zunächst im Unternehmen, aber auch unternehmensübergreifend mit Lieferanten und Kunden, eine optimale Versorgung mit Materialien, Teilen und Modulen für die Produktion – und auf der anderen Seite natürlich der Märkte bedeutet (BVL e.V. 2014).

Plowman[2] definiert die „Seven Rights" als zentrale Ziele der Logistik. Demnach hat die Logistik die Aufgabe, die richtige Ware, in der richtigen Qualität, in der richtigen Menge, zum richtigen Zeitpunkt, zu den richtigen Kosten, am richtigen Ort, dem richtigen Kunden zur Verfügung zu stellen. Um diese Ziele effizient zu erreichen, ist ein Logistikmanagement notwendig.

Das Logistikmanagement umfasst sowohl die zielgerichtete Entwicklung und Gestaltung der unternehmensbezogenen und -übergreifenden Wertschöpfungssysteme nach logistischen Prinzipien (strategisches Logistikmanagement) als auch die zielgerichtete Lenkung und Kontrolle der Güter- und Informationsflüsse in dem betrachteten Wertschöpfungssystem (operatives Logistikmanagement) (vgl. Isermann 2008, S. 875; Weber und Kummer 1998, S. 16; Pfohl 1994, S. 14 f.).

2 Angepasste Aussage von E. Grosvenor Plowman, zitiert von G. A. Gecowets (1979, S. 5) und Shapiro und Heskett (1985, S. 6)

Strategisch können sowohl eine Differenzierung als auch die Kostenführerschaft angestrebt werden. Bei einer Differenzierungsstrategie kann die Steigerung des Servicegrads (z. B. hohe Liefergeschwindigkeit, Lieferzuverlässigkeit, Lieferflexibilität) erreicht werden (vgl. Weber und Kummer 1998, S. 19). Die Kostenführerschaft wird durch z. B. eine Bündelung der Sendungen, Senkung der Lieferfrequenz oder eine zentrale Lagerbevorratung erzielt (vgl. Schulte 2013, S. 45 f.; Delfmann und Reihlen 2008, S. 896; Porter 2004, S. 34 ff.; Delfmann 1990, S. 13 ff.). Das operative Logistikmanagement befasst sich mit der Durchführung der logistischen Prozesse (Transport, Umschlag, Lagerung und Value Added Services) zur Erreichung der strategischen Ziele (vgl. Huber und Laverentz 2012, S. 6).

2.4.2 Merkmale der Logistik

Die speziellen Merkmale der Logistik als Dienstleistung sind im hier gegebenen Kontext der Innovation genau in den Fokus zu stellen. Ein logistisches Produkt weist folgende drei Merkmale einer Dienstleistung auf (vgl. Bruhn 2013, S. 22 f.; Schneider et al. 2006, S. 116; Burr und Stephan 2006, S. 19 f.; Frietzsche und Maleri 2006, S. 215 ff.; Meiren und Barth 2002, S. 15; Engelhardt et al. 1992, S. 10):

- Immaterialität
- Integration eines externen Faktors
- Uno-acto-Prinzip

Im Unterschied zum physischen Produkt ist die logistische Leistung naturgemäß immateriell. Der Logistikdienstleister bietet dem Kunden eine bestimmte Leistung an. Das Leistungsergebnis kann jedoch nicht vorab durch den Kunden geprüft werden (vgl. Meffert und Bruhn 2006, S. 67), d. h. erst aus einer erfolgten Inanspruchnahme der Leistung ergeben sich entsprechende Erfahrungswerte. Daraus resultiert ein erhöhtes Kaufrisiko für den Kunden, dem der Logistikdienstleister mit einer präventiven Qualitätssicherung entgegenwirken kann (vgl. Bruhn 2013, S. 22; Corsten und Gössinger 2007, S. 22). Eine gewisse Vertrauensbasis ist eine Grundvoraussetzung für eine Geschäftsbeziehung zwischen einem Logistikdienstleister und seinem Kunden (vgl. Frietzsche und Maleri 2006, S. 216; Mudie und Cottam 1999, S. 6).

Die zweite wesentliche Eigenschaft einer Dienstleistung und damit der Logistik ist die Integration des sogenannten externen Faktors (vgl. Maleri und Frietzsche 2008, S. 86). Als externer Faktor wird dabei der Kunde selbst oder dessen Objekt bezeichnet, das bei der Erstellung der Logistikdienstleistung in den Prozess einbezogen wird (vgl. Moroff 2008, S. 133; Meffert und Bruhn 2006, S. 65). Dies wird an dem Beispiel eines

Transports deutlich, bei dem ohne die Integration der Ware des Kunden keine Logistikdienstleistung möglich ist. Der Kunde selbst bzw. dessen Objekt ist damit das auslösende und begleitende Element des Logistikprozesses (vgl. Scheer et al. 2006, S. 25).

Das Uno-acto-Prinzip beschreibt die Simultanität von Produktion und Konsum (vgl. Meffert und Bruhn 2006, S. 68; Mudie und Cottam 1999, S. 7 f.). Verdeutlicht werden kann auch dies anhand des beschriebenen Transportbeispiels: Die Produktion des Transports meint hier die Bewegung des Guts von A nach B. Der Konsum der Logistikdienstleistung ist ebenfalls die Bewegung des Guts, sie realisiert die Logistikleistung. Daraus resultiert wiederum, dass eine Logistikleistung weder zu lagern noch im Vorwege produziert werden kann (vgl. Burr und Stephan 2006, S. 22; Meffert und Bruhn 2006, S. 67). Eine Verbesserung der Qualität nach Leistungserbringung ist daher nicht möglich.

2.4.3 Dimensionen der Logistik

Für die vollständige Beschreibung einer logistischen Dienstleistung werden in der Literatur neben den drei zuvor genannten Merkmalen folgende drei Dimensionen expliziert (vgl. Bruhn 2013, S. 23 f.; Bullinger und Schreiner 2006, S. 56; Meiren und Barth 2002, S. 14; Kleinaltenkamp 2001, S. 40; Luczak et al. 2000, S. 19; Knoblich und Oppermann 1996, S. 15; Engelhardt et al. 1993, S. 398):

- Dienstleistungspotential
- Dienstleistungsprozess
- Dienstleistungsergebnis

Das Dienstleistungspotential besteht aus der potentiellen Fähigkeit und Bereitschaft des Logistikdienstleisters zur Erbringung einer Leistung (vgl. Knoblich und Oppermann 1996, S. 15; Engelhardt et al. 1993, S. 398). Der Begriff Potential korrespondiert hier eng mit dem Begriff der Immaterialität, denn indem die logistische Dienstleistung immateriell ist, kann in der Angebotsphase kein greifbares Produkt vorhanden sein (vgl. Corsten und Gössinger 2007, S. 21).

Die tatsächliche Erbringung der Logistikleistung steht im Mittelpunkt des Dienstleistungsprozesses. Durch die Simultanität von Produktion und Konsum steht in dieser Dimension das Uno-acto-Prinzip im Fokus (vgl. Scheer et al. 2006, S. 25). Auch die Integration des externen Faktors ist bei dieser Betrachtungsweise von Bedeutung (vgl. Burr und Stephan 2006, S. 23; Nüttgens et al. 1998, S. 15).

Die Immaterialität ist das charakteristische Merkmal bei dem Dienstleistungsergebnis, da das Ergebnis einer logistischen Dienstleistung nur den Zustand eines Objekts verändert, jedoch nicht ein Objekt selbst erzeugt (vgl. Corsten und Gössinger 2007, S. 22; Scheer et al. 2006, S. 25).

Für eine möglichst eindeutige Identifikation einer logistischen Dienstleistung muss sich demnach in den einzelnen Dimensionen (Potential, Prozess, Ergebnis) jeweils ein gesondertes Merkmal einer logistischen Dienstleistung (Immaterialität, Integration eines externen Faktors, Uno-acto-Prinzip) wiederfinden (vgl. Bruhn 2013, S. 24).

2.4.4 Definition Logistikinnovationen

Ähnlich wie bei den vorhergehenden Definitionen (siehe Kapitel 2.1, 2.2 und 2.4) besteht auch bei der Logistikinnovation kein eindeutiges Begriffsverständnis. Häufig werden in der deutschen und englischen Literatur auf die zwei folgenden Definitionen verwiesen (vgl. Lampe und Stölzle 2012, S. 7):

"Logistics innovations are logistics related services from the basic to the complex that is seen as new and helpful to a particular focal audience. The audience could be internal where innovations improve operational efficiency or external where innovations better serve customers." (Flint et al. 2005, S. 114)

„Logistikinnovationen sind von Unternehmen (mit der Absicht des wirtschaftlichen Erfolgs) am Markt oder intern eingeführte Neuerungen in der Planung, Realisierung und Kontrolle logistischer Güter und Informationsflüsse, die zu geringeren Prozesskosten oder zu einer besseren Befriedigung der Kundenanforderungen durch neue Services führen und sich gegenüber vorhandenen Logistikprozessen bzw. -services merklich – wie immer das zu bestimmen ist – unterscheiden." (Pfohl et al. 2007a, S. 32f.)

Sowohl Flint et al. (2005, S. 114) als auch Pfohl et al. (2007a, S. 32f.) konkretisieren eine Logistikinnovation als eine Neuerung, die sowohl unternehmensintern als auch -extern eingeführt werden kann. Mena et al. (2007, S. 14), der sich auf die Definition von Flint et al. (2005, S. 114) beruft, unterscheidet dabei noch zwischen einer technischen und nicht-technischen Innovation in der Logistik. Als technische Innovationen in der Logistik werden der Einsatz von Telematiksystemen oder Radio Frequency Identification (RFID) beschrieben. Ein Beispiel für eine nicht-technische Innovation ist die Just-In-Time-Anlieferung (Mena et al. 2007, S. 14 ff.).

Aufbauend auf diesen Erkenntnissen und den Definitionen Innovation und Logistik (Kapitel 2.1 und 2.4) lässt sich für diese Arbeit die Logistikinnovation folgend definieren:

Logistikinnovationen sind Produkte, Prozesse, Organisationen oder soziale Zusammenhänge, die eine unternehmensinterne und/oder -übergreifende Versorgung mit Materialien, Teilen und Modulen für die Produktion und/oder den Märkten (inklusive der dazu benötigten technischen Hilfsmittel) auf eine neuartige Weise erfüllen und sich deutlich von dem vorangegangenen Zustand unterscheiden.

2.5 Zusammenfassung

Die Begriffsdefinition der Innovation im theoretischen Kontext und alle Folgedarstellungen in Kapitel 2 haben gezeigt, dass sowohl die Merkmale als auch die Arten von Innovationen in der wirtschaftswissenschaftlichen Literatur sehr genau beschrieben werden. Hierdurch steht ein großes Spektrum an Modellen und Assessments zur Verfügung. Die signifikanten Modelle für Innovationsprozesse im Allgemeinen wurden erläutert und das klassische Innovationsmanagement für physische Produkte wurde dargestellt. Der Fokus des klassischen Innovationsmanagements war dabei speziell auf den Innovationsprozess und die dabei angewandten Methoden gerichtet.

Aufgrund des Fokus dieser Arbeit wurden im Grundlagenkapitel Analogien als Instrument zur Entwicklung von radikalen Innovationen definiert. Außerdem wurde der kognitive Analogiebildungsprozess dargestellt und auf den Aspekt möglicher Limitierungen durch gedankliche Fixierung eingegangen.

Abschließend erfolgten generelle Überlegungen zur Logistik und zum Logistikmanagement. In einem weiteren Schwerpunkt wurde dabei auf die Charakteristika einer Dienstleistung und damit der Logistik verwiesen und eine Definition einer Logistikinnovation für diese Arbeit abgeleitet. Auf dieser Grundlage widmet sich das nachfolgende Kapitel 3 dem Innovationsmanagement in der Logistik.

3 Innovationsmanagement in der Logistik

Ziel des dritten Kapitels ist die Klärung der ersten Forschungsfrage zum aktuellen Entstehungsprozess von Innovationen in der Logistik. Dazu wird, aufbauend auf den grundlegenden Begriffsdefinitionen (siehe Kapitel 2), das in der Literatur beschriebene Innovationsmanagement in der Logistik kontextuell dargestellt und analysiert. Auf dieser Grundlage erfolgt ein Praxisabgleich anhand von Experteninterviews und einer Fokusgruppe. Aus den empirisch generierten Ergebnissen werden ein Handlungsbedarf und eine weiterführende Forschungsfrage abgeleitet.

3.1 Stand der Forschung: Innovationsmanagement in der Logistik

Das Innovationsmanagement hat auch für die Logistik höchste Bedeutung. Auf die Unterschiede gegenüber dem klassischen Innovationsmanagement für physische Produkte wurde beispielhaft bereits in Kapitel 2.3 eingegangen, diesbezügliche Überlegungen werden nun kontextuell vertieft. Anschließend werden einige ausgewählte, in der Literatur vorgestellte Prozessmodelle des Innovationsmanagement in der Logistik erläutert. In Abschnitt 3.1.3 wird der aktuelle Forschungsstand zur Entwicklung von Innovationen in der Logistik aufgezeigt.

3.1.1 Besonderheiten des Innovationsmanagements in der Logistik

Wie in Kapitel 2.4.2 und 2.4.3 dargestellt, unterscheidet sich das logistische Produkt maßgeblich von einem klassischen physischen Produkt, weshalb von einer unreflektierten Übertragung von Ansätzen und Methoden für die Entwicklung von Innovationen in der Logistik abzuraten ist (vgl. Stauss und Bruhn 2013, S. 10; Burr und Stephan 2006, S. 106; Meiren und Barth 2002, S. 13).

Einer der signifikanten Unterschiede bei der Entwicklung von Innovationen in der Logistik liegt in der Integration des externen Faktors bei der Leistungserstellung begründet. Die Kundenorientierung spielt deshalb eine elementare Rolle für den unternehmerischen Erfolg. Unter den Vorzeichen von Innovationsgeschehen in der Logistik muss es darum gehen, den Kunden stärker als bei physischen Produkten in den Entwicklungsprozess einzubeziehen (vgl. Gassmann und Gebauer 2013, S. 164; Alam und Perry 2002, S. 515). Innovationsorientierte Unternehmen arbeiten hier proaktiv und interaktiv, indem sie innovative Anregungen, Ideen und Wünsche im Rahmen ihrer Logistikdienstleistungen bereits bei der Leistungserstellung aufnehmen und somit die Entwicklung von Innovationen kontinuierlich – und dicht an der Kundenzufriedenheit – initiieren (vgl. Burr und Stephan 2006, S. 110).

Die gezielte und explizite Integration des externen Faktors bewirkt ebenfalls eine Erweiterung des für den Kunden sichtbaren Bereichs (siehe Abbildung 10). Anders als bei physischen Produkten wird für den Kunden nicht nur das Ergebnis sichtbar, sondern auch die Potential- und Prozessdimension (vgl. Reckenfelderbäumer und Busse 2006, S. 145 f.). Daraus folgt, dass bei Logistikdienstleistungen in allen drei Dimensionen besondere Akquisitions- und Qualitätsanforderungen gelten. Bei physischen Produkten liegt in der Potential- und Prozessdimension der Fokus meist nur auf der Wirtschaftlichkeit (vgl. Reckenfelderbäumer und Busse 2006, S. 146; Benkenstein 2001, S. 699).

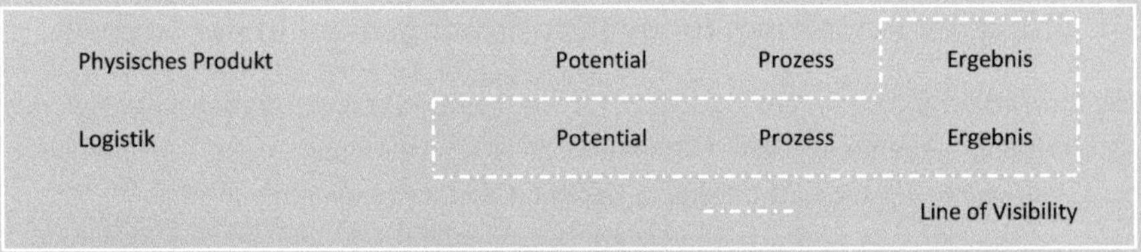

Physisches Produkt	Potential	Prozess	Ergebnis
Logistik	Potential	Prozess	Ergebnis
		-·-·-·-	Line of Visibility

Abbildung 10: Sichtbarer Bereich bei physischen und logistischen Produkten
Quelle: vgl. Reckenfelderbäumer und Busse (2006, S. 146) und Engelhardt et al. (1993, S. 413 f.)

Die Immaterialität einer logistischen Dienstleistung (siehe Kapitel 2.4.2) fordert den Innovationsprozess in spezifischer Weise heraus, indem ein logistisches Produkt abstrakter ist als ein physisches Produkt (vgl. Fließ et al. 2013, S. 176). Besonders in der Phase der Konzeptentwicklung ist deshalb ein hohes Maß an Abstraktionsvermögen notwendig (vgl. Stauss und Bruhn 2013, S. 9; Burr und Stephan 2006, S. 110).

Als ein Nachteil der Immaterialität von Logistikdienstleistungen kann gelten, dass die Anwendung gewerblicher Schutzrechte kaum möglich ist (vgl. Hipp et al. 2007, S. 410; Burr und Stephan 2006, S. 110). Der Anreiz für Innovationen ist somit eher gering, weil fast keine rechtlichen Imitationsbarrieren existieren. Damit können durch Logistikinnovationen nur begrenzt dauerhafte Wettbewerbsvorteile erzielt werden (vgl. Gassmann und Gebauer 2013, S. 161; Bruhn 2006, S. 229; Reckenfelderbäumer und Busse 2006, S. 145; Meffert 2006, S. 253).

3.1.2 Prozessmodell des Innovationsmanagements in der Logistik

In der Literatur ist die Darstellung eines allgemeingültigen, systematischen Prozesses für die Entwicklung von Logistikinnovationen bislang ein Desiderat (vgl. Klement 2007, S. 224). Ein an die besonderen Anforderungen der Logistik angepasster Prozess für Logistikinnovationen lässt sich aus der klassischen Produktentwicklung und den Modellen für die Generierung von Dienstleistungsinnovationen entwickeln (vgl. Gassmann und Gebauer 2013, S. 165 ff.; Bullinger und Schreiner 2006, S. 72 ff.; Bruhn 2006; Pfohl et al. 2007a, S. 43 ff.). Die Spezifika des Innovationsprozesses für physische Produkte wurden in Kapitel 2.2.1 bereits ausführlich erläutert. Im Folgenden wird auf den Prozess bei der Entwicklung von neuen Dienstleistungen eingegangen, um anschließend ein Vorgehen zur Generierung von Logistikinnovationen abzuleiten.

Die Neu- oder Weiterentwicklung von Dienstleistungen wird in der Literatur unterschiedlich bezeichnet. Im anglo-amerikanischen Sprachraum wird meist von New Service Development oder Service Design gesprochen, während sich in der deutschen Literatur primär der Begriff Service Engineering findet (vgl. Schneider et al. 2006, S. 118; Meiren und Barth 2002, S. 10). Im weiteren Verlauf dieser Arbeit wird die Bezeichnung Service Engineering für die Entwicklung von Dienstleistungen verwendet.

Das Service Engineering wird – wie bereits begrifflich erkennbar – als interdisziplinärer Ansatz betrachtet, bei dem Instrumente und Methoden der Ingenieurwissenschaften mit denen der Betriebswirtschaft kombiniert werden (vgl. Pfohl 2010, S. 110; Bürgel et al. 1996, S. 15). Ziel ist eine Reduktion der Entwicklungskosten und -zeit und parallel die Erhöhung der Prozess- und Produktqualität (vgl. Krallmann und Hoffrichter 1998, S. 259). Hier kommt der ingenieurwissenschaftlichen Anteil zum Tragen, der aus standardisierten Vorgehensmodellen und einer Konstruktionsmethodik besteht (vgl. Pfohl 2010, S. 110; Bransch 2005, S. 16; Bullinger und Meiren 2001, S. 152; Fähnrich et al. 1999, S. 13).

Analog zur Entwicklung von physischen Produkten bietet die Literatur eine Vielzahl an Vorgehensmodellen des Service Engineerings (siehe Tabelle 3). Dabei kann zwischen Phasenmodellen und iterativen Modellen unterschieden werden. Iterative Vorgehensweisen sind als Kreislauf konstruiert, indem nach der erfolgreichen Markteinführung erneut die Identifizierung von Verbesserungspotentialen im Fokus steht. Dadurch wird ein neuer Innovationszyklus initiiert und das Verfahren erneut durchlaufen. Aus unterschiedlichen Detaillierungsgraden und Schwerpunkten der einzelnen Vorgehensmodelle resultieren verschiedene Phasenanzahlen. Die genaue Strukturierung des Prozesses im Service Engineering erfolgt abhängig von den einzelnen Branchen (vgl. Pfohl et al. 2007a, S. 44; Bürgel et al. 1996, S. 189) bzw. von den Spezifika einer bestimmten Unternehmung.

Modell	Phasen-modell	Iteratives Modell	Kreislauf	Anzahl Phasen
BOWERS (1989, S. 18)	×			8
BULLINGER UND SCHREINER (2006, S. 73)		×	×	7
COOPER UND EDGETT (1999, S. 222)	×			3
COWELL (1988, S. 299)	×			7
DIN (1998, S. 34)	×			6
DONNELLY ET AL. (1985, S. 147)	×			6
EDGETT (1996, S. 510)	×			3
EDVARDSSON UND OLSSON (1996, S. 159)	×			3
Fähnrich et al. (1999, S. 62)	×			4
HALLER (2010, S. 83 ff.)	×		×	6
JASCHINSKI (1998, S. 109)		×		3
JOHNSON ET AL. (2000, S. 18)	×		×	4
JOHNSON ET AL. (1986, S. 167)	×			6
MEIREN UND BARTH (2002, S. 20)	×			5
MEYER UND BLÜMELHUBER (1998, S. 813)	×			5
MOHAMMED-SALLEH UND EASINGWOOD (1993, S. 24)	×			10
RAMASWAMY (1996, S. 51)	×		×	8
REICHWALD ET AL. (2000, S. 25)	×		×	4
SCHEURING UND JOHANSON (1989, S. 30)	×			15
SCHNEIDER UND SCHEER (2003, S. 20 ff.)		×	×	4
SCHREINER UND NÄGELE (2002, S. 73)	×			4
SHOSTACK (1984, S. 29 ff.)	×		×	10
SHOSTAK UND KINGMAN-BRUNDAGE (1991, S. 247 f.)		×	×	5
TAX UND STUART (1997, S. 122)		×	×	7

Tabelle 3: Übersicht über Innovationsprozesse für Dienstleistungen
Quelle: vgl. SCHNEIDER ET AL. (2006, S. 119), DAUN UND KLEIN (2004, S. 63 f.) und SCHNEIDER (2004, S. 164 f.)

Für die Generierung von Logistikinnovationen empfiehlt PFOHL (vgl. 2007a, S. 45) ein vereinfachtes Vorgehensmodell mit den drei Phasen Ideengenerierung, Produkt-/Prozessentwicklung und Einführung (siehe Abbildung 11).

Die Phase der Ideengenerierung dient zur Ermittlung von Ideen mit großem Marktpotential (vgl. Gassmann und Gebauer 2013, S. 165). Der erste Schritt hierzu ist die Definition eines geeigneten Suchfeldes. Anschließend werden die Anforderungen der Kunden für die geplante Neuerung ermittelt (vgl. Bullinger und Schreiner 2006, S. 73). Ziel des nächsten Schritts ist die Generierung einer möglichst großen Anzahl an denkbaren Lösungsideen. Die Quantität ist dabei entscheidender als die Qualität der Ideen (vgl. Wittmann et al. 2006, S. 62), und deren qualitative Bewertung erfolgt erst am Ende durch die Ideenauswahl (vgl. Bullinger und Schreiner 2006, S. 73). Nach der Studie von ALAM UND PERRY (2002, S. 522) sind die Schritte der Suche und Auswahl von Ideen die wichtigsten Phasen im gesamten Innovationsprozess von Dienstleistungen.

In der Prozessentwicklung werden das Servicekonzept und die Servicestrategie festgelegt. Daraus folgt eine Spezifikation der logistischen Dienstleistung. Für eine ganzheitliche Entwicklung ist dabei, anders als bei physischen Produkten, eine Betrachtung der drei Leistungsdimensionen (siehe Kapitel 2.4.3 und 3.1.1) der Logistik notwendig (vgl. Reckenfelderbäumer und Busse 2006, S. 146; Bullinger und Schreiner 2006, S. 58 ff.; Benkenstein 2001, S. 699). Ein weiterer wichtiger Schritt ist in dieser Phase die Vorbereitung des Potentials. Darunter wird die Anschaffung und Anpassung von unterstützenden Systemen sowie die Auswahl und Schulung von Mitarbeitern verstanden (vgl. Benkenstein und Stenglin 2006, S. 281). Begrifflich steht die sogenannte Servicearchitektur im Mittelpunkt. Sie subsumiert neben den genannten Schritten und Merkmalen weitere Prozessaspekte und ist insgesamt durch eine hohe Standardisierung und Modularisierung gekennzeichnet. So kann bei gleichzeitiger Kostensenkung die Dienstleistungsqualität erhöht werden. Eine Kombination einzelner Module bewirkt eine hohe Variantenvielfalt, wodurch individuelle Kundenwünsche sowohl qualitativ hochwertig als auch kostengünstig angeboten werden können (vgl. Gassmann und Gebauer 2013, S. 190; Bullinger und Schreiner 2006, S. 61).

Erster Schritt der Einführungsphase ist ein Test/Pilot der Logistikdienstleistung. Beispielsweise testen ausgewählte Kunden vor Markteinführung die entwickelte Logistikdienstleistung (vgl. Bruhn 2006, S. 232). Nach einer erfolgreichen Durchführung des Tests/Pilots erfolgt die eigentliche Markteinführung. Auch hier ist der immaterielle Charakter der Logistikdienstleistung genauer zu bedenken, denn es werden nicht immer alle Potentiale der Innovation unmittelbar offenliegen, weshalb dieser Schritt durch eine intensive Vermarktung und Schulung unterstützt werden sollte (vgl. Pfohl et al. 2007a, S. 46). Für den Erfolg einer Innovation ist über den gesamten Prozess die Überwachung der Kosten und des Umsatzes unabdingbar, um gegebenenfalls unrentable Dienstleistungen anzupassen oder aus dem Produktportfolio zu entfernen (vgl. Gassmann und Gebauer 2013, S. 192).

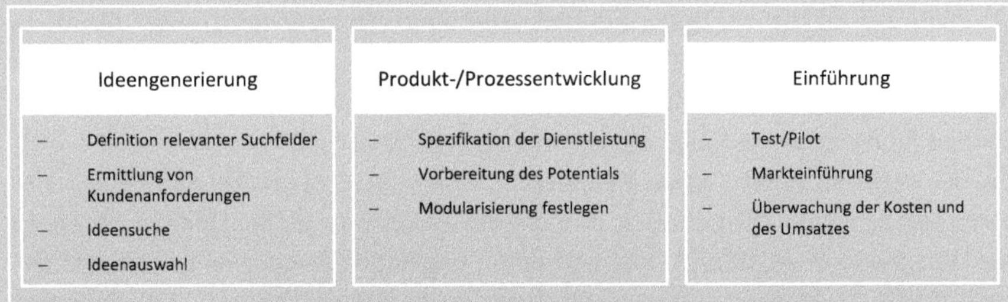

Abbildung 11: Phaseninhalte des Innovationsprozesses von Logistikdienstleistungen
Quelle: vgl. Gassmann und Gebauer (2013, S. 187 ff.), Pfohl et al. (2007a, S. 46); Klement (2007, S. 214 ff.); Wittmann et al. (2006, S. 21 ff.) und Bruhn (2006, S. 242)

3.1.3 Entstehung von Innovationen in der Logistik

Die bis hierher beschriebenen Besonderheiten und das erläuterte Vorgehensmodell zur Entwicklung von logistischen Dienstleistungen dient nun als Grundlage, um in diesem Abschnitt auf die in der Literatur dargestellte Entstehung von Innovationen in der Logistik einzugehen.

Ein zentraler Hinweis in der Literatur betrifft die Aussage, dass die Logistik im Vergleich zu anderen Branchen (z. B. Elektronik- oder Automobilhersteller) nur wenig innovativ sei (vgl. Gassmann und Gebauer 2013, S. 159; Pfohl et al. 2007a, S. 16; Beyer et al. 2005, S. 82). Begründet wird dies meist durch den Mangel an Ressourcen und die fehlende Möglichkeit zur Anmeldung von gewerblichen Schutzrechten (siehe Kapitel 3.1.1).

Weiterhin wird in der Literatur häufig erwähnt, dass Innovationen meist erst als Reaktion auf einzelne Kundenwünsche entstehen (vgl. Hipp et al. 2007, S. 422; Pfohl et al. 2007b, S. 124; Kersten et al. 2006, S. 349). Derartige reaktive Innovationen entstehen und stehen unter hohem Zeitdruck, um die Kundenzufriedenheit zeitnah sicherzustellen, weshalb sich die Innovationsentwicklung folglich schwieriger bzw. anders gestaltet als bei proaktiven Innovationen (vgl. Oke 2008, S. 21). Ein weiterer Nachteil kann darin bestehen, dass die Lösungen aufgrund des starken Zeitmangels in der Entwicklungsphase nicht standardisiert sind. Tatsächlich sind solche reaktiven Innovationen häufig kundenindividuelle Lösungen, die sich nicht oder nur bedingt durch eine modulare Neukombination und damit nur mit hohem Kostenaufwand auf andere Kunden übertragen lassen (vgl. Gassmann und Gebauer 2013, S. 163; Franklin

2008, S. 157). Vergleichbar werden in der Logistik häufig nur kleinere Anpassungen und Neuerungen durchgeführt (inkrementelle Innovationen), die sich stark an Branchentrends orientieren (vgl. Frunzke 2010, S. 294; Cowell 1988, S. 306). Allerdings bildet der Zeitfaktor bzw. der Zeitdruck zunehmend eine relative Größe, da in Zeiten schneller und kontinuierlicher Veränderungen auf den globalen Märkten Unternehmen zu höchster Flexibilität herausgefordert sind.

Hinzu kommt, dass bei der Entwicklung von logistischen Dienstleistungen meist kein systematischer Prozess durchlaufen wird (vgl. Gassmann und Gebauer 2013, S. 162 f.; Barczak et al. 2009, S. 9; Hipp et al. 2007, S. 417). Häufig werden in diesem Zusammenhang auch das fehlende methodische Wissen und die Erfahrung bei der Anwendung der Methoden genannt (vgl. Hipp et al. 2007, S. 421). Weiterhin wird für logistische Innovationsvorhaben oft kein organisatorischer Rahmen geschaffen (vgl. Wagner und Franklin 2008, S. 67). Dies hat zur Folge, dass Logistikinnovationen oft unstrukturiert und nicht effizient generiert werden, und so nur minder erfolgreich implementiert werden können.

3.2 Stand der Praxis: Innovationsmanagement in der Logistik

In diesem Abschnitt wird aufbauend auf den Erkenntnissen aus der Literatur (Kapitel 2 und 3.1) der aktuelle Stand des Innovationsmanagements bei Logistikern in der Praxis ermittelt. Dazu wurde eine empirische Untersuchung durchgeführt. Mittels leitfadengestützter Interviews wurden Experten aus der Logistik befragt, um das Vorgehen bei der Entwicklung von Logistikinnovationen in der Praxis zu identifizieren. Anschließend wurde mit einer Fokusgruppe der gleiche Forschungsgegenstand diskutiert. Der Schwerpunkt beider Erhebungen lag auf der Anwendung von Methoden innerhalb des Innovationsprozesses.

Nachstehend wird zunächst der Ablauf der Datenerhebung erläutert, dann die Auswahl der Interviewpartner für die Experteninterviews sowie die Durchführung der Gruppendiskussion (Fokusgruppe) als begründet geeignete Forschungsmethode. Im Anschluss werden die Durchführung und die Ergebnisse aus den Interviews und der Gruppendiskussion analysiert.

3.2.1 Forschungsmethode

Bei der Erhebung und Auswertung von Daten im Rahmen einer empirischen Untersuchung ist zwischen einem qualitativen und quantitativen Ansatz (siehe Tabelle 4) zu unterscheiden und die kontextuell geeignete Auswahl zu treffen (vgl. Saunders et al. 2012, S. 161; Blumberg et al. 2011, S. 144; Mayring 2010, S. 17).

Der quantitative Forschungsansatz überprüft konkrete Hypothesen mithilfe von Variablen (vgl. Hair 2007, S. 304). Dies setzt voraus, dass in ausreichendem Umfang Wissen über den Untersuchungsgegenstand bereits erzeugt wurde, um entsprechende Hypothesen ableiten zu können (vgl. Blumberg et al. 2011, S. 144). Für valide Ergebnisse wird eine signifikant große Stichprobe (Sample) benötigt, um die Standards der statistischen Repräsentativität zu erfüllen (vgl. Saunders et al. 2012, S. 162). Der zeitliche Aufwand ist als vergleichsweise gering einzuschätzen, da meist derselbe Fragenkatalog unter Verwendung spezifischer Software zahlenmäßig erfasst und ausgewertet wird.

In der qualitativen Forschung hingegen ist das Ziel die „Entdeckung" neuer Erkenntnisse in einem bisher kaum erforschten Bereich (vgl. Blumberg et al. 2011, S. 144; Corbin und Strauss 2008, S. 13). Der Anspruch dieses Forschungsansatzes liegt folglich darin, zu dem Untersuchungsgegenstand ein tieferes und grundlegenderes Verständnis zu erzeugen, aus dem wiederum neue Theorien abgeleitet werden können (vgl. Saunders et al. 2012, S. 163; Miles und Huberman 1994, S. 10). Dies kann auch mit einer relativ kleinen Anzahl an Fällen erreicht werden (vgl. Brüsemeister 2008, S. 19). Dafür ist die mit diesem Forschungsansatz verbundene Analyse von Texten, die z. B. aus Beobachtungen oder Interviews entstanden sind, als vergleichsweise zeitintensiv einzuschätzen.

	Quantitativer Ansatz	**Qualitativer Ansatz**
Zielsetzung	Überprüfen	Entdecken
	Zusammenhänge aufdecken	Tieferes Verständnis entwickeln
Eigenschaften	Strukturierte Datenerhebung	Unstrukturierte Datenerhebung
	Großes Sample (>50)	Kleines Sample (1-50)
	Kurzer Zeitaufwand pro Datensatz (1– 20 Min.)	Hoher Zeitaufwand pro Datensatz (30 – 60 Min.)
	Relativ objektive Ergebnisse	Relativ subjektive Ergebnisse

Tabelle 4: Vergleich von quantitativen und qualitativen Forschungsansatz
Quelle: vgl. PUNCH (2014, S. 26 ff.); HAIR (2007, S. 152)und MERRIAM (1988, S. 18)

Zur Beantwortung der ersten Forschungsfrage wurde ein qualitativer Forschungsansatz gewählt, da die Thematik der Entwicklung von Innovationen in der Logistik bisher nur marginal untersucht wurde. Demnach steht das „Entdecken" und nicht das „Überprüfen" im Fokus dieser Fragestellung. Es soll ein ganzheitliches Verständnis über den Einsatz von Methoden, die Vorgehensweise sowie die Rahmenbedingungen im Innovationsprozess in der Logistik erarbeitet werden. Der qualitative Forschungsansatz ermöglicht dabei, von Anfang an gezielt auf sich innerhalb der Erhebung ergebende Informationen einzugehen und somit zusätzliches und bislang unbekanntes Wissen über das Themenfeld zu generieren (vgl. Gillham 2008, S. 11). Hier stehen Kausalzusammenhänge und prozessuale Aspekte im Vordergrund, bei einer quantitativen Umfrage (z. B. Versand eines standardisierten Fragebogens) wären Fragen nach dem „Warum" oder „Wie" nicht möglich gewesen (vgl. Ellram 1996, S. 98).

Zur Durchführung qualitativer Empirie stehen diverse Methoden zur Verfügung. Die meisten aus der Literatur bekannten und präferierten Methoden können folgenden drei Klassen zugeordnet werden (vgl. Schnell et al. 2011, S. 313; Bortz und Döring 2006, S. 308; Denzin und Lincoln 1998, S. 36 ff.):

- Befragung
- Beobachtung
- Inhaltsanalyse

Als Vorgehensweise der Erhebung von qualitativen Daten wurde im gegebenen Kontext die Methode der leitfadengestützten Experteninterviews (Befragung) ausgewählt. Diese Art von Interviews strukturieren anhand ihres Leitfadens die Datenerhebung und -analyse, wodurch die Resultate der einzelnen Interviews miteinander vergleichbar werden (vgl. Meuser und Nagel 2009, S. 472; Bortz und Döring 2006, S. 314). Zugleich ist eine zielführende Offenheit gewährleistet, um einzelne Themenbereiche spontan im Interviewprozess zu vertiefen und diese somit bei der Auswertung ebenfalls zu berücksichtigen (vgl. Bogner und Menz 2009, S. 64; Bortz und Döring 2006, S. 314).

Zur Steigerung der Qualität der erzielten Ergebnisse bietet sich eine Triangulation an, indem die Untersuchung des ausgewählten Forschungsgegenstands durch z. B. unterschiedliche Methoden, Daten oder Perspektiven (vgl. Denzin 2009, S. 301; Flick 2008, S. 310) verdichtet wird. Hier werden nach Denzin (2009, S. 301 ff.) folgende vier Formen unterschieden:

- Methodologische Triangulation: Unterschiedliche Methoden
- Datentriangulation: Unterschiedliche Quellen, Zeitpunkte und Orte
- Investigator-Triangulation: Unterschiedliche Forscher
- Theorietriangulation: Unterschiedliche Perspektiven

Für eine schlüssige methodologische Triangulation wurde neben den leitfadengestützten Interviews die Methode der Gruppendiskussion (Fokusgruppe) eingesetzt. Mit der Wahl dieser Kombination der beiden Methoden folgt die Arbeit einer Empfehlung aus der Fachliteratur (vgl. Blumberg et al. 2011, S. 151) und der Beobachtung, dass sie in anderen wissenschaftlichen Arbeiten bereits produktiv eingesetzt wurde (vgl. Lammers 2012, S. 66; Böger 2010, S. 96).

Das Kriterium der Datentriangulation wurde u. a. durch die beiden zeitlich versetzten Phasen der Experteninterviews (siehe Kapitel 3.2.2.3) und die unterschiedlichen Intervieworte erfüllt. Ebenso wurde die Gruppendiskussion sowohl zeitlich als auch räumlich und partiell auch durch unterschiedliche Teilnehmer von der Durchführung der Experteninterviews entkoppelt.

Des Weiteren wurden die meisten Experteninterviews sowie die Gruppendiskussion von zwei Forschern gemeinsam durchgeführt, wodurch eine Investigator-Triangulation hergestellt wurde.

An den Interviews und der Gruppendiskussion nahmen Unternehmen aus unterschiedlichen Bereichen der Logistik teil. So wurde die Betrachtung des Forschungsgegenstands aus unterschiedlichen Perspektiven gewährleistet. Die Theorietriangulation ist daher ebenfalls als erfüllt anzusehen.

3.2.2 Durchführung von qualitativen Interviews

Die geforderte höchste Validität qualitativer Interviews bedingt zunächst die Konzeption eines auf Basis der durchgeführten Literaturrecherche systematisch abgeleiteten Interviewleitfadens. Nachstehend wird dieser Schritt genauer erläutert, anschließend wird auf die Zusammensetzung des Samples und den Ablauf der Interviews eingegangen. Aufbauend darauf wird die Herangehensweise bei der Auswertung der erhobenen Daten aus den Expertengesprächen vorgestellt.

3.2.2.1 Entwicklung eines Interviewleitfadens

Dieser Leitfaden dient zur Orientierung während der Interviews, um alle relevanten Themenaspekte während des Gesprächs im Blick zu behalten (vgl. Mey und Mruck 2010, S. 430). Eine strikte chronologische Abhandlung der einzelnen Punkte ist dabei nicht zwingend erforderlich. Der Aufbau des hier entwickelten Interviewleitfadens orientiert sich an den Empfehlungen von Bähring et al. (2008, S. 94) und Hron (1982, S. 124) und gliedert sich in fünf Themenbereiche (siehe Abbildung 12).

Einführung	– Begrüßung und Vorstellung – Erläuterung der Zielsetzung des Interviews
Grundlagen	– Innovationsbegriff – Rahmenbedingungen und Bedeutung von Innovationen
Hauptteil	– Innovationsmanagementprozess – Methodeneinsatz
Weitere Aspekte	– Erfolgsfaktoren von Innovationen – Übertragbarkeit von Prozess und Methoden
Abschluss	– Unternehmensbezogene Daten – Verabschiedung

Abbildung 12: Aufbau des Interviewleitfadens zum Thema Innovation, Innovationsprozess und -methoden in der Logistik

Zum tieferen Verständnis der einzelnen Themenaspekte wurden detaillierte Fragen gestellt (siehe Anhang II). Der Fokus der Interviews lag in der Ermittlung des Einsatzes und der Ausgestaltung des Prozesses und damit verbundenen Methoden in einem Innovationsmanagement bei Logistikern. Um zu dem Hauptthemenbereich möglichst detailgenaue und vergleichbare Antworten zu erhalten, wurde eine angenehme und vertrauenswürdige Gesprächssituation intendiert und das Ziel verfolgt, ein einheitliches Verständnis des Themas zu schaffen (vgl. Mey und Mruck 2010, S. 429).

Zur Gestaltung einer angenehmen und vertrauenswürdigen Gesprächssituation diente modellgemäß die Einführung in das Thema. Der erste Schritt bestand in einer kurzen Vorstellung der Beteiligten des Interviews. Anschließend wurden dem Experten die Zielsetzung und die Verwendung der mit dem Interview erhobenen Daten erläutert.

Im nächsten Schritt wurde ein einheitliches Verständnis des Grundbegriffs Innovation geschaffen, um die Vergleichbarkeit mit den Aussagen anderer Experten zu erhalten. Des Weiteren standen die Rahmenbedingungen des Unternehmens und die Bedeutung von Innovationen im Unternehmen im Zentrum der Fragen, um die Entwicklung und Bedeutung von Innovationen in den unternehmensbezogenen Kontext besser einordnen zu können.

Nun erfolgte der Übergang in den Hauptteil des Interviews. Dabei wurden Fragen zum Prozess und zum Methodeneinsatz im Innovationsmanagement bei Logistikern gestellt. Ausgehend von der Literaturrecherche (siehe Kapitel 3.1) war zu erwarten, dass nicht jedes Unternehmen ein standardisiertes und strukturiertes Vorgehen etabliert hat und auch Methoden nur selten angewendet werden. Daher wurde dieser Themenbereich in zwei mögliche Wege differenziert: Entweder wurde der

Experte genauer dazu befragt, inwieweit ein standardisierter und strukturierter Innovationsprozess und Innovationsmethoden eingesetzt werden, oder weshalb keine Anwendung stattfindet.

Im folgenden Teil wurden Fragen zu der zukünftigen Entwicklung im Bereich Innovationen in der Logistik gestellt. Dabei wurden Erfolgsfaktoren für einen Innovationsprozess und die Möglichkeit der Übertragung von bereits etablierten Methoden bei der Entwicklung von physischen Produkten auf die Logistik aus Sicht des Experten erfragt.

Das Interview schloss mit der Erhebung von unternehmensbezogenen Daten des Interviewpartners. Des Weiteren wurden sowohl personen- als auch unternehmensbezogene Daten erfasst.

Um vorab etwaige strukturelle und inhaltliche Schwachstellen des Leitfadens zu ermitteln, wurde vor der Befragung der Experten ein Pretest durchgeführt (vgl. Schnell et al. 2011, S. 340; Friedrichs 1990, S. 245 f.). An diesem Pretest nahmen drei Studierende der Fachrichtungen Logistik und Innovation der Technischen Universität Hamburg teil. Während der Pretestphase identifizierte Defizite wurden eliminiert, speziell die Verständlichkeit der Fragen konnte abgesichert werden.

3.2.2.2 Zusammensetzung des Samples

Für die Auswahl einer geeigneten Expertengruppe erfolgte eine Orientierung an Grundsätzen des Theoretical Sampling. Im Mittelpunkt dieser Art der Erhebung steht nicht die statistische Repräsentativität, sondern der Zugewinn an neuen Erkenntnissen (vgl. Muckel 2011, S. 337; Corbin und Strauss 2008, S. 143 ff.; Charmaz 2006, S. 96 ff.; Glaser und Strauss 1999, S. 45). Um neue Erkenntnisse zu generieren, muss das Sample demnach eine möglichst große Heterogenität aufweisen (vgl. Breuer und Muckel 1996, S. 94). Gleichzeitig sollen genau die Personen interviewt werden, bei denen die größte Chance besteht, relevante Informationen zu erhalten (vgl. Muckel 2011, S. 337). Wie oben bereits angesprochen, resultierte aus der Literaturrecherche (Kapitel 3.1), dass der Themenkomplex der Innovationsentwicklung in der Logistik bislang nur sporadisch behandelt wurde. Aus diesem Grund wurde das initiale Sample zunächst auf Unternehmen im Bereich Logistik begrenzt, die als innovativ bezeichnet werden[3]. Um eine höhere Heterogenität zu erreichen, wurde im zweiten Schritt dieses Suchkriterium eliminiert.

---

3 Ergebnis einer Internetrecherche zu Auszeichnungen oder Beiträgen in Fachzeitschriften über Innovationen in der Logistik

Für die Auswahl der Unternehmen und Interviewpartner für das gesamte Sample wurden folgende Kriterien herangezogen:

- Bereiche der Logistik: Es wurden innerhalb der Logistikbranche unterschiedliche Unternehmen mit unterschiedlichen Kernkompetenzen ausgewählt, um ein möglichst breites Spektrum abzudecken.
- Größe: An den Interviews nahmen Vertreter von großen Unternehmen (Konzernen) sowie von kleinen und mittleren Unternehmen (KMU) teil, um Verzerrungen der Ergebnisse beispielsweise aufgrund unterschiedlicher Ressourcen auszuschließen.
- Position des Experten: Es wurden Experten aus dem mittleren bis oberen Management der Unternehmen interviewt, in der Annahme, dass diese einen guten Überblick über die Vorgänge im Unternehmen und Einfluss auf Entscheidungsprozesse haben (vgl. Bähring et al. 2008, S. 93).

Die Anzahl der durchzuführenden Interviews wird allgemein durch die theoretische Sättigung bestimmt. Sie ist dann erreicht, wenn durch die letzten Interviews keine neuen signifikanten Erkenntnisse hinzugewonnen wurden (vgl. Muckel 2011, S. 337; Corbin und Strauss 2008, S. 148 f.). In der Literatur reicht die Spanne der empfohlenen Anzahl von sechs bis acht Interviews (vgl. McCracken 1988, S. 17) bei einem homogenen und 12 bis 20 Interviews bei einem heterogenen Sample (vgl. Carter und Jennings 2002, S. 150). In der vorliegenden Arbeit wurde eine theoretische Sättigung unter Berücksichtigung der ausgewählten Kriterien nach 18 Interviews mit insgesamt 23 Personen erreicht. Eine Übersicht der Interviews ist in Tabelle 5 aufgelistet.

Nr.	**Unternehmen**	**Branche**	**Position des/der Experten**	**KMU**
1	A	Hafenbetreiber	Leiter Unternehmensentwicklung	
2	B	Reederei	Senior Director IT - Application Development	
3	C	Kontraktlogistik	Leiter Zentrale Systementwicklung	
4	D	Kontraktlogistik	Fachbereichsleiter Innovation und Systemmanagement	
5	E	Großhandelsunternehmen	Geschäftsführer im Bereich Logistik	
6	F	Haushaltsgerätehersteller	Bereichsleiter Logistik	

Nr.	Unter-nehmen	Branche	Position des/der Experten	KMU
7	G	Schienenlogistik	Leiter Flottenmanagement	
8	H	Beratung	Senior Consultant (Logistik)	
9	I	Reederei	Leiter Logistik Europa	
10	J	Kontraktlogistik	Head of Business Development	
11	K	Kontraktlogistik	Regional Manager Sea Freight Systems Development & Support	
12	L	Transporteur und Lagereibetrieb	Geschäftsführer	×
13	M	Transporteur	Geschäftsführer	×
14	N	Großhandelsunternehmen	1. Geschäftsführer 2. Leiter Logistiksystem und Infrastruktur 3. Logistikleiter 4. Versandleiter	
15	O	Sicherheitstechnik für Container	Geschäftsführer	×
16	P	Kontraktlogistiker	Vice President Vertical Management & Innovation	
17	Q	KEP-Dienstleister[4]	Abteilungsleiterin Strategie Management	
18	R	Spedition	1. Geschäftsführer 2. Gesellschafter 3. Prokurist	×

Tabelle 5: Sample der ersten qualitativen Erhebung

3.2.2.3 Ablauf der Interviews

Die Interviews wurden in zwei Phasen geführt. In der ersten Phase (März und April 2011) wurde für die Auswahl der Interviews zusätzlich das Kriterium eines „innovativen" Unternehmens (Unternehmen A – J) angewandt. Dieses Kriterium wurde jedoch bei der Auswahl der Unternehmen (Unternehmen I – R) in der zweiten Phase (September – November 2012) nicht mehr verfolgt, um die Heterogenität des Samples zu steigern. Vielmehr wurde z. B. das Sample um kleine und mittelständische Unternehmen erweitert, um eine zusätzliche Perspektive auf den Untersuchungsgegen-

4 Kurier-, Express- und Paket-Dienstleister

stand zu ermöglichen. Ebenfalls wurde in der zweiten Phase auf Basis der Erkenntnisse aus den initialen Interviews der Interviewleitfaden angepasst und somit der Fokus auf den Prozess und die in den Unternehmen bereits angewandten Methoden im Innovationsprozess verstärkt. Die Interviews in der zweiten Phase wurden mit der Erhebung von logistischen Problematiken (siehe Kapitel 5.3.1) kombiniert.

Die Interviews wurden überwiegend per Telefon (12) durchgeführt, sechs Befragungen fanden bei den Unternehmen vor Ort statt. Die Interviewzeit betrug im Durchschnitt 52 Minuten, wobei das kürzeste 23 Minuten und das längste 90 Minuten dauerte. Zu Beginn der Interviews wurde den Teilnehmern der Gespräche Anonymität in allen Prozessen der Studie zugesichert. Um den optimalen Redefluss während des Interviews zu gewährleisten und um die bestmögliche Analyse und Auswertung zu sichern und zu erleichtern, konnten die Interviews dank der Erlaubnis der Beteiligten digital aufgezeichnet werden. Nur bei einem Interview wurde die Aufnahme nicht gestattet, weshalb dieses Gespräch durch ausführliche Notizen dokumentiert wurde.

3.2.2.4 Auswertung der Interviews

Die Interviews wurden im Anschluss an die Durchführung transkribiert. Da der Fokus auf dem Inhalt der Aussagen lag, konnte gemäß BÄHRING (2008, S. 101) auf die Dokumentation von Sprechpausen und nonverbale Äußerungen verzichtet werden. Bei der Transkription wurden folgende, in der Literatur häufig genannte Regeln eingehalten (vgl. Kowal und O'Connell 2010, S. 444 f.; Gläser und Laudel 2010, S. 193 f.; Bähring et al. 2008, S. 101; Kowal und O'Connell 1995, S. 116 ff.):

- Anonymisierung der Unternehmens- und Personendaten
- Kennzeichnung von Gesprächsüberlappungen
- Exakte Wiedergabe von Fragen und Antworten
- Markierung von unverständlichen Aussagen (z. B. Tonstörungen)

Für die anschließende Auswertung der transkribierten Interviews standen aus der qualitativen Forschung folgende Ansätze zur Verfügung (vgl. Häder 2010, S. 443 f.; Bähring et al. 2008, S. 103; Bortz und Döring 2006, S. 331 ff.):

- Qualitative Inhaltsanalyse nach MAYRING (2010)
- Grounded Theory nach GLASER UND STRAUSS (2010)
- Globalauswertung nach LEGEWIE (1994)

Die von MAYRING (2010, 2002) entwickelte qualitative Inhaltsanalyse reduziert zunächst den Ausgangstext auf die wesentlichen Inhalte. Dabei werden unklare Begriffe oder Sätze durch ergänzendes Material (z. B. andere Interviewabschnitte) verständlich gemacht. Der nächste Schritt ist das Strukturieren der Kurzversion in Kategorien, um einen besseren Überblick für die Gewinnung von Kernaussagen zu erhalten (vgl. Mayring 2010, 2008, 2002). Dieser Ansatz wird als zeitintensiv und komplex beschrieben, da eine fortlaufende Überprüfung des logischen Aufbaus der Kategorien notwendig ist (vgl. Bähring et al. 2008, S. 105; Bortz und Döring 2006, S. 332).

Der Ansatz der Grounded Theory von GLASER UND STRAUSS (2010, 1999) dient zur Generierung von Theorien. Begonnen wird dabei mit dem Kodieren. Sätze, Satzteile oder Wörter (Indikatoren) werden zu Konstrukten abstrahiert, um so ein Grundproblem zu identifizieren. Dies wird mehrmals mit dem vorliegenden Text wiederholt. Parallel dazu erfolgt eine Verknüpfung der Konstrukte zu Memos (erste Theoriefragmente). Erst durch das Entstehen von Memoketten ist es möglich, eine Theorie abzuleiten. Der Grounded Theory-Ansatz erreicht durch dieses Verfahren eine stärkere Vernetzung der Kategorien als die qualitative Inhaltsanalyse, erfordert jedoch einen deutlich höheren Zeitaufwand (vgl. Bortz und Döring 2006, S. 332). Es wird empfohlen, eine Software zur Unterstützung bei der Kodierung zu verwenden und den gesamten Prozess durch mehrere Forscher zu überprüfen (vgl. Paris und Hürzeler 2008, S. 4; Fielding und Lee 1991, S. 1 f.).

Die Globalauswertung nach LEGEWIE (1994) eignet sich für die Auswertung einer größeren Anzahl an Dokumenten, um die darin enthaltenen Informationen zu erschließen und zu bewerten. Für die Durchführung sind folgende zehn Schritte zu befolgen (vgl. Legewie 1994, S. 178 ff.):

1. Orientierung: Eine Übersicht über den gesamten Text verschaffen
2. Aktivierung von Kontextwissen: Einordnen des Textes in einen Kontext (z. B. Teilnehmer des Interviews, situative Bedingungen der Durchführung oder eigenes Vorwissen)
3. Text durcharbeiten: Erfassen und Bewerten des Textes
4. Einfälle ausarbeiten: Einfälle während der Durcharbeitung des Texts zur Interpretation in Memos notieren
5. Stichwortverzeichnis anlegen: Anlegen eines Stichwortverzeichnisses zum schnellen Wiederfinden von Textstellen
6. Zusammenfassung: Zentrale Aspekte werden in komprimierter Form dargestellt.
7. Bewertung des Textes: Anfertigung einer kurzen Stellungnahme der Erkenntnisse (ca. 20 Zeilen)

8. Auswertungsstichwörter: Festlegung von interessanten Fragestellungen für den Text
9. Konsequenzen für die weitere Arbeit: Ableiten eines Handlungsbedarfs
10. Ergebnisdarstellung: Darstellung und Dokumentation der erzielten Ergebnisse

Die 10 Schritte der Globalauswertung können je nach Zielsetzung der Textinterpretation modifiziert werden (vgl. Legewie 1994, S. 182). Damit zeichnet sich die Globalauswertung als ein flexibler und zeitökonomisch günstiger Ansatz zur Datenauswertung aus.

Im Allgemeinen hängt die Wahl des geeigneten Auswertungsansatzes von der zu beantwortenden empirischen Fragestellung ab. Besonders bei der Auswertung von explorativen Interviews werden die Ansätze der Grounded Theory und Globalauswertung vielfach präferiert (vgl. Bähring et al. 2008, S. 104). Aufgrund der Zielsetzung der Experteninterviews, ein tieferes Verständnis über die Entwicklung von Innovationen in der Logistik zu erhalten und keine neue Theorie daraus zu generieren (siehe Tabelle 6), wurde bei der Auswertung der Interviews im Rahmen dieser Arbeit die Globalauswertung eingesetzt.

Methode	Qualitative Inhaltsanalyse	Grounded Theory	Globalauswertung
Ziel	Theorienentwicklung	Theorienentwicklung	Thematische Erschließung
Merkmale	- Systematisches Vorgehen - Zeitintensives und komplexes Vorgehen	- Flexibles Vorgehen - Zeit- und ressourcen-intensives Vorgehen	- Flexibles und schnelles Vorgehen

Tabelle 6: Vergleich der Auswertungsmethoden

3.2.3 Zusammensetzung der Fokusgruppe

Zur Verbesserung der Ergebnisqualität wurde im Oktober 2012 eine Gruppendiskussion zum Thema Innovationen und Innovationsmanagement in der Logistik mit Wissenschaftlern und Vertretern aus der Praxis durchgeführt. Eine solche Gruppendiskussion ist eine ökonomische Methode, um zeitgleich Positionen mehrerer Experten zu erfragen (vgl. Dreher und Dreher 1982, S. 142; Mangold 1973, S. 230). Vorteil dieser Methode ist, dass meist durch reduzierte Konzentration auf einzelne Personen eine entspannte und offene Arbeitsatmosphäre geschaffen wird (vgl. Dreher und

Dreher 1982, S. 142; Kreutz 1972, S. 127 f.). Des Weiteren entstehen durch den Gedankenaustausch mit anderen Teilnehmern und deren Expertise meist neue Ideenimpulse (vgl. Friedrichs 1990, S. 246 f.). Statt einer wörtlichen Transkription (Experteninterviews) wurde entsprechend der Empfehlung von BORTZ UND DÖRING (2006, S. 319) ein zusammenfassendes Protokoll der Diskussion erstellt.

An der Diskussion haben sich fünf Unternehmen und drei Forschungseinrichtungen mit insgesamt elf Personen beteiligt (siehe Tabelle 7). Für die Diskussion wurde zu einem dreistündigen Meeting eingeladen, in dem mithilfe eines Smartboards, Moderationskarten und Stellwänden gemeinsam über die Begriffe Innovation, Innovationsmanagement und den Innovationsprozess diskutiert wurde.

	Branche	**Position**
Unternehmen L	Transporteur und Lagereibetrieb	Geschäftsführer
Unternehmen Q	KEP-Dienstleister	1. Leiterin Strategie Management 2. Mitarbeiterin Strategie Management
Unternehmen S	Ersatzteillogistik	Business Development Manager
Unternehmen T	Logistiksoftwarehersteller	Geschäftsführer
Unternehmen U	Nutzfahrzeuginstandhaltungsunternehmen	Geschäftsführer

Tabelle 7: Teilnehmer an der Gruppendiskussion zum Thema Innovation, Innovationsmanagement und Innovationsprozesse

3.2.4 Ergebnis zum Stand des Innovationsmanagements in der Logistik

Nachfolgend werden zusammenfassend die Ergebnisse aus den Experteninterviews sowie der Fokusgruppe dargestellt. Die Aufbereitung der Ergebnisse orientiert sich an der Struktur des Interviewleitfadens. Aufgrund des sehr hohen Deckungsgrads der Aussagen aus den Experteninterviews und der Fokusgruppe wird auf eine Unterscheidung zwischen den beiden Erhebungsarten bei der Darstellung der Ergebnisse verzichtet.

3.2.4.1 Innovationsbegriff in der Logistik

Logistiker definieren den Begriff Innovation unterschiedlich. Einige bezeichnen nur radikale Neuerungen und nicht kleinere Anpassungen oder Verbesserungen als Innovation, andere schließen inkrementelle Neuerungen für ihr Unternehmen in den

Innovationsbegriff mit ein. Beispielsweise beschreibt ein Interviewpartner die Einführung eines Barcode-Systems in seinem Lager als „Innovation“, ein anderer hingegen nur „weltverändernde Neuerungen“ wie die Einführung des Containers in den 1950er Jahren als „wirkliche Innovation“ in der Logistik. Einige Experten betonen, dass Neuerungen in der Logistik immer einen starken Kundenbezug aufweisen müssen, da der Kunde durch die Integration in die Leistungserstellung einen höheren Stellenwert einnimmt als bei der Erstellung von physischen Produkten.

3.2.4.2 Rahmenbedingungen und Bedeutung von Innovationen in der Logistik

Die Rahmenbedingungen für Innovationen in der Logistik schätzen über die Hälfte der Teilnehmer für ihr Unternehmen als gut ein. Dabei ist jedoch auffallend, dass hauptsächlich kleine und mittelständische Unternehmen aufgrund von beschränkten Ressourcen keine oder nur eingeschränkte Möglichkeiten für die Entwicklung von Innovationen im Unternehmen haben. Bei der Frage nach der Verankerung des Themas Logistikinnovationen in der Unternehmensstrategie, konnten lediglich acht der 21 Unternehmensvertreter dies bejahen. Drei Experten gaben an, dass dies nicht explizit in ihrer Strategie formuliert ist, aber aus Zielen wie z. B. einer Technologieführerschaft abgeleitet werden kann (siehe Abbildung 13).

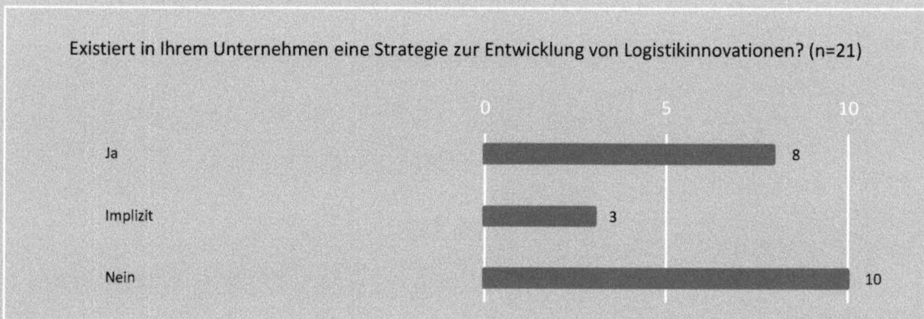

Abbildung 13: Logistikinnovationen in der strategischen Ausrichtung von Unternehmen

Einstimmig wurde von den Experten die Bedeutung von Innovationen in der Logistik als hoch eingestuft (z. B. *„Stillstand ist Rückstand“*, Unternehmen B; *„Für uns ist Innovation ein unglaublich wichtiges Thema [...] von A nach B kann jeder!“*, Unternehmen M). Gleichzeitig ergab die Auswertung der Interviews, dass meist nur inkrementelle Innovationen in den Unternehmen innerhalb der letzten Jahre hervorgebracht wurden. Nur vereinzelt wurde von für das Unternehmen radikalen Veränderungen gesprochen.

3.2.4.3 Innovationsprozess in der Logistik

Bei der Anwendung eines strukturierten Innovationsprozesses fällt die Antwort der Unternehmensvertreter sehr unterschiedlich aus (siehe Abbildung 14). Einige beschreiben einen etablierten Prozess wie z. B. einen kontinuierlichen Verbesserungsprozess oder regelmäßige Projektleitertreffen, bei denen Ideen für Innovationen entwickelt werden. Andere Unternehmen berichten, dass sie grundsätzlich Ansätze eines Innovationsprozesses verfolgen. Wegen der starken Einlastung in das operative Tagesgeschäft wird jedoch die Entwicklung von Innovationen meist vernachlässigt. Ein großer Teil der befragten Unternehmen verfolgt dementsprechend in der Logistik keinen strukturierten Innovationsprozess. Begründet wird dies mit Aussagen wie z. B. *„Logistik ist kein Rocket Science"* (Unternehmen E), *„Es war mir neu, dass es überhaupt sowas wie ein Innovationsmanagement gibt"* (Unternehmen G), *„Imitationsstrategie, wir lassen erst mal die Konkurrenz ausprobieren"* (Unternehmen A) oder *„eigentlich gibt es die Grundfunktionen der Logistik schon seit hunderten von Jahren. Woher kommt denn da die Innovationskraft?"* (Unternehmen P). Als mögliche Barrieren für die Einführung eines Innovationsprozesses werden meist mangelnde personelle und finanzielle Ressourcen genannt.

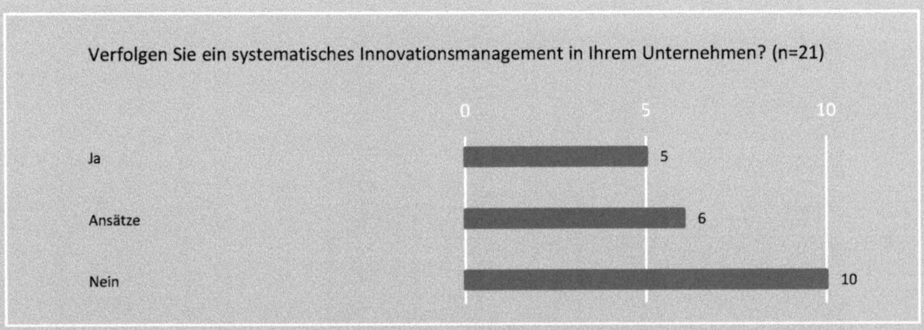

Abbildung 14: Systematischer Innovationsmanagementansatz im Unternehmen

3.2.4.4 Methodeneinsatz in der Logistik

Die Methodenkenntnisse der Unternehmen, die ein strukturiertes Vorgehen einsetzen, beschränken sich häufig auf Brainstorming-Workshops, Kundenumfragen, Claim Management oder Methoden aus dem Bereich Lean Management. Den meisten Experten sind jedoch explizit keine Methoden bekannt und/oder solche sind im Unternehmen nicht etabliert. Vielmehr *„wird erwartet, dass die Mitarbeiter pragmatisch an die Aufgaben herangehen. Methodisches Wissen wird nicht geschult, da das Wissen darüber fehlt."* (Unternehmen I). Die Experten stimmten darin überein, dass generell die methodische Unterstützung für ein Innovationsmanagement in der Logistik nützlich wäre.

3.2.4.5 Erfolgsfaktoren des Innovationsmanagements in der Logistik

Die Erfolgsfaktoren für ein gelingendes Innovationsmanagement sind vielschichtig (siehe Abbildung 15). Zum einen muss eine Innovationskultur im Unternehmen geschaffen werden, die alle Mitarbeiter einbindet und motiviert. Dazu ist die Unterstützung seitens der obersten Führungsebene notwendig. Auch müssen in ausreichendem Umfang entsprechende Ressourcen zur Verfügung gestellt werden. Zum anderen fordern die Experten Schulungen der Mitarbeiter, um besseres Methodenwissen zu generieren. Auch die Unterstützung seitens externer Berater und Expertisen bei Innovationsprojekten wünscht sich eine signifikante Anzahl der befragten Unternehmensvertreter.

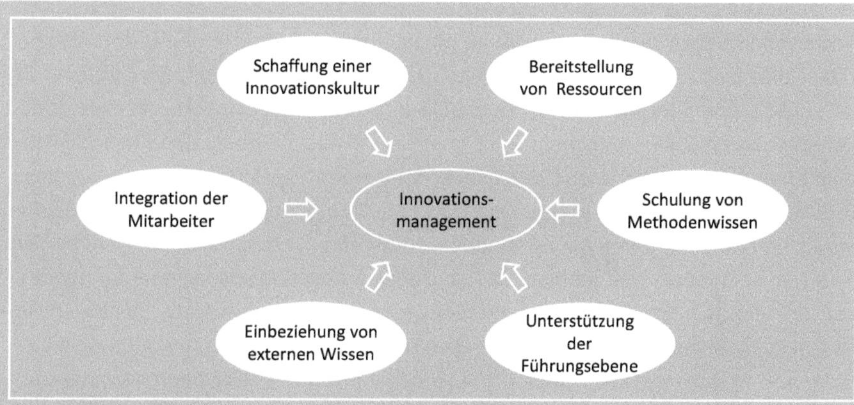

Abbildung 15: Erfolgsfaktoren des Innovationsmanagements in der Logistik

3.2.4.6 Übertragbarkeit von Prozessen und Methoden in die Logistik

Eine Systematisierung und Standardisierung der Prozesse und Methoden zur Entwicklung von Innovationen in der Logistik hält die Mehrheit der Experten für sinnvoll. Jedoch wird eine direkte Übertragung und Anwendung aus dem Innovationsmanagement von physischen Produkten für schwierig erachtet. Als Grund dafür nennen die Experten z. B. die Immaterialität und das damit verbundene notwendige Vertrauen in die Qualität der Leistungserstellung. Weiterhin wird mehrfach erwähnt, dass die Integration des externen Faktors bei der Leistungserbringung auch in der Entwicklung berücksichtigt werden sollte. Demnach sollten der Prozess und die verwendeten

Methoden an die Bedürfnisse der Logistik angepasst werden, bevor sie zur Anwendung kommen.

3.3 Ableitung des Handlungsbedarfs

Zusammenfassend wurde in Kapitel 3 ein Überblick über den aktuellen Stand in der Forschung und Praxis zum Thema Innovationsmanagement in der Logistik gegeben. Folgende erste Forschungsfrage kann damit beantwortet werden:

Wie entstehen aktuell Innovationen in der Logistik?

Sowohl bei der Auswertung der Literatur als auch der Befragungen wurde deutlich, dass Innovation grundsätzlich als ein entscheidender Faktor wahrgenommen wird, um langfristig erfolgreich am Logistikmarkt agieren zu können. Diese Erkenntnis und Zielvorgabe spiegelt sich jedoch nicht im Innovationsgeschehen in den Unternehmen, soweit dies hier ermittelt werden konnte. Denn es wurde ebenfalls gezeigt, dass in der Logistik überwiegend nur inkrementelle Innovationen entstehen, die sich überdies stark an aktuellen Branchentrends orientieren. Aus diesem Grund müssen Profitabilität und Wachstum meist durch eine Steigerung der Effizienz erzielt werden. Auslöser für Innovationen sind vorwiegend individuelle Kundenwünsche, die häufig ohne Unterstützung durch ein methodisches Vorgehen verfolgt werden. Nahezu alle Experten bemängeln das fehlende Wissen über Innovationsmanagementmethoden und ihre Einsatzmöglichkeiten. Einige wenige Unternehmensvertreter geben an, in diesem Zusammenhang Methoden aus dem Lean Management (z. B. Kontinuierlicher Verbesserungsprozess) anzuwenden, die jedoch meist nur – siehe oben – kundenspezifische Anpassungen zur Folge haben.

Die Untersuchung hat weiterhin gezeigt, dass in der Logistikbranche bisher kein systematisches und standardisiertes Vorgehen für die Entwicklung von Innovationen etabliert ist. Neuerungen entstehen meist spontan und unstrukturiert. Als Hauptgrund wird meist genannt, dass es an den zur Verfügung stehenden Ressourcen mangelt, da durch den Wettbewerb Mitarbeiter stark operativ ausgelastet sind und kein hinreichender finanzieller Spielraum existiert. Damit einher geht die Frage nach dem Entwicklungsrisiko, das viele Logistiker nicht bereit sind zu tragen. Erschwerend ist hinzuzufügen, dass bisher kaum Methoden spezifisch für die Bedürfnisse von Logistikern konzipiert bzw. modifiziert wurden und parallel von einer direkten Übertragung der Methodologie aus dem klassischen Innovationsmanagement abgeraten wird.

Aus dieser kritischen Perspektive erschließt sich konkret, dass einerseits Handlungsbedarf gesehen wird und andererseits konzeptionell praktikable, schlüssige Modelle für ein geeignetes innovatives Vorgehen vorzulegen sind.

Die hier gebotene Überzeugungsarbeit kann sich dabei sehr wohl an theoretischen Wissensbeständen bedienen. Aus dem theoretischen Zusammenhang ist evident, dass ein systematisches und strukturiertes Innovationsmanagement entscheidende Wettbewerbsvorteile bringt. Besonders die Phase der Ideen- und Konzeptentwicklung ist entscheidend, da ohne neue Ideen auch die Entwicklung von Innovationen nicht möglich ist. Des Weiteren werden in dieser Phase des Innovationsmanagements bereits ein Großteil der Rahmenbedingungen für die spätere Umsetzung und Markteinführung festgelegt. Ungeplante Veränderungen in späteren Phasen führen zu erheblich höheren Kosten als in der Ideen- und Konzeptentwicklung. Somit lassen sich durch gut durchdachte Ideen und Konzepte die Entwicklungskosten senken und gleichzeitig kann die Wahrscheinlichkeit einer erfolgreichen Einführung am Markt gesteigert werden. Die Untersuchung zeigt, dass Logistiker in dieser Phase – wenn überhaupt – erstens nur eine überschaubare Anzahl an Methoden einsetzen und dass zweitens die Anwendung von Methoden für eine Entwicklung von radikalen Innovationen dabei gänzlich unbekannt ist.

Unter diesen Voraussetzungen erscheint es besonders zielführend, eine aktuelle Methode, die im klassischen Innovationsmanagement bereits erfolgreich für die Generierung von radikalen Lösungen eingesetzt wird, zu wählen. Eine vielversprechende Methode ist die bereits erwähnte Anwendung von Analogien (siehe Kapitel 2.2.2). Vorteile der Anwendung von Analogien sind neben der Förderung von radikalen Innovationen auch ein beschleunigter Entwicklungsprozess und die Senkung des Risikos einer Fehlentwicklung. Die Anforderung dieser Methode, sich vom zugrundeliegenden Problem zu lösen und externes Wissen bei der Suche nach Analogien mit einzubeziehen, kennzeichnet ihren vergleichsweise hohen Anspruch.

Eine Übertragung bzw. Anwendung dieser Methode im Bereich Logistik konnte auf Basis der Literaturrecherchen nicht festgestellt werden. Um diesen Sachverhalt genauer zu analysieren, wird folgende zweite Forschungsfrage untersucht:

Existieren Ansätze der Verwendung von Analogien, um Logistikinnovationen zu generieren?

4 Anwendung von Analogien

Zur Beantwortung der zweiten Forschungsfrage werden zunächst allgemeine Vorgehensmodelle der Anwendung von Analogien in der Unternehmenspraxis vorgestellt. Ziel des anschließenden Systematic Literature Reviews ist das Identifizieren relevanter Literatur, um die zweite Forschungsfrage beantworten zu können. Die erarbeiteten Grundlagen bilden die Basis der in Kapitel 5 durchzuführenden Entwicklung eines Vorgehens der Anwendung von Analogien an die Anforderungen der Logistik.

4.1 Vorgehensmodelle der Anwendung von Analogien

Der in Kapitel 2.3.2 dargestellte kognitive Prozess zur Findung von Analogien soll nun in Korrelation mit allgemeinen Vorgehensmodellen verbunden werden. Hier ist zunächst zu bedenken, dass sich ein Großteil der vorgestellten Vorgehensmodelle auf die Übertragung von Analogien aus der Natur konzentriert. Diese Modelle werden auch als bionische Vorgehensmodelle bezeichnet (vgl. Koschnick 1996, S. 83). Lediglich GASSMANN UND ZESCHKY (2008) und KALOGERAKIS (2010) greifen den Bereich der industrieübergreifenden Analogien auf, fokussieren sich jedoch alleine auf diesen Bereich, und nur KALOGERAKIS referiert einen allgemeinen Ansatz, der unabhängig von dem Ursprung der Quelle ist.

Im Folgenden werden zunächst Vorgehensmodelle aus dem Bereich der Bionik vorgestellt. Im Anschluss erfolgt die Darstellung des industrieübergreifenden Vorgehensmodells von GASSMANN UND ZESCHKY und der allgemeine Ansatz von KALOGERAKIS. Eine direkte Gegenüberstellung der einzelnen Vorgehensmodelle erfolgt in Kapitel 4.1.16.

4.1.1 Vorgehen nach Heynert

Ein sehr allgemein gehaltenes Vorgehen stellt HEYNERT (1976, S. 38) mit seinem dreistufigen Modell vor. Im ersten Schritt (Allgemeine Bionik) wird nach Systemen in der Natur gesucht, die in der Industrie potentiell genutzt werden können. Im Anschluss (Systematische Bionik) werden Prinzipien aus den Forschungsergebnissen systematisch in Datenbanken oder Katalogen festgehalten. Als letzter Schritt (Spezifisch angewandte Bionik) erfolgt die Erarbeitung von Vorschlägen für eine anwendungsorientierte Umsetzung (vgl. Heynert 1976, S. 38 ff.).

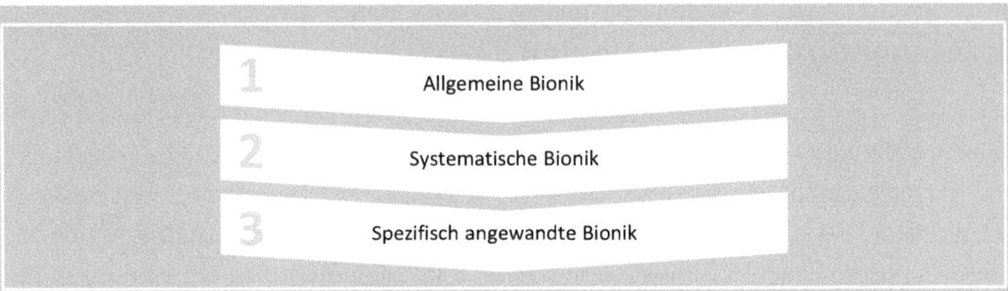

1 Allgemeine Bionik

2 Systematische Bionik

3 Spezifisch angewandte Bionik

Abbildung 16: Vorgehen nach Heynert

4.1.2 Vorgehen nach Rummel

Das Vorgehensmodell (siehe Abbildung 17) von RUMMEL (2014, S. 216) ist in die vier Phasen Search, Qualify, Analyse und Transfer gegliedert. Zentrales Element seiner Vorgehensweise ist die sprachliche Codierung eines technischen Problems sowie eine anschließende Decodierung der in der Natur gefundenen Lösung. Dieses Vorgehen beruht auf der Annahme von RUMMEL (2014, S. 207, 2004, S. 42), dass die Sprache der Biologie nicht direkt in die Sprache der Technik übersetzt werden kann. RUMMEL (2014, S. 208, 2004, S. 39 ff.) bezeichnet diese Herangehensweise selbst zunächst als SFT-Methode (Suchen, Finden und Transfer) und später als SQAT-Methode (Search, Qualify, Analyse und Transfer).

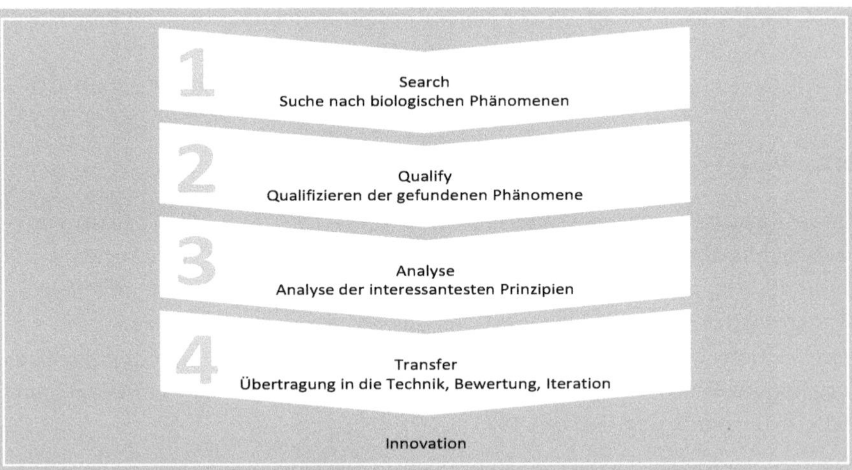

Abbildung 17: Vorgehen nach Rummel
Quelle: RUMMEL (2014, S. 216)

4.1.3 Vorgehen nach Rechenberg

RECHENBERG[5] (2013) konzentriert sich in seinem Modell auf den direkten Vergleich des Quell- und Zielbereichs. Er hat zur Lösung technischer Problemstellungen durch die Natur sieben Denkschritte entworfen (siehe Abbildung 18). Dabei werden jeweils die technischen und biologischen Systeme anhand ihrer Funktionen, Randbedingungen und Gütekriterien (Eigenschaften der Leistungsfähigkeit) verglichen. Wenn eine Ähnlichkeit in allen drei Vergleichen festgestellt worden ist, kann ein biologischer Wissenstransfer stattfinden (Zerbst 1987, S. 28).

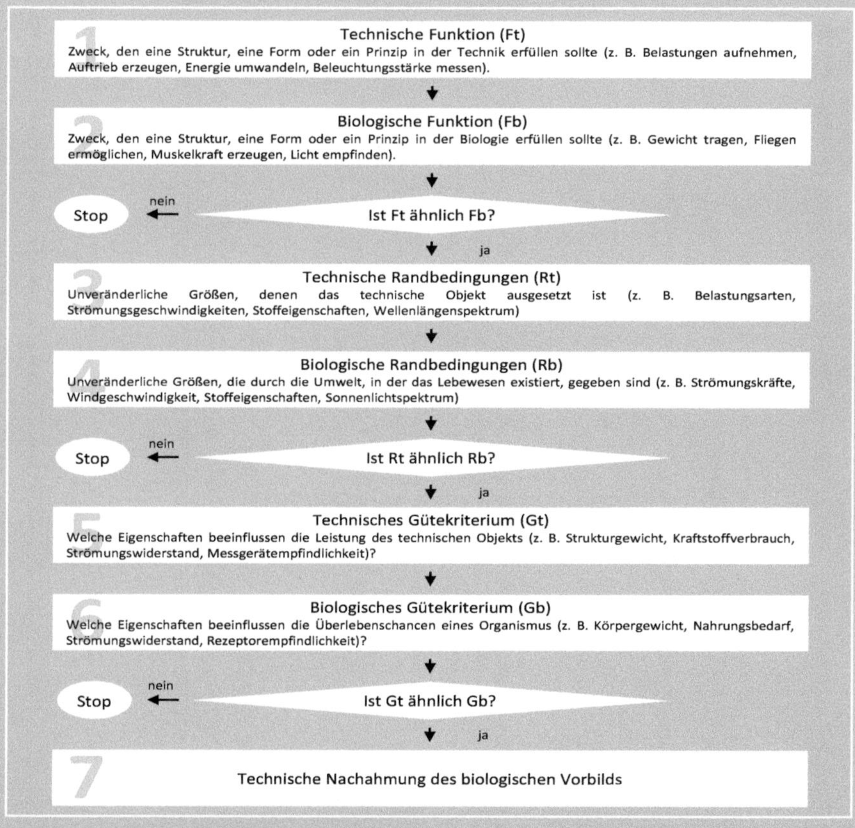

Abbildung 18: Vorgehen nach Rechenberg
Quelle: RECHENBERG (2013; Zerbst 1987, S. 29)

5 Vorgehensmodell wurde bereits 1978 von Rechenberg vorgestellt, zitiert in ZERBST (1987, S. 29)

4.1.4 Vorgehen nach Küppers und Tributsch

KÜPPERS UND TRIBUTSCH (2002, S. 155 ff.) entwickelten ein vierstufiges Vorgehensmodell (siehe Abbildung 19). Die erste Stufe ist die Erkenntnis. Dabei kann der Ursprung der bionischen Entwicklung sowohl in der Technik als auch der Natur liegen (vgl. Küppers und Tributsch 2002, S. 155). In der zweiten Stufe erfolgt ein Vergleich zwischen Technik und Natur. Als Hilfsmittel wird dabei die biologische Ähnlichkeitsmatrix eingesetzt. Hierunter verstehen KÜPPERS UND TRIBUTSCH (2002, S. 157 f.) den biologischen Vergleich von Gütekriterien, Funktionen und Randbedingungen. Bei genauer Betrachtung wird damit die Vorgehensweise von RECHENBERG (2013) in das Modell von KÜPPERS UND TRIBUTSCH integriert (2002, S. 161). Wenn sich das biologische Vorbild für eine technische Nachahmung als geeignet herausstellt, folgen die Nachahmung (3) und Anwendung (4) der bionischen Entwicklung (vgl. Küppers und Tributsch 2002, S. 161).

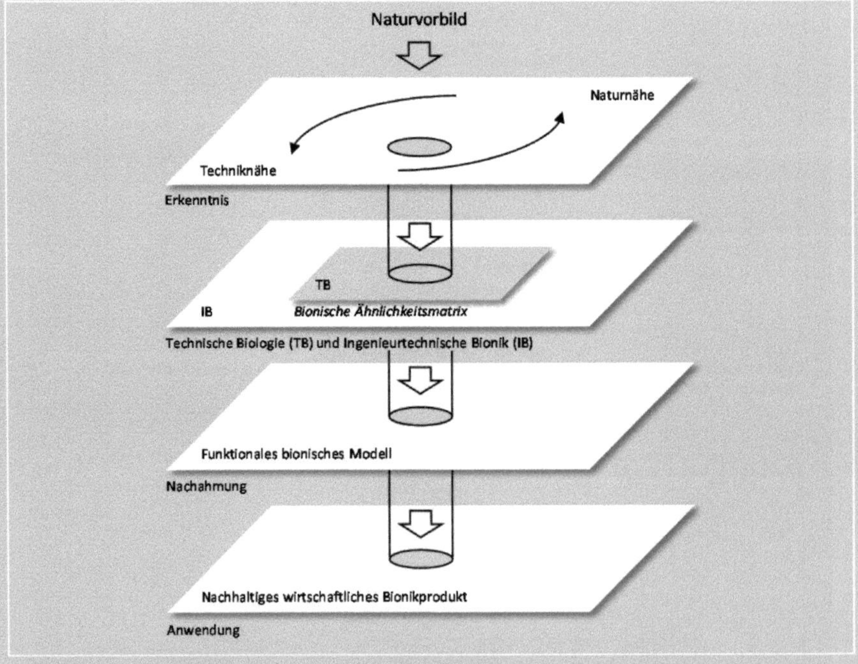

Abbildung 19: Vorgehen nach Küppers und Tributsch
Quelle: KÜPPERS UND TRIBUTSCH (2002, S. 161)

4.1.5 Vorgehen nach Hill

Hill (2001, S. 2, 1998, S. 2) nimmt an, dass für jedes Problem mehrere Lösungen in der Natur existieren. Er nutzt für die Erzeugung von Assoziationen zur Problemlösung Strukturen, Organisationsformen und Evolutionsgesetzmäßigkeiten aus der Natur (vgl. Hill 1999, S. 67). Sein Vorgehensmodell gliedert er in die zwei Hauptphasen Zielbestimmung und Lösungsfindung (siehe Abbildung 20). Die beiden Hauptphasen wiederum sind in eine Vielzahl von Arbeitsschritten unterteilt, wodurch eine Reduktion der Komplexität bei gleichzeitiger Fokussierung auf einzelne Teilbereiche erfolgt (vgl. Hill 2005, S. 321). Unterstützt wird seine Vorgehensweise durch Konstruktionskataloge, die als Anregung für Ideen dienen (vgl. Hill 2005, S. 314, 2004, S. 27; Linde und Hill 1993).

1. Ziel (Schritte / methodische Hilfen)	2. Lösungsfindung (Schritte / methodische Hilfen)
1.1 Untersuchung der Markt- und Bedarfssituation (speziellen Betrachtungsbereich ermitteln / W-Fragen-Methode)	2.1 Bestimmung der den widersprechenden Forderungen zugrundeliegenden Grundfunktionen / Orientierungsmodell biologischer Grundfunktionen
1.2 Durchführung einer Systemanalyse / Funktionsanalyse / Strukturanalyse	2.2 Aufdeckung relevanter biologischer Strukturen mit gleichen oder ähnlichen Funktionsmerkmalen / Katalogblätter
1.3 Erfassung des Standes der Technik / Entwicklungsstandtabelle	2.3 Zusammenstellung relevanter Strukturen in einer Tabelle und Ableitung erster Lösungsansätze (Prinziplösungen) / Tabelle biologischer Strukturdarstellungen / Assoziationsmatrix
1.4 Durchführung einer Generationsbetrachtung / Generationstabelle	2.4 Übertragung der ermittelten Lösungsansätze in eine technische Lösung entsprechend den Anforderungen
1.5 Bestimmung des Evolutionsstandes / Evolutionsstandtabelle	2.4.1 Variieren und / oder Kombinieren relevanter Merkmale / Variations- und / oder Kombinationsmethoden
1.6 Bestimmung von Effektivitätsfaktoren / Effektivitätsgleichung	2.4.2 Bewertung von Lösungselementen bzw. technische Varianten / Bewertungsmethoden
1.7 Aufstellung der Anforderungsmatrix und Auswahl relevanter Widersprüche	2.5 Ausarbeitung der technischen Lösung
1.8 Bezeichnung der paradoxen Forderung	
Entwicklungsaufgabe mit erfinderischer Zielstellung	Technische Lösung

Abbildung 20: Vorgehen nach Hill
Quelle: Hill (2005, S. 322)

4.1.6 Vorgehen nach Nachtigall

NACHTIGALL (2010, S. 194) benennt sein Vorgehensmodell nach seinem eigenen ins Lateinische übersetzten Namen „Luscinius“ (LU-Methode). Dieses gliedert sich in die vier Schritte Erkennen, Abstrahieren, Umsetzen und Fertigen. Dabei nimmt das Abstrahieren eine zentrale Rolle in dem Prozess ein, da dieser kognitive Teilprozess die Schnittstelle zwischen Natur und Technik markiert (vgl. Nachtigall 2010, S. 195). Ähnlich wie bei KÜPPERS (2002, S. 155) kann der Ursprung der Analogiebildung in der Natur oder der Technik liegen. Zur Unterstützung und Anregung für Analogien hat NACHTIGALL (2005) Materialsammlungen[6] erstellt.

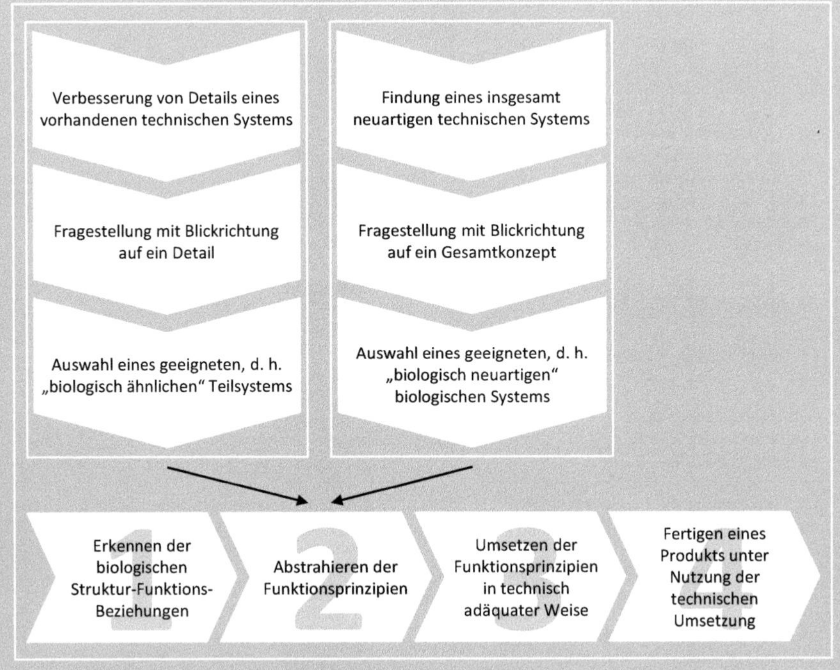

Abbildung 21: Vorgehen nach Nachtigall
Quelle: NACHTIGALL (2010, S. 193)

6 Erweiterung der Materialsammlung durch NACHTIGALL UND WISSER (2013) und NACHTIGALL UND POHL (2013)

4.1.7 Vorgehen nach Jordan

JORDAN (2008, S. 92 ff.) versucht mit seinem Vorgehensmodell ein ganzheitliches Analogiebild zu schaffen, indem er nicht nur Funktionen vergleicht, sondern auch weitere Aspekte (z. B. Struktur, Material und Verhalten) eines technischen Systems einem biologischen System gegenüberstellt (vgl. Jordan 2008, S. 95). Um zu einer Analogie zu gelangen, werden im ersten Schritt alle relevanten Aspekte identifiziert (siehe Abbildung 22). Anschließend wird ein Beziehungsnetzwerk anhand von Wechselwirkungen und Zusammenhängen zwischen den einzelnen Aspekten erzeugt. Der letzte Schritt ist das Zusammenführen der relevanten Aspekte aus dem biologischen und technischen System und somit die Übertragung (vgl. Jordan 2008, S. 94 ff.).

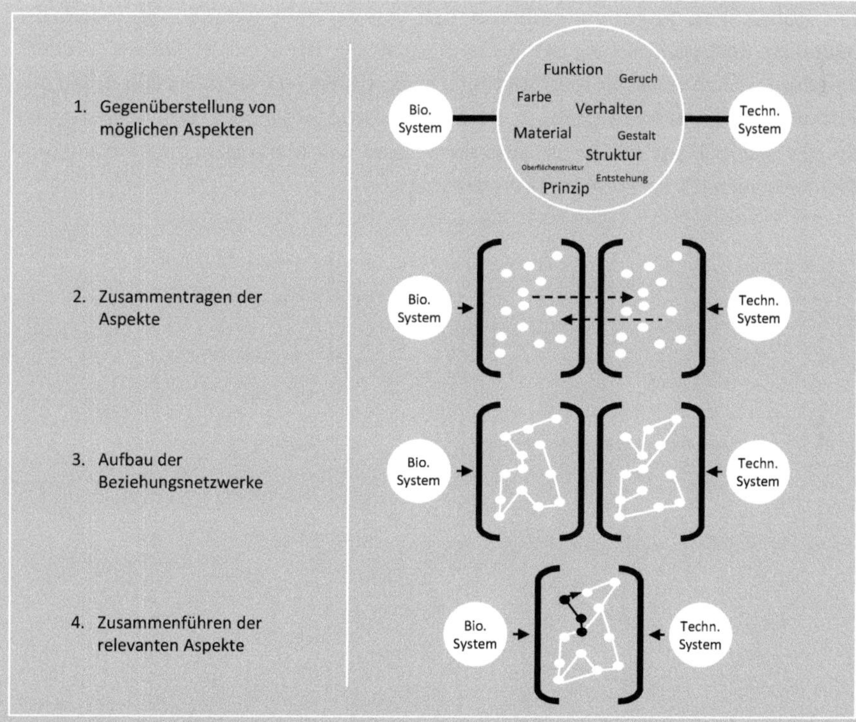

Abbildung 22: Vorgehen nach Jordan
Quelle: JORDAN (2008, S. 94 ff.)

4.1.8 Vorgehen nach Stricker

STRICKERS (2006, S. 97) Vorgehensmodell ist in vier Schritte strukturiert (siehe Abbildung 23). Zu Beginn erfolgt eine abstrakte Problemformulierung (1), die sich auf relevante Phänomene für die Lösungssuche konzentriert. Im zweiten Schritt wird eine spontane Lösungssuche (2a) in der Natur durchgeführt. In der abstrakten Analyse (3) werden die einzelnen Phänomene der gefundenen Analogien in der Natur erfasst und bewertet. Im Anschluss erfolgt eine Spezifizierung der Suchfunktion (4), indem das ursprüngliche technische Problem anhand der Phänomene definiert und anschließend mit den Ausprägungen aus der Natur verglichen wird. Wenn das Ergebnis des Abgleichs noch nicht zufriedenstellend ist, muss eine zielgerichtete Lösungssuche (2b) erfolgen und der übrige Prozess erneut durchlaufen werden (Stricker 2006, S. 99 ff.). Die zielgerichtete Suche unterscheidet sich von der spontanen Suche, indem die Ergebnisse der Spezifizierung der Suche (4) in diesen Schritt mit einfließen. Dadurch wird der Suchradius weiter spezifiziert und konkretisiert (vgl. Stricker 2006, S. 96). Als Hilfsmittel nennt STRICKER (2006, S. 95 ff.) die charakterisierende Beschreibung, bei der die Systeme aus der Natur abstrakt anhand von Merkmalen und Parametern (Phänomene) analysiert und verglichen werden.

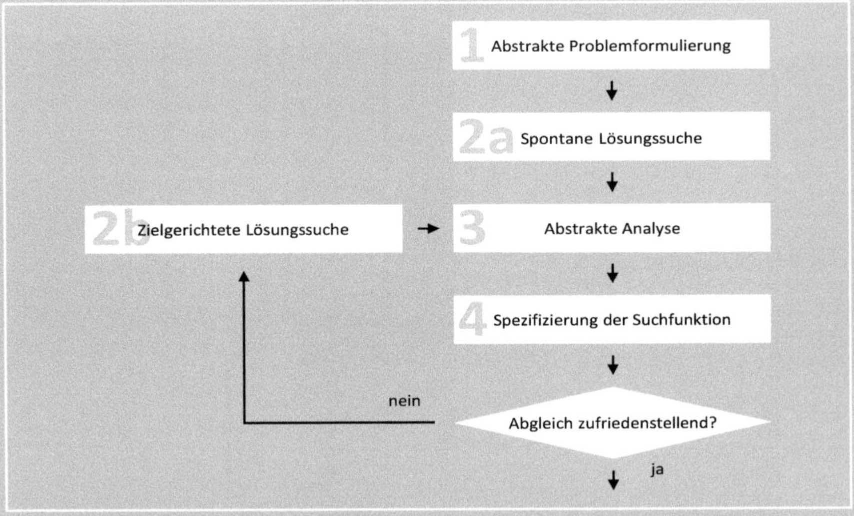

Abbildung 23: Vorgehen nach Stricker
Quelle: STRICKER (2006, S. 97)

4.1.9 Vorgehen nach Gramann

GRAMANN (2004, S. 97 f.) entwickelte einen bionischen Vorgehenszyklus, in dem iterativ vorgegangen wird. Er unterteilt den Prozess in vier Handlungsabschnitte (1. Formulierung des Suchziels, 2. Zuordnung biologischer Systeme, 3. Analyse der zugeordneten Systeme und 4. Technische Umsetzung) sowie drei Entscheidungsschritte (siehe Abbildung 24). Nach dem 3. Handlungsabschnitt wird durch einen Entscheidungsschritt die technische Umsetzbarkeit abgefragt. Nur wenn diese Frage bejaht werden kann, erfolgt die technische Umsetzung (vgl. Gramann 2004, S. 103). Andernfalls wird geprüft, ob der Abstraktionsgrad richtig gewählt wurde oder ob das Suchziel realistisch ist. Je nach Antwort müssen einzelne Phasen (1-3) erneut durchlaufen werden. Zur Ideenanregung und zur Überbrückung von Wissensbarrieren werden datenbasierte Assoziationslisten verwendet (vgl. Gramann 2004, S. 109 f.).

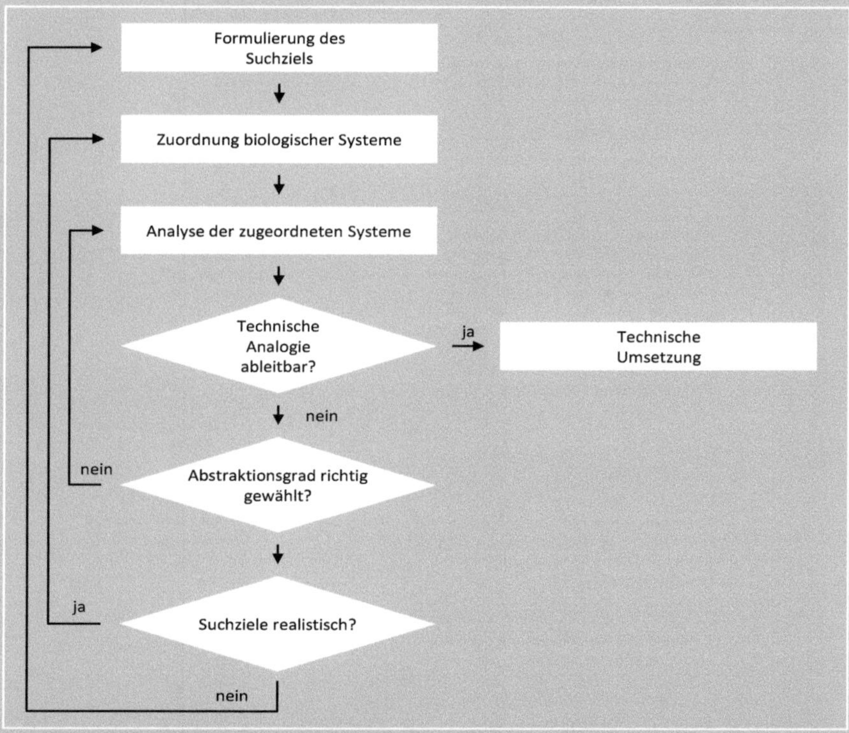

Abbildung 24: Vorgehen nach Gramann
Quelle: GRAMANN (2004, S. 98)

4.1.10 Vorgehen nach Löffler

LÖFFLER (2009, S. 49 f.) gliedert sein Vorgehensmodell in sechs Arbeitsschritte (siehe Abbildung 25). Im ersten Arbeitsschritt werden Funktionsmerkmale aus der Aufgabenstellung extrahiert. Anschließend erfolgen eine Abstraktion (2) und eine Analogiebildung (3). Der vierte Arbeitsschritt gilt der Funktionsanalyse, wodurch die Übertragbarkeit der Analogie überprüft wird. Wenn das Ergebnis der Funktionsanalyse eine Übertragung zulässt, erfolgt die Adaption der Analogie (5). Ansonsten wird eine erneute Abstraktion (2), Analogiebildung (3) und Funktionsanalyse (4) empfohlen. Der abschließende Arbeitsschritt ist die vergleichende Bewertung der Lösungsvarianten und die Auswahl (vgl. Löffler 2009, S. 50). Mit Ausnahme des zweiten Arbeitsschritts (Abstraktion) werden dem Anwender Hilfsmittel und Methoden bereitgestellt (vgl. Löffler 2009, S. 51 ff.).

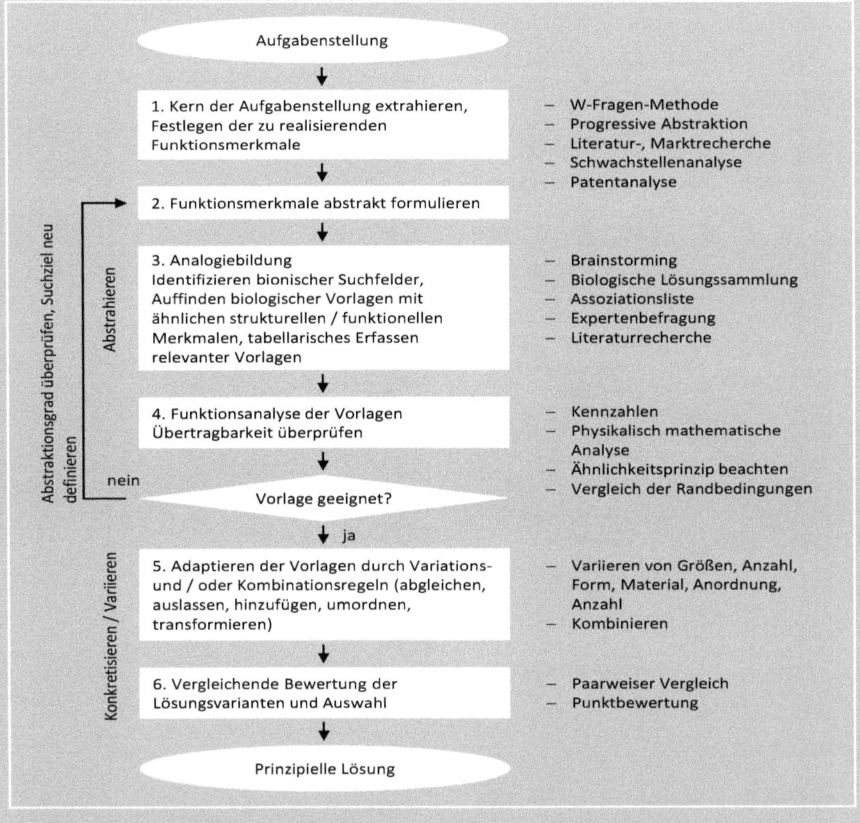

Abbildung 25: Vorgehen nach Löffler
Quelle: LÖFFLER (2009, S. 50)

4.1.11 Vorgehen nach Seipold

SEIPOLD (2012) entwickelt ein Vorgehen für die Übertragung von Lösungsprinzipien aus der Natur auf Wertschöpfungsketten. Der Prozess ist in die drei Phasen Analoges Zuordnen, Analoges Verstehen und Analoges Problemlösen differenziert (siehe Abbildung 26). In der ersten Phase (Analoges Zuordnen) erfolgt eine Verknüpfung des Betrachtungsgegenstands aus der Wertschöpfungskette mit der Natur. Das Analoge Verstehen (2) umfasst die Aneignung eines umfassenderen Wissens über die in der Natur identifizierte Analogie und das anschließende Ableiten von entsprechenden Prinzipien. Beim Analogen Problemlösen werden die gefundenen Prinzipien auf die Wertschöpfungskette übertragen (vgl. Seipold 2014, S. 185 ff., 2012, S. 98 ff.; Flämig et al. 2012, S. 106).

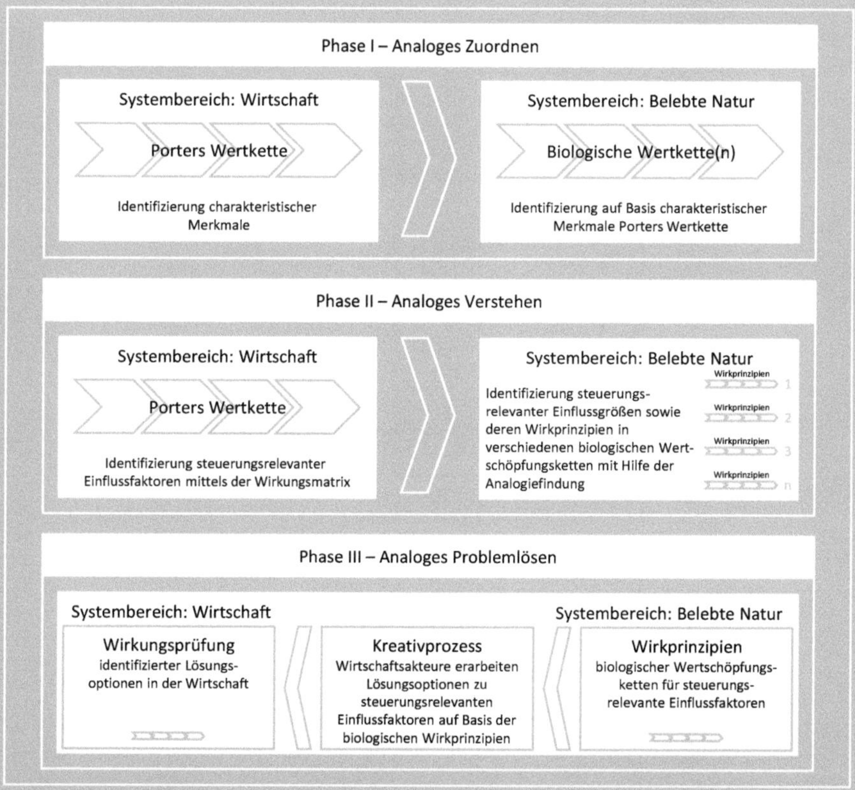

Abbildung 26: Vorgehen nach Seipold
Quelle: SEIPOLD (2012, S. 98, 2014, S. 186)

4.1.12 VDI 6220

Die VDI 6220 (2012, S. 23) umfasst als Richtlinie die Phasen Ideenfindung, Analyse und Abstraktion und die konkrete Entwicklung (siehe Abbildung 27). Die Phase der Ideenfindung kann sowohl aus der Natur (Biology Push) als auch aus den Ingenieurwissenschaften (Technology Pull) heraus initiiert werden (vgl. VDI 2012, S. 26 f.). In der zweiten Phase werden im ersten Schritt analoge biologische bzw. technische Systeme für den initialen Betrachtungsgegenstand identifiziert. Anschließend werden die beiden Systeme miteinander verglichen (vgl. VDI 2012, S. 28 ff.). In der letzten Phase der Entwicklung werden die Schritte Projekt- und Versuchsplanung, Experimente und Berechnungen, Prototypenbau und Herstellung, Anwendungstests sowie eine Gesamtbewertung durchlaufen. Die VDI Richtlinie empfiehlt während des gesamten Prozesses die Integration von Biologen, um einen optimalen Wissenstransfer von komplexen Sachverhalten aus der Natur sicherzustellen (vgl. VDI 2012, S. 31). Des Weiteren wird eine rekursive und parallele Bearbeitung der einzelnen Schritte in der Praxis empfohlen (vgl. VDI 2012, S. 23).

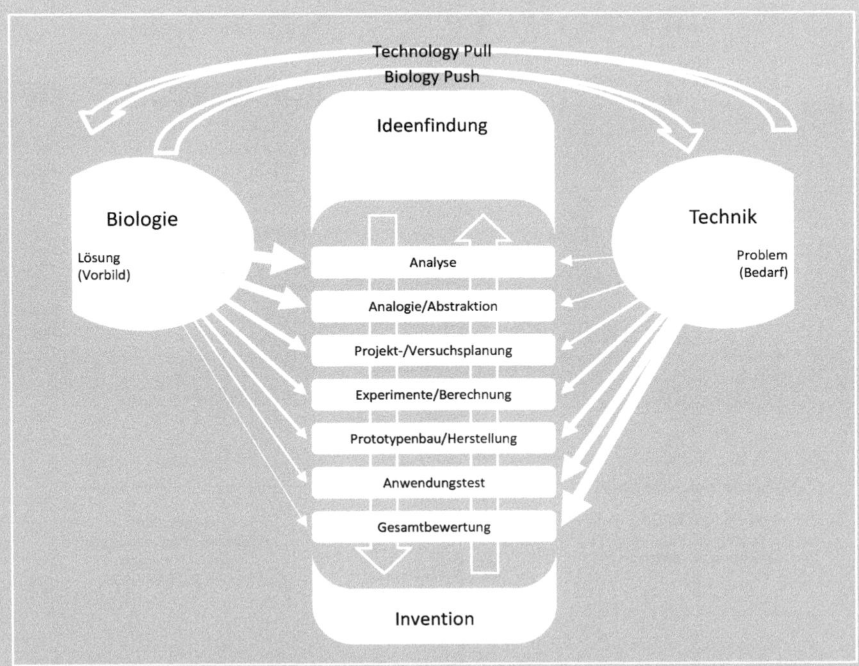

Abbildung 27: Vorgehen nach VDI 6220
Quelle: VDI 6220 (2012, S. 25)

4.1.13 Vorgehen nach Schilling et al.

SCHILLING ET AL. (2005) integrieren in ihrem Vorgehen die Bionik und damit die Biologie in den klassischen Produktentwicklungsprozess (siehe Abbildung 28). Dazu orientieren sie sich an dem generellen Ablauf in der Produktentwicklung nach der VDI 2221 (vgl. Schilling et al. 2005, S. 2; VDI 1993, S. 9). In der Phase der Lösungssuche wird der Betrachtungsraum um die Bionik erweitert. Dabei wird die technische Problemstellung in eine biologische übersetzt, wodurch eine Suche nach Lösungen in der Natur erst möglich wird. Anschließend erfolgt eine Übertragung der biologischen Lösung in die Technik (Bionik) mit dem Entwurf eines Prototypen. Die hieraus gewonnene Erkenntnis fließt wieder zurück in den klassischen Produktentwicklungsprozess und durchläuft diesen bis zur technischen Umsetzung (vgl. Schilling et al. 2005, S. 2 f.).

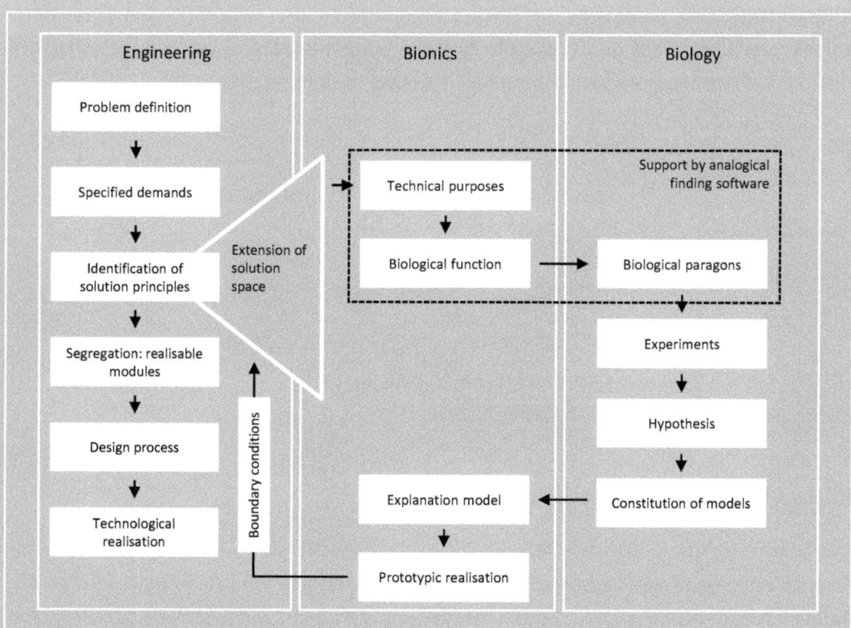

Abbildung 28: Vorgehen nach Schilling et al.
Quelle: SCHILLING ET AL. (2005, S. 2)

4.1.14 Vorgehen nach Gassmann und Zeschky

Gassmann und Zeschky (2008) generierten ein Vorgehen für die Entwicklung von Innovationen anhand von industrieübergreifenden Analogien. Dem vierstufigen Prozess lagern sie eine Phase der strategischen Absicht voraus (siehe Abbildung 29), in der die Voraussetzungen im Unternehmen für die Nutzung von Analogien im Innovationsprozess geschaffen werden (vgl. Gassmann und Zeschky 2008, S. 102). Als erste Phase wird die Abstraktion bezeichnet, in der das Problem genauer definiert, die Kundenbedürfnisse identifiziert und der Abstraktionsgrad festlegt wird. In der Analogiephase (2) werden aufbauend auf der Abstraktion Ähnlichkeiten zum Zielbereich in anderen Industrien gesucht (vgl. Gassmann und Zeschky 2007, S. 9). Für eine Bewertung (3) muss zuerst ein besseres Verständnis vom Quell- und Zielbereich geschaffen werden. Anschließend werden relevante Informationen für die Adaption (4) herausgefiltert. Gassmann und Zeschky fassen die beiden ersten Phasen unter dem Begriffspaar Kreativität und Divergenz und die beiden letzten unter dem Begriffspaar Rigidität und Konvergenz zusammen (vgl. Gassmann und Zeschky 2008, S. 102 ff.).

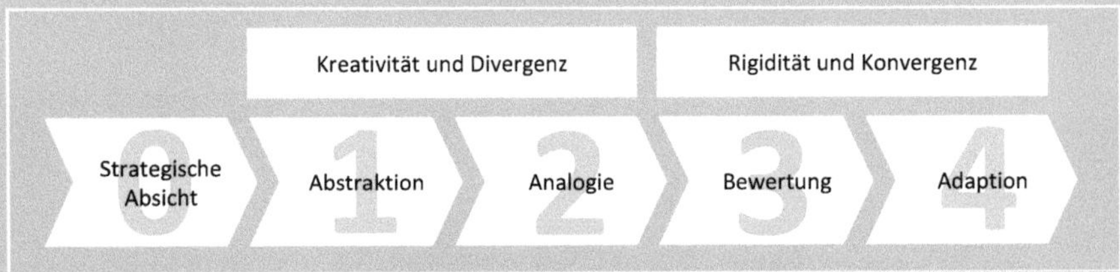

Abbildung 29: Vorgehen nach Gassmann und Zeschky
Quelle: Gassmann und Zeschky (2008, S. 104)

4.1.15 Vorgehen nach Kalogerakis

Kalogerakis (2010, S. 33) definiert für die systematische Anwendung in der Produktentwicklung einen vierstufigen Prozess (siehe Abbildung 30). Zu Beginn erfolgt die Definition des Problems (1), indem Anforderungen ermittelt werden, das Problem abstrahiert wird und Widersprüche identifiziert werden. Bei der Suche nach Analogien (2) muss eine Suchstrategie entwickelt werden. Die Suche erfolgt anhand von Methoden zur Aktivierung von Wissen. Kalogerakis (2010, S. 38 ff.) gliedert diesen Schritt in einen internen, externen und medienbasierten Suchprozess, wobei in den Teilprozessen unterschiedlichste Hilfsmittel zur Verfügung stehen. Für die Verifikation und Bewertung der Analogien (3) erfolgt ein Vergleich mit den ermittelten Anforderungen. Des Weiteren wird der Anpassungsbedarf beurteilt. Als letzter Schritt (4) erfolgt die Umsetzung des Analogietransfers, indem das identifizierte analoge Lösungsprinzip auf den Zielbereich übertragen wird (vgl. Kalogerakis 2010, S. 64 ff.).

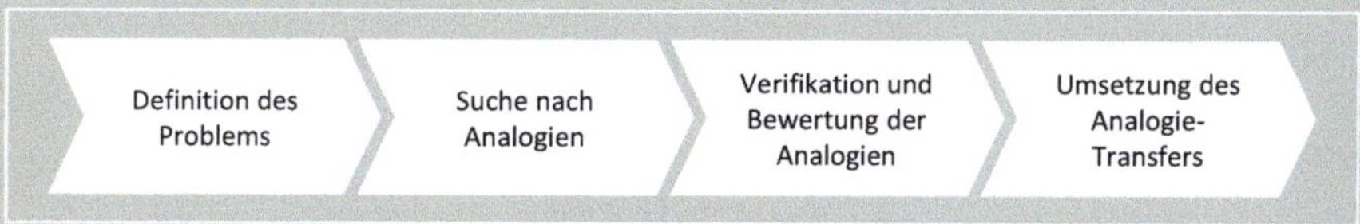

Abbildung 30: Vorgehen nach Kalogerakis
Quelle: Kalogerakis (2010, S. 33)[7]

4.1.16 Zusammenfassung und Schlussfolgerung

In Kapitel 2.3.1 wurde eine Definition von Analogien und Möglichkeiten ihrer Kategorisierung aufgezeigt. Im Hinblick auf das Ziel der Arbeit wurde der Fokus auf innovative Analogien beschränkt, um diese spezifisch in ihrer Eignung zur Entwicklung von Innovationen im Bereich Logistik darzustellen. Besonders der Einsatz von fernen Analogien ist hier interessant, da diese ein hohes Potential für die Erzeugung von kontextuell relevanten radikalen Innovationen beinhalten.

Aufbauend darauf wurden verschiedene Vorgehensmodelle vorgestellt, aus denen sich prinzipiell eine allgemeine Herangehensweise für die Anwendung von Analogien ableiten lässt (siehe Abbildung 31). Die meisten Vorgehensmodelle beginnen mit einer detaillierten Analyse der Ursache der Problemstellung. Im nächsten Schritt erfolgt eine Abstraktion des Problems mit anschließender Suche nach analogen Bereichen. Nach einer Bewertung bzw. Auswahl der Analogie erfolgt in den meisten vorgestellten Vorgehensmodellen eine Übertragung und damit Umsetzung der analogen Lösungsidee.

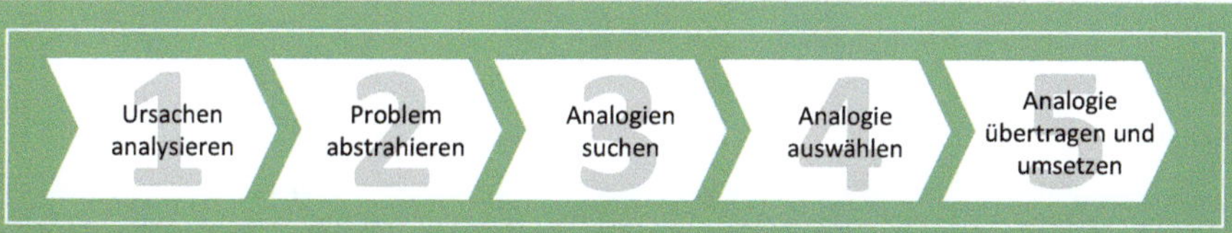

Abbildung 31: Abgeleitetes allgemeines Vorgehen für die Anwendung von Analogien

Einen Vergleich der einzelnen Vorgehensmodelle zeigt Tabelle 8. Eine große Anzahl der Vorgehensmodelle konzentriert sich bei der Anwendung von Analogien aus-

7 Ähnliche Darstellung in (vgl. Herstatt und Kalogerakis 2005, S. 29)

schließlich auf den Transfer von Wissensbeständen zwischen Natur und Technik (Bionik). Einzig GASSMANN UND ZESCHKY (2008) (industrieübergreifend) und KALOGERAKIS (2010) (Bionik und industrieübergreifend) befassen sich mit industrieübergreifenden Analogien (siehe Abbildung 31).

Vorgehen			Phasen der Anwendung von Analogien									
	Bionik	Industrieübergreifend	Ursachenanalyse	Abstraktion	Analogiesuche	Auswahl	Übertragung/Umsetzung	Hilfsmittel	Biology Push	Technology Pull	Iterativ	Sequentiell
GASSMANN UND ZESCHKY (2008)		×		×	×	×	×	○		×		×
GRAMANN (2004)	×			×	×	×	×	◑		×	×	
HEYNERT (1976)	×				×		×	◑	×			×
HILL (2005)	×		×		×	×	×	◑		×		×
JORDAN (2008)	×				×	×	×	○	×	×		×
KALOGERAKIS (2010)	×	×	×	×	×	×	×	◑		×	×	
KÜPPERS UND TRIBUTSCH (2002)	×				×	×	×	◑	×	×		×
LÖFFLER (2009)	×		×	×	×	×	×	◑		×	×	
NACHTIGALL (2010)	×			×	×	×	×	◑	×	×		×
RECHENBERG (2013)	×					×	×	○	×	×		×
RUMMEL (2014)	×				×	×	×	○		×		×
SCHILLING ET AL. (2005)	×		×	×	×	×	×	◑		×		×
SEIPOLD (2012)	×				×	×	×	◑		×		×
STRICKER (2006)	×			×	×	×		◑		×	×	
VDI 6220 (2012)	×			×	×	×	×	○	×	×		×

Legende:

× = trifft zu ● = in allen Phasen ◑ = in einigen Phasen ○ = in keiner Phase

Tabelle 8: Vergleich ausgewählter Vorgehensmodelle der Anwendung von Analogien

Des Weiteren konzentrieren sich nahezu alle angeführten Vorgehensmodelle auf die Umsetzung von technischen Lösungen. Lediglich SEIPOLD (2012) entwickelte ein Vorgehen für die Gestaltung von Wertschöpfungsketten anhand von biologischen Analogien. Er verweist damit auf die Möglichkeit der Übertragung der Anwendung von Analogien auf einen Teilbereich der Logistik.

Die eingangs abgeleiteten Phasen des allgemeinen Vorgehens bei der Anwendung von Analogien werden von den Autoren unterschiedlich detailliert beschrieben. Nicht alle in Abbildung 31 dargestellten Phasen werden von den vorgestellten Vorgehensmodellen abgedeckt. Als unterstützende Maßnahme beschreiben die meisten Autoren Hilfsmittel, die den einzelnen Phasen zugeordnet werden. Häufig werden Hilfsmittel zur Suche nach Analogien durch z. B. bionische Kataloge bereitgestellt. Auch die Bewertung der Eignung einer Analogie wird besonders von RECHENBERG (2013) methodisch unterstützt. In der Phase der Abstraktion hingegen werden kaum Hilfsmittel von den Autoren genannt.

Auffallende Unterschiede gibt es beim Startpunkt der Anwendung von Analogien. Einige Vorgehensweisen finden zuerst ein Prinzip in der Natur und versuchen anschließend einen technischen Anwendungsbereich zu identifizieren (Biology Push). Andere konzentrieren sich ausschließlich auf eine Entwicklung zu einem konkreten Problem in der Industrie (Technology Pull).

Ein weiterer Differenzierungspunkt ist die Vorgehensweise. Dabei wird zwischen einem iterativen und sequentiellen Vorgehen unterschieden. Durch die Integration von zu überprüfenden Bausteinen in den Prozess wird eine Struktur geschaffen, die ein verstärktes Controlling des Prozesses ermöglicht. So können frühzeitig Interventionen durchgeführt und einzelne Phasen erneut durchlaufen werden. Auf diese Weise werden Fehler eher entdeckt als bei einem sequentiellen Ablauf.

Die Analyse zeigt, dass jedes der bestehenden allgemeinen Vorgehensmodelle gewisse Defizite aufweist und keines für den direkten Transfer und Anwendung in der Logistik geeignet ist. Jedoch können bestimmte Teilaspekte als Arbeitsgrundlage für die Entwicklung eines Vorgehens für die Anwendung von Analogien in der Logistik genutzt werden (siehe Kapitel 5.2). Beispielsweise kann die Idee der Verwendung von bionischen Katalogen auf die Logistik übertragen werden. Logistische Probleme könnten somit in einem Katalog bereits mit analogen Bereichen verbunden werden, wodurch der Prozess der Identifikation von logistischen Analogien stark vereinfacht wird.

Für die methodische Entwicklung des Vorgehens der Anwendung von Analogien für die Logistik bilden die allgemeinen Vorgehensmodelle eine gute Basis. Einige Autoren verweisen in den einzelnen Phasen auf Methoden, die die Anwendung erleichtern und strukturieren. Zum Beispiel empfehlen KALOGERAKIS (2010) und LÖFFLER (2009) unterschiedliche Methoden als Unterstützung für die Suche nach Analogien (3. Phase).

Ebenfalls wird die Phase der Abstraktion (2) und das damit verbundene Entfernen und Übersetzen der spezifischen Problemstellung in einen allgemein gültigen Suchbegriff von einigen Autoren als essenziellen Schritt hervorgehoben. Aus diesem Grund sollte in dieser Arbeit neben der Suche nach Analogien (3) auf dieser Phase ein besonderer Schwerpunkt in der Vorgehensentwicklung liegen.

4.2 Anwendungen von Analogien in der Logistik

In diesem Kapitel sollen anhand der Methode des Systematic Literature Reviews bereits an die Logistik adaptierte Vorgehensweisen der Analogiebildung identifiziert und anschließend analysiert werden. Ein Systematic Literature Review eignet sich zur Untersuchung bereits vorangegangener methodischer Forschung in einem gewissen Betrachtungsraum, mit dem Ziel anschließend eine neue Methode zu entwickeln (vgl. Petticrew und Roberts 2006, S. 21). Aus diesem Grund ist dieses Vorgehen geeignet, um bisherige Ansätze der Anwendung von Analogien in der Logistik zu identifizieren, zu analysieren und aufbauend auf den Erkenntnissen ein neues Vorgehen zu entwickeln.

In dem folgenden Abschnitt wird zunächst die Methodik des Systematic Literature Reviews genauer erläutert. Im Anschluss daran werden die Durchführung der einzelnen Prozessschritte und die Ergebnisse dargestellt.

4.2.1 Methodik des Systematic Literature Reviews

Der Systematic Literature Review ist eine aus der Medizin stammende Methode, die von Tranfield adaptiert wurde (Denyer und Tranfield 2009; Tranfield et al. 2003), um sekundäre Datenquellen systematisch zu identifizieren, auszuwählen und sodann auszuwerten (vgl. Saunders et al. 2012, S. 112). Die Besonderheit dieser Methode liegt in ihrem wiederholbaren, transparenten und wissenschaftlichen Prozess (vgl. Tranfield et al. 2003, S. 209). Durch eine vollständige Betrachtung sämtlicher zur Verfügung stehender Literatur und ein detailliertes Protokoll über jeden einzelnen Arbeitsschritt wird eine objektive Sichtweise auf den Untersuchungsgegenstand gewährleistet und die potentielle Verzerrung der Ergebnisse minimiert (vgl. Petticrew und Roberts 2006, S. 9; Tranfield et al. 2003, S. 209). Nach DENYER UND TRANFIELD (2009, S. 681) gliedert sich das Vorgehen in folgende fünf Schritte:

1. Question formulation
2. Location studies
3. Study selection and evaluation
4. Analysis and synthesis
5. Reporting and using the results

Der erste Schritt eines Systematic Literature Review umfasst die Definition einer Leitfrage, die durch das Vorgehen beantwortet werden soll. Diese Leitfrage kann durch einige Unterfragen präzisiert werden. Zur Abgrenzung des genauen Untersuchungsgegenstandes und Entwicklung einer geeigneten Leitfrage mit Unterpunkten empfehlen TRANFIELD ET AL. (2003, S. 214) eine Vorstudie durchzuführen.

Im zweiten Schritt werden von den Leitfragen ausgehend Suchbegriffe für die Literaturrecherche abgeleitet. Mithilfe dieser Suchbegriffe wird in Datenbanken nach relevanten Artikeln gesucht. Zur effizienten Suche sollten Boolesche Operatoren verwendet werden (vgl. Denyer und Tranfield 2009, S. 684).

Die Auswahl und Bewertung der gefundenen Literatur erfolgt im dritten Schritt. Dazu werden Kriterien aufgestellt, anhand derer die gefundenen Artikel bewertet werden. Ziel ist dabei, Artikel herauszufiltern, die keinen relevanten Inhalt für die Beantwortung der Leitfragen liefern (vgl. Denyer und Tranfield 2009, S. 684). Ebenfalls kann eine qualitative Bewertung der Artikel anhand einer Rankingliste der Journals als Eliminierungskriterium herangezogen werden, um die Anzahl der detaillierter zu analysierenden Artikel zu reduzieren. Das Vorgehen beruht auf der Annahme, dass hochwertiger eingestufte Veröffentlichungen einem höheren Qualitätsstandard entsprechen, der sich dadurch im Review widerspiegelt (vgl. Denyer und Tranfield 2009, S. 685; Tranfield et al. 2003, S. 215 f.).

Im nächsten Schritt (4) wird die systematisch gefilterte Literatur analysiert, indem die einzelnen Artikel kategorisiert und miteinander korreliert werden. Ziel ist es, ein neues großes Gesamtbild mit allen benötigten Informationen zu erzeugen, um somit die Leitfrage allumfassend beantworten zu können (vgl. Denyer und Tranfield 2009, S. 685).

Der letzte Schritt (5) bei einem Systematic Literature Review ist die Dokumentation und Transfer der Ergebnisse. Das Vorgehen in dem Prozess des Systematic Literature Reviews sollte dabei so detailliert dargestellt werden, dass es möglich ist, die Ergebnisse durch die strikte Befolgung der einzelnen beschriebenen Schritte zu reproduzieren (vgl. Denyer und Tranfield 2009, S. 686; Tranfield et al. 2003, S. 218).

Zu diesem Zweck werden im folgenden Abschnitt die genaue Vorgehensweise bei der Durchführung des Systematic Literature Reviews beschrieben und im nächsten Abschnitt die Ergebnisse präsentiert.

4.2.2 Vorgehensweise im Systematic Literature Review

Die Kenntnis der genauen Vorgehensweise des Systematic Literature Reviews ist erforderlich, um einen transparenten, wissenschaftlichen und wiederholbaren Prozess garantieren zu können. In den folgenden Abschnitt werden die einzelnen Schritte nach Denyer und Tranfield (2009) aufgelistet, und das Vorgehen wird detailliert beschrieben. Der Prozess des Systematic Literature Reviews wurde durch zwei Wissenschaftler begleitet und die Ergebnisse wurden im Rahmen eines Forschungskolloquiums präsentiert und diskutiert. Dies diente zur Gewährleistung und Validierung eines objektiven und wissenschaftlichen Vorgehens.

4.2.2.1 Formulierung der Leitfragen

Zur Durchführung eines Systematic Literature Reviews ist zunächst eine Leitfrage zu formulieren, die während des Prozesses beantwortet werden soll (siehe Kapitel 4.2.1). In dieser Arbeit wurde die Leitfrage aus der Vorstudie zum Thema Innovationsmanagement in der Logistik abgeleitet (Kapitel 3.3, 2. Forschungsfrage). Zum tieferen Verständnis des Themenbereichs wurde der Stand der Forschung zu Analogien und deren Vorgehensweisen in der Produktentwicklung aufgezeigt (Kapitel 2.3). Aufbauend auf den Erkenntnissen soll durch den Systematic Literature Review folgende Leitfrage (2. Forschungsfrage) mit ihren vier Unterfragen beantwortet werden:

Existieren methodische Ansätze der Verwendung von Analogien, um Logistikinnovationen zu generieren?

A. Wird die Anwendung von Analogien in der Logistik bereits eingesetzt?
B. Erfolgt eine Übertragung von Analogien aus der Natur in die Logistik?
C. Erfolgt eine Übertragung von Analogien aus anderen Industrien in die Logistik?
D. Existieren strukturierte Ansätze oder Methoden für die Entwicklung von radikalen Innovationen in der Logistik?

Die vier Unterfragen wurden hinzugefügt, um die zweite Forschungsfrage zu spezifizieren und somit zielführendere Ergebnisse zu erhalten. Die erste Unterfrage (A) soll die Anwendung von Analogien in der Logistik analysieren und bereits in der Literatur beschriebene Anwendungsfälle von Analogien in der Logistik einschließen.

Die beiden Unterfragen B und C beschäftigen sich mit dem Prinzip der Übertragung von Analogien in die Logistik. Dabei fokussiert sich Frage B auf den Wissenstransfer aus der Natur, Frage C auf den Wissenstransfer aus industrieübergreifenden Bereichen (siehe Abbildung 7). Ziel ist auch hier, bereits entwickelte generelle Vorgehensweisen in der Literatur zu identifizieren.

Die letzte Unterfrage (D) dient zur Analyse von strukturierten Ansätzen und Methoden für die Entwicklung von radikalen Innovationen in der Literatur. Dadurch sollen Ansätze oder Methoden identifiziert werden, die in die Entwicklung eines neuen Vorgehens für radikale Logistikinnovationen mit einfließen können.

4.2.2.2 Suche nach Literatur

Nach der Definition der Leitfrage mit ihren Unterfragen wird in diesem Abschnitt die Literaturrecherche erläutert. Hier wurden zu Beginn Suchbegriffe aus den Forschungsfragen abgeleitet und im Anschluss Datenquellen definiert.

Suchbegriffe

Um geeignete Suchbegriffe definieren zu können, müssen Schlüsselwörter aus den Leitfragen und Unterfragen extrahiert werden. Da die „Logistik“ den Kerngegenstand der Untersuchung darstellt, ist der Begriff das zentrale Schlüsselwort. Weitere Schlüsselwörter sind die Begriffe „Analogie“ und „Innovation“, da sie den Forschungsgegenstand der vorliegenden Arbeit determinieren. Da jedoch eine effiziente und zielgerichtete Suche nach relevanter Literatur angestrebt wird, würde der Suchbegriff „Innovation“ alleine den Suchradius unnötig erweitern. Aus diesem Grund wird der Suchbegriff durch das Adjektiv „radikal“ (radikale Innovation) konkretisiert. Aus den Unterfragen B und C lassen sich zusätzlich die Stichwörter „Bionik“[8] und „industrieübergreifend“ ableiten. Auf die Ableitung weiterer möglicher Schlüsselwörter aus den Fragen wurde verzichtet.

Wegen der unterschiedlichen Dominanz der einzelnen Schlüsselwörter wurden Suchbegriffe erster und zweiter Ordnung gebildet. Dieses aus der Systemtheorie bekannte Vorgehen ist hier erkenntnisversprechend, da die Begriffe erster Ordnung aufgrund ihrer starken Dominanz bei jeder Suchanfrage verwendet und mit jeweils einem Suchbegriff zweiter Ordnung durch einen Booleschen Operator verbunden werden. So wurde die Recherche optimal systematisiert und strukturiert. „Logistik“ war demzufolge der Suchbegriff erster Ordnung, da er in jeder Frage enthalten ist.

8 Hier wurde der Fachbegriff Bionik anstelle von Natur verwendet, da dieser Begriff bei bisherigen Recherchen ausschließlich in diesem Zusammenhang verwendet wurde.

Aufgrund ihrer geringen Präsenz in den zu beantwortenden Fragen wurden die verbleibenden Schlüsselwörter Suchbegriffe zweiter Ordnung.

Gemäß der internationalen Relevanz der Bezugsliteratur und des Forschungsstandes wurde für den Systematic Literature Review auch mit englischen Begriffen gesucht. Im Englischen wird unter dem Begriff „Logistik" sowohl „logistics" als auch „supply chain management" verstanden. Eine einheitliche definitorische Abgrenzung der beiden Begriffe existiert bisher nicht (vgl. Larson et al. 2007, S. 3). Daher wurde in die Suchbegriffe erster Ordnung „supply chain management" mit aufgenommen. Für den Begriff „Bionik" wurden in englischen Artikeln sowohl der Begriff „bionics" als auch „biomimetic" verwendet. Gleiches gilt für den Begriff „industrieübergreifend". Hier wurden die englischen Begriffe „inter domain", „between domain" und „cross industry" verwendet. Der Begriff „radikale Innovationen" wurde mit „radical innovation" und „disruptive innovation" und „Analogie" mit „analogy" übersetzt. Dadurch ergab sich eine finale Liste mit kombinierten Suchbegriffen[9], mit denen in den im folgenden Abschnitt beschriebenen Datenbanken gesucht wurde (siehe Tabelle 9).

Suchbegriff 1. Ordnung		Suchbegriff 2. Ordnung	
Deutsch	Englisch	Deutsch	Englisch
Logistik (L)	logistics	Analogie (A)	analogy
Supply Chain Management (SCM)	supply chain management	Radikale Innovationen (RI)	radical innovation, disruptive innovation
		Bionik (B)	bionics, biomimetic
		Industrieübergreifend (IÜ)	inter domain, between domain, cross industry

Tabelle 9: Suchbegriffe für den Systematic Literature Review

9 Bei der Suche wurden die einzelnen Begriffe sowohl in Singular als auch im Plural eingegeben.

Datenquellen

Im nächsten Schritt wurden die Datenquellen der Recherche bestimmt. Zur Auswahl standen alle an der Universitätsbibliothek der Technischen Universität Hamburg frei zugänglichen Datenbanken. Aus qualitativen Gründen beschränkte sich die Recherche auf die von der Universitätsbibliothek als hochwertig eingestuften Datenbanken[10]. Eine weitere Reduktion bzw. Engführung erfolgte aufgrund der Fachrichtung, also der fachtypischen Bezugswissenschaften. Damit wurden Datenbanken eliminiert, die z. B. ausschließlich Fachbeiträge aus der Mathematik oder Chemie enthalten und schließlich folgende 13 Datenbanken für die Suche nach relevanter Literatur einbezogen:

- ASME Digital Library
- Derwent Innovations Index
- EBSCOhost Online Research Databases
- Emerald Insight
- Google Scholar
- IEEE Xplore / Electronic Library Online (IEL)
- IOPscience
- ScienceDirect
- SpringerLink
- Web of Science
- Wiley Online Library
- WISO Wissenschaften
- WTI-Frankfurt Datenbanken

In den aufgelisteten Datenbanken wurde mittels der genannten Suchbegriffe in den Kategorien „Titel", „Schlüsselwörter" und „Abstracts" gesucht. Insgesamt wurden 375 Literaturquellen identifiziert (siehe Tabelle 10). Alle Quellen wurden während des Suchprozesses in das Literaturverwaltungsprogramm Citavi (Swiss Academic Software GmbH) übergeführt. Aus Citavi konnte im Anschluss an die Suche ein Datenexport in Microsoft Excel durchgeführt werden, was die anschließende Auswertung der einzelnen Quellen aufgrund der größeren Vielfalt an Analysefunktionen erleichterte.

10 (Universitätsbibliothek der Technischen Universität Hamburg-Harburg 2014)

Suchbegriffe	ASME Digital Library	Derwent Innovations Index	EBSCOhost Online Research Databases	Emerald Insight	Google Scholar	IEEE Xplore / Electronic Library Online (IEL)	IOPscience	ScienceDirect	SpringerLink	Web of Science	Wiley Online Library	WISO Wissenschaften	WTI-Frankfurt Datenbanken	Gesamt
L + A	0	0	8	1	2	0	1	21	0	1	1	1	9	**45**
L + RI	0	0	5	0	2	2	0	4	0	0	0	0	1	**14**
L+ B	2	0	0	0	0	2	0	2	0	0	0	4	1	**11**
L + IÜ	1	2	6	12	2	2	0	3	0	0	16	0	4	**48**
SCM + A	0	0	29	3	5	12	0	12	0	5	6	1	8	**81**
SCM + RI	0	0	11	0	1	5	0	3	2	0	7	0	2	**31**
SCM + B	0	0	2	0	1	2	0	4	0	2	0	0	0	**11**
SCM + IÜ	2	0	25	39	6	10	0	5	1	3	42	0	1	**134**

Legende:

(A) Analogie (analogy)
(B) Bionik (bionics, biomimetic)
(L) Logistik (logistics)
(IÜ) Industrieübergreifend (inter domain, between domain, cross industry)
(RI) Radikale Innovationen (radical innovation)
(SCM) Supply Chain Management (supply chain management)

Tabelle 10: Anzahl der gefundenen Literaturquellen je Datenbank

4.2.2.3 Auswahl und Bewertung Literaturquellen

In diesem Schritt fand eine Auswahl und Bewertung der einzelnen Literaturquellen statt. Ziel war es, für den Betrachtungsgegenstand relevante Literatur zu identifizieren, d. h. uninteressante oder nicht zielführende zu eliminieren (siehe Kapitel 4.2.2).

Die Möglichkeit, Beiträge anhand eines Rankings auszuschließen, um nur qualitativ hochwertige Beiträge zu betrachten, wurde in dieser Arbeit nicht verfolgt, da die Anzahl der Literaturquellen verhältnismäßig gering war.

Im Resultat der Recherche zeigte sich, dass einige Literaturquellen in mehreren Datenbanken gelistet waren, sodass die erste Liste auch einige Duplikate enthielt. Diese wurden im ersten Schritt der Selektion gelöscht, wodurch sich die Anzahl der Quellen von 375 auf 280 reduzierte.

Auf einige Literaturquellen konnte weder über die Universitätsbibliothek der Technischen Universität Hamburg noch über den Gemeinsamen Bibliotheksverband zugegriffen werden, weshalb sich die Anzahl weiter auf 110 Quellen reduzierte.

Im letzten Schritt erfolgte eine weitere Selektion relevanter Quellen anhand der Durchsicht der Abstracts. Ließen diese keine eindeutigen Rückschlüsse auf das Themenfeld Logistik oder Supply Chain Management zu, wurden sie nicht weiter berücksichtigt. Das Ergebnis waren insgesamt 24 Literaturquellen, die für die anschließende Analyse für relevant erachtet wurden (siehe Tabelle 11).

Nr.	Autor (Jahr)	Titel
1	SHARMA UND LOTE (2013)	Understanding demand volatility in supply chains through the vibrations analogy – the onion supply case
2	SINGHAL UND SINGHAL (2012a)	Imperatives of the science of operations and supply-chain management
3	SINGHAL UND SINGHAL (2012b)	Opportunities for developing the science of operations and supply-chain management
4	NOLF ET AL. (2012)	How to implement an effective market scan
5	SALAMPASIS ET AL. (2012)	TraceALL: a semantic web framework for food traceability systems
6	GOLICIC UND SEBASTIAO (2011)	Supply chain strategy in nascent markets: the role of supply chain development in the commercialization process
7	SVENSSON (2011)	Teleological strands of thought in supply chain activities: example and analogy – a quest for transformative chain management
8	LI ET AL. (2009)	A strategic performance measurement system for firms across supply and demand chains on the analogy of ecological succession
9	BOUNCKEN (2009)	Dancing with up-stream directives in the supply chain: suppliers' innovation performance
10	SHIMIZU ET AL. (2009)	A parallel computing scheme for large-scale logistics network

Nr.	Autor (Jahr)	Titel
		optimization enhanced by discrete hybrid PSO
11	LIU ET AL. (2009)	A structural framework of SPMS for value chain of service supply chain by ecology analogy
12	NANAZAWA ET AL. (2009)	Mathematical study of trade-off relations in logistics systems
13	HEWITT-DUNDAS UND ROPER (2010)	Output additionally of public support for innovation: evidence for Irish manufacturing plants
14	ADHITYA ET AL. (2009)	Supply chain risk identification using a HAZOP-based approach
15	SCHUH UND MEYER (2009)	Hybride Systeme in Logistiknetzwerken: Überwindung des Zielkonflikts zwischen logistischer Leistungsfähigkeit und Kosteneffizienz in der Konsumgüterindustrie
16	HOU UND HE (2008)	Model of the sustained innovation system in logistic enterprises
17	SHIMIZU UND KAWAMOTO (2008)	An implementation of parallel computing for hierarchical logistic network design optimization using PSO
18	MÜLLER (2007)	Logistik und Bionik: was logistische Systeme von der Natur lernen können
19	MCCULLEN ET AL. (2006)	The F1 supply chain: adapting the car to the circuit – the supply chain to the market
20	REINSCH UND TRACHT (2001)	Qualitätsmanagement und Logistik – Eine Analogie
21	STRÆTE (2004)	Innovation and changing 'worlds of production': case-studies of Norwegian dairies
22	TINELLO UND WINKLER (2013)	Bionik in der Logistik – Träumerei oder umsetzbares Potential
23	HINES ET AL. (2000)	Waves, beaches, breakwaters and rip currents – A three-dimensional view of supply chain dynamics
24	GERMAIN (1996)	The role of context and structure in radical and incremental logistics innovation adoption

Tabelle 11: Liste der analysierten Literaturquellen

4.2.2.4 Analyse der Literatur

In diesem Abschnitt wird die detaillierte Analyse der ausgewählten Literaturquellen dargestellt. Dazu wurden aus den Literaturquellen relevante Informationen herausgefiltert, die zur Beantwortung der Leit- und Unterfragen beitragen konnten (siehe

Tabelle 12). Nachfolgend werden die gefundenen Informationen zu den einzelnen Unterfragen erläutert, anschließend werden die Ergebnisse des Systematic Literature Reviews zusammengefasst und auf dieser Basis die Leitfrage der Arbeit beantwortet.

Literatur-quelle	1	2	3	4	5	6	7	8	9	10	11	12	13	14	15	16	17	18	19	20	21	22	23	24
Frage A	×		×		×		×	×		×	×	×		×	×		×	×	×	×		×	×	
Frage B	×		×							×	×							×				×	×	
Frage C					×		×	×		×		×		×	×		×		×	×				
Frage D		×	×	×		×			×				×			×					×			×
Leitfrage																								

Tabelle 12: Relevante Informationen der Literaturquellen zu der Leit- und den Unterfragen

A. Wird die Anwendung von Analogien in der Logistik bereits eingesetzt?

Es hat sich gezeigt, dass Analogien im Bereich der Logistik erfolgreich eingesetzt werden. Dabei werden sowohl erklärende als auch innovative Analogien verwendet. So wird beispielsweise in dem Artikel von Sharma und Lote (2013) der Bullwhip-Effekt anhand der Analogie Schwingungslehre aus der Physik erklärt. Das Thema der innovativen Analogien wird beispielsweise von Müller (2007) aufgegriffen, indem sie Übertragungspotentiale aus der Natur auf die Logistik aufzeigt. Sie greift dabei Ansatzpunkte wie den Ameisen-Algorithmus zur Routenoptimierung oder die Priorisierung von Aufträgen anhand des Wespen-Prinzips auf (vgl. Müller 2007, S. 72). Demnach wird vereinzelt in der Logistik auf Analogien zurückgegriffen, jedoch wird in keiner Literaturquelle ein Vorgehen zur Identifizierung des dargestellten analogen Bereichs beschrieben.

B. Erfolgt eine Übertragung von Analogien aus der Natur in die Logistik?

In der Literatur werden einige Analogien bereits auf logistische Problemfälle übertragen. So wird neben dem bereits erwähnten Ameisen-Algorithmus oder dem Wespen-Prinzip auch beispielsweise die Analogie des Wellengangs zur Gestaltung einer schlanken Wertschöpfungskette verwendet. Dabei wird durch die Analogie getestet, wie stark die Nachfrageschwankung eines schlanken Systems sein kann, bis der „Pull" abreißt und das System in sich zusammenbricht (Hines et al. 2000). Tinello und Winkler (2013) zeigen in ihrem Artikel die Potentiale einer Übertragung aus der Natur in die Logistik auf. Als Beispiel wählen auch sie den Bezug zum Ameisen-Algorithmus oder zur Schwarmintelligenz im Bereich der Logistik. Der Fokus des Artikels liegt jedoch auf einer Fabriklayoutplanung am Beispiel der Natur. Beispielsweise vergleichen sie Wachstumsprozesse in der Natur und zeigen Übertragungsmöglichkeiten für ein flexibleres Fabriklayout auf. In weiteren Literaturquellen wird nur oberflächlich auf Analogien aus der Natur eingegangen (Singhal und Singhal 2012b; Shimizu et al. 2009; Liu et al. 2009).

C. Erfolgt eine Übertragung von Analogien aus anderen Industrien in die Logistik?

Neben den bereits geschilderten Analogien aus der Natur werden in der Literatur ebenfalls Analogien aus anderen Industrien dargestellt. Beispielsweise ziehen REINSCH UND TRACHT (2001) Parallelen zwischen dem Herstellungsprozess von Rohren (Abmaßabweichungen) und dem logistischen Prozess (Terminabweichungen). Durch das Aufzeigen einer Analogie begründen sie die direkte Übertragbarkeit des Qualitätsmanagements aus dem Herstellungsprozess auf logistische Prozessketten (vgl. Reinsch und Tracht 2001, S. 23). MCCULLEN ET AL. (2006) verweisen auf eine Analogie zwischen dem Formel 1-Sport und dem Supply Chain Management. Dabei vergleichen sie die kontinuierliche Abstimmung des Rennfahrzeugs auf die jeweilige Rennstrecke mit der Anpassungsfähigkeit von Supply Chains auf Markt- oder Produktveränderungen. SVENSSON (2011) wählt die Referenz zu einem Hürdenlauf, um Phänomene in der Supply Chain zu erklären. Insgesamt zeigt das Rechercheresultat, dass auch industrieübergreifende Analogien sinnvoll für logistische Problemstellungen eingesetzt werden können (Salampasis et al. 2012; Li et al. 2009; Shimizu et al. 2009; Nanazawa et al. 2009; Adhitya et al. 2009; Schuh und Meyer 2009; Shimizu und Kawamoto 2008).

D. Existieren strukturierte Ansätze oder Methoden für die Entwicklung von radikalen Innovationen in der Logistik?

In dem Systematic Literature Review wurden neben der Anwendung von Analogien allgemeine Ansätze oder Methoden zur Entwicklung von radikalen Innovationen in der Logistik analysiert. Dabei wurden insgesamt neun Literaturquellen identifiziert, die auf den Bedarf an radikalen Innovationen in der Logistik hinweisen (Singhal und Singhal 2012a, 2012b; Nolf et al. 2012; Golicic und Sebastiao 2011; Bouncken 2009; Hewitt-Dundas und Roper 2010; Hou und He 2008; Stræte 2004; Germain 1996). Jedoch werden in den Literaturquellen weder ein strukturierter Ansatz noch spezielle Methoden in diesem Themenbereich aufgezeigt. Daraus lässt sich erneut der Bedarf der Entwicklung einer Methode zur Erzeugung von radikalen Logistikinnovationen ableiten.

Leitfrage: Existieren methodische Ansätze der Verwendung von Analogien, um Logistikinnovationen zu generieren?

Wie aus der Beantwortung der vorangegangenen Unterfragen ersichtlich, werden Analogien bereits erfolgreich in der Logistik eingesetzt. Ein strukturierter Ansatz für die Anwendung von Analogien in einem Innovationsmanagement für die Logistik konnte allerdings nicht ermittelt werden. Demnach zeigt das Gesamtergebnis des Systematic Literature Reviews, dass in der Literatur bisher noch kein Vorgehen für die Anwendung von Analogien in der Logistik entwickelt wurde.

4.2.2.5 Dokumentation und Verbreitung der Ergebnisse

Im letzten Schritt des Systematic Literature Reviews erfolgt regulär die Dokumentation und Verbreitung der erzielten Ergebnisse. Auch dieser Schritt wird in Form der vorliegenden Arbeit umgesetzt. Besonders verfolgt wird die transparente und ausführliche Darstellung der einzelnen Schritte, um die geforderte Reproduzierbarkeit der Ergebnisse zu gewährleisten.

Im folgenden Abschnitt werden die Ergebnisse aus dem Systematic Literature Review mit den Ergebnissen aus Kapitel 2.3 zusammengefasst und das weitere Vorgehen (hier: Handlungsbedarf für die Wissenschaft) abgeleitet.

4.3 Ableitung des Handlungsbedarfs

Kapitel 4 befasst sich mit dem Themenbereich der Analogien und deren Anwendung in der Logistik, um folgende zweite Forschungsfrage zu beantworten:

Existieren Ansätze der Verwendung von Analogien, um Logistikinnovationen zu generieren?

Zur Beantwortung der zweiten Forschungsfrage war zunächst die Auseinandersetzung mit den Grundlagen der Analogiebildung erforderlich (Kapitel 2.3). Eine allgemeine Vorgehensweise für die Anwendung von Analogien wurde aufbauend auf diesen Erkenntnissen für diese Arbeit abgeleitet (siehe Kapitel 4.1.16).

Weiterhin wurden bei den bisherigen Vorgehensmodellen (Kapitel 4.1) Schwachstellen festgestellt. So verknüpfen einige Vorgehensmodelle lediglich die Bereiche Natur und Technik. Strukturierte Prozesse zur Suche nach industrieübergreifenden Analogien werden lediglich von zwei Autoren beschrieben, wobei auch diese sich nahezu ausschließlich auf die klassische Produktentwicklung fokussieren. Einzig SEIPOLD (2012) bietet eine Übertragung auf Wertschöpfungsketten. Gleichzeitig fehlt bei den bisherigen Vorgehensmodellen eine ganzheitliche methodische Unterstützung. Weitere Schwachstellen sind ein reiner Biology Push als Ausgangspunkt der Analogiesuche und eine meist reine sequentielle Vorgehensweise.

Zur weiteren Vertiefung der bisherigen Erkenntnisse wurde ein Systematic Literature Review durchgeführt. Ziel war es, systematisch weitere relevante Literaturstellen für die Beantwortung der zweiten Forschungsfrage zu identifizieren. Das Ergebnis aus dem Systematic Literature Review (Kapitel 4.2.2.4) zeigt den Bedarf an einer Methode zur Entwicklung von radikalen Innovationen in der Logistik auf und verdeutlicht, dass Analogien in der Logistik bereits erfolgreich eingesetzt werden. Die Explikation einer strukturierten, systematischen Vorgehensweise für die Logistik konnte jedoch nicht recherchiert werden.

Demnach ist davon auszugehen, dass bisher keine Ansätze einer Verwendung von Analogien zur Generierung von Logistikinnovationen entwickelt wurden. Der bestehende Bedarf an radikalen Innovationen und der Wunsch von Logistikern die Anwendung von Analogien verstärkt einzusetzen (vgl. Fischer 2008, S. 142; Otto 2008, S. 150), führen zur folgenden dritte Forschungsfrage:

Wie ist ein Vorgehen für die Anwendung von Analogien in der Logistik auszugestalten?

5 Entwicklung eines Vorgehens zur Anwendung von Analogien in der Logistik

Dieses Kapitel gilt der Entwicklung eines strukturierten und systematischen Vorgehens zur Anwendung von Analogien in der Logistik. Wie bereits in Kapitel 4 gezeigt wurde, ist die Anwendung von Analogien ein vielversprechender Ansatz zur Entwicklung von radikalen Innovationen. Die Aktivierung von Wissen aus anderen Industrien oder der Natur wird in dieser Arbeit verstanden als anspruchsvolle, zugleich jedoch interessante Herausforderung mit hohem Potential, den Unternehmenserfolg insgesamt zu sichern (siehe Kapitel 2.3.1). Daher ist die vorliegende Arbeit auf die Empfehlung ausgerichtet, sich dieser Herausforderung in der Logistik zu stellen, der generell geringen Methodenkompetenz und gezielt dem Mangel an Ressourcen der Logistikbranche (siehe Kapitel 3.2.4) zu begegnen. Aufbauend auf den Ergebnissen aus Kapitel 4 werden zwei unterschiedliche Herangehensweisen zu einem ganzheitlichen Vorgehen kombiniert.

Eine Möglichkeit zur Aufbereitung der Anwendung von Analogien ist die Entwicklung eines Analogienetzwerkes. In einem solchen Netzwerk werden logistische Probleme über eine Abstraktionsebene mit analogen Bereichen verknüpft (siehe Kapitel 4.1.16). Ähnliche Ansätze wurden in der Bionik z. B. mit Konstruktionskatalogen und Assoziationslisten aus der Natur erfolgreich umgesetzt (Nachtigall und Wisser 2013; Hill 2005; Gramann 2004), jedoch erfolgte dabei keine Fokussierung auf die Logistik. Ein logistisches Analogienetzwerk würde Logistiker zweifellos in die Lage versetzen, effizient und schon mit geringen Methodenkenntnissen innovative Ideen zu erzeugen.

Ein solches Analogienetzwerk kann den Anspruch auf Vollständigkeit nicht erfüllen, da sowohl die Anzahl an möglichen Problemstellungen als auch die Verknüpfungsmöglichkeiten mit analogen Bereichen unbegrenzt ist. Daher muss für nicht im Netzwerk enthaltene Problemstellungen eine Methodik entwickelt werden, die den Anforderungen der Logistik gerecht wird und den Logistikern eine eigenständige Identifikation von Analogien und somit eine Erweiterung des Netzwerks ermöglicht.

Aus diesem Grund erfolgt in dieser Arbeit sowohl die Entwicklung einer Methodik zur Anwendung von Analogien als auch die eines Analogienetzwerks für logistische Problemstellungen. In den folgenden Abschnitt wird zu Beginn die allgemeine wissenschaftliche Vorgehensweise vorgestellt und anschließend die hier verfolgte Entwicklung der Methodik und des Analogienetzwerks dargelegt.

5.1 Allgemeine wissenschaftliche Vorgehensweise

Mit der oben formulierten Zielperspektive (Entwicklung und Bewertung eines Vorgehens für die Anwendung von Analogien in der Logistik) ist eine konkrete wissenschaftliche Vorgehensweise verbunden, die sich nach der Methodik und der Entwicklung eines Analogienetzwerks für die Logistik differenziert. Im Erarbeitungsprozess wurden beide Ansätze zeitlich parallel verfolgt, d. h. es wurde gleichzeitig an der Methodik und der Netzwerkentwicklung gearbeitet. Beispielsweise wurden die Probleme in den Workshops zum Test der Methodik verwendet, um zusätzliche analoge Bereiche zu identifizieren.

5.1.1 Vorgehensweise bei der Entwicklung der Methodik

Bei der Entwicklung der Methodik zur Anwendung von Analogien für die Logistik ging es darum, den Prozess an die besonderen Anforderungen der Logistik anzupassen. Aus diesem Grund wurden zu Beginn die Anforderungen der Logistik an den Analogieprozess ermittelt. Im zweiten Schritt erfolgte eine Recherche nach Methoden, die bei der Abstraktion und Suche nach analogen Bereichen unterstützen können. Diese Methoden wurden im nächsten Schritt anhand von Kriterien bewertet und ausgewählt, die sich aus den vorher identifizierten Anforderungen ableiten ließen. Anschließend wurde die entwickelte Methodik im Rahmen von Workshops getestet und optimiert. Im letzten Schritt erfolgte eine Evaluation der Methodik erfolgte durch Industrievertreter. Demnach lässt sich das allgemeine Vorgehen bei der Entwicklung der Methodik der Anwendung von Analogien in der Logistik in folgende Schritte gliedern:

1. Ermittlung der Anforderungen
2. Recherche nach methodischer Unterstützung
3. Auswahl geeigneter Methoden
4. Pilotanwendung der entwickelten Methodik
5. Evaluation der entwickelten Methodik

Da das ausgewählte Themengebiet in der Literatur kaum behandelt wurde (siehe Kapitel 4.3) und auch das Ziel der Methodik die Entwicklung eines neuen Prozesses darstellte, wurde ein qualitativer Forschungsansatz gewählt (siehe auch Kapitel 3.2.1).

Im Rahmen des qualitativen Vorgehens wurden Workshops mit unterschiedlichen Fokusgruppen gewählt, hier bestehend aus Praxisvertretern, Wissenschaftlern und

Studierenden, um möglichst unterschiedliche Sichtweisen auf den Untersuchungsgegenstand zu erhalten. Je nach Zielsetzung des jeweiligen Workshops wurde die Teilnehmeranzahl und auch die Zusammensetzung der Fokusgruppe angepasst. Unterstützend wurden Expertengespräche durchgeführt.

Durch den Einsatz von Expertengesprächen und Workshops mit Fokusgruppen konnte die geforderte methodologische Triangulation gewährleistet werden. Die Datentriangulation wurde durch die unterschiedlichen Zeitpunkte und die neue Zusammensetzung der Fokusgruppen sichergestellt. Bei den einzelnen Schritten waren mindestens zwei Forscher beteiligt, weshalb ebenso eine Investigator-Triangulation zum Tragen kam. Da sowohl Wissenschaftler und fortgeschrittene Studierende als auch Unternehmensvertreter an dem Prozess der Entwicklung der Methodik beteiligt waren, kann auch von einer Theorietriangulation ausgegangen werden. Dadurch wurden erneut alle vier Formen einer Triangulation erfüllt (vgl. Kapitel 3.2.1). Die genaue Vorgehensweise und Darstellung der Ergebnisse erfolgt in Kapitel 5.2.

5.1.2 Vorgehensweise bei der Entwicklung eines Analogienetzwerks

Die Entwicklung eines Analogienetzwerks orientiert sich an der allgemeinen Vorgehensweise, Probleme zunächst zu abstrahieren und anschließend analogen Bereichen zuzuordnen (siehe Kapitel 4.1.16). Auf diese Weise entstehen kontextspezifisch die drei Ebenen: logistische Probleme, abstrakte Begriffe und analoge Bereiche. Diese drei Ebenen werden sodann logisch verknüpft und auf diese Weise ein Analogienetzwerk gebildet (siehe Abbildung 32). Netzwerktypisch wird deutlich, dass logistische Probleme einem aber auch mehreren abstrakten Begriffen zugeordnet sein können. Dasselbe gilt für die Beziehung von abstrakten Begriffen und analogen Bereichen. Folglich ergeben sich für die Entwicklung eines Analogienetzwerks diese drei Arbeitsschritte:

- Identifikation von Logistikproblemen
- Abstraktion der Logistikprobleme
- Suche nach analogen Bereichen

Auch bei der Entwicklung eines Analogienetzwerks wird ein qualitativer Forschungsansatz verwendet, da das „Entdecken" von neuen Zusammenhängen (Logistikprobleme – abstrakte Begriffe – analoge Bereiche) als Zielsetzung festgelegt wurde.

Bei der Identifikation der Logistikprobleme ist es deshalb zielführend, qualitative Interviews einzusetzen und sodann in einem Workshop mit einer Fokusgruppe zu validieren. Die Abstraktion und anschließende Suche nach analogen Bereichen erfolgt durch Workshops, Expertengespräche und Literaturrecherchen.

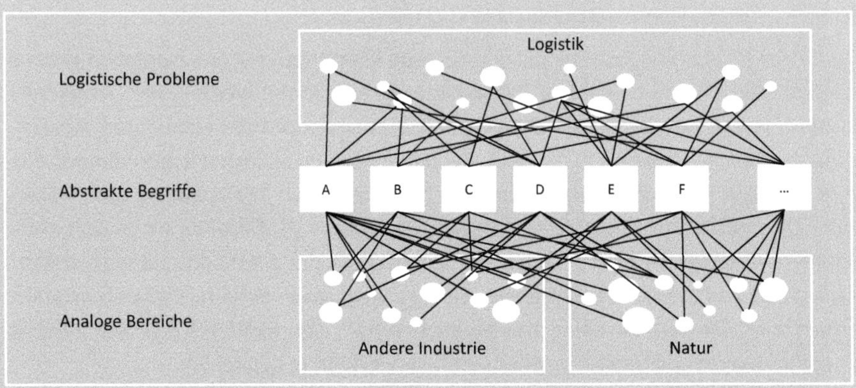

Abbildung 32: Analogienetzwerk mit logistischen Problemen

Ähnlich wie bei der Entwicklung der Methodik zur Anwendung von Analogien in der Logistik sind auch hier alle vier Formen der Triangulation erfüllt. Es werden in den einzelnen Schritten unterschiedliche Forschungsmethoden eingesetzt (Methodologische Triangulation), die Beteiligten werden je nach Methode und Ziel der Anwendung der Forschungsmethode angepasst (Datentriangulation). Ebenfalls wird dieser Forschungsprozess immer durch mindestens zwei Forscher begleitet (Investigator-Triangulation). Durch die Teilnahme von Wissenschaft und Praxis ist eine Theorietriangulation sichergestellt. Die detaillierte Vorgehensweise und die Ergebnisse werden in Kapitel 5.3 dargestellt.

5.2 Entwicklung einer Methodik zur Anwendung von Analogien in der Logistik

Zur Entwicklung der Methodik werden entsprechend der in Abschnitt 5.1.1 abgeleiteten Schritte zunächst die genauen Anforderungen ermittelt. Anschließend werden geeignete Methoden in den einzelnen Phasen der Anwendung von Analogien gesucht, anhand der ermittelten Anforderungen ausgewählt und sodann in Workshops getestet und optimiert.

5.2.1 Ermittlung der Anforderungen

Zur Ermittlung der Anforderungen der Praxis an die Methodik zur Anwendung von Analogien in der Logistik wurde im Oktober 2012 ein Workshop durchgeführt. An dem Workshop nahmen aus dem Bereich Logistik insgesamt fünf Unternehmen und drei Forschungsinstitute teil (siehe Anhang III).

Zu Beginn des Workshops erhielten alle Teilnehmer eine Einführung in das Thema Innovation, Innovationsmanagement und die Anwendung von Analogien im logistischen Kontext. Anschließend wurden mithilfe von Karteikarten und Metaplanwänden Anforderungen an die Entwicklung von Innovationen und insbesondere Anforderungen an die Methodik zur Anwendung von Analogien in der Logistik gesammelt und gemeinsam diskutiert. Die Anforderungen konnten dabei folgenden Oberbegriffen zugeordnet werden:

A. Rahmenbedingungen
B. Organisation
C. Durchführung
D. Controlling

Grundlegend müssen in einem Unternehmen besondere Rahmenbedingungen (A) für die Entwicklung von Innovationen bestehen bzw. geschaffen werden. Nach Meinung der Experten bedarf jedes Innovationsgeschehen zunächst ausreichender Transparenz, die vor allem durch geeignete Kommunikationssysteme hergestellt werden kann. Höhere Transparenz bedingt und ermöglicht eine engere Vernetzung und Zusammenarbeit innerhalb des Unternehmens, wodurch Innovationen effizienter entwickelt werden können. Des Weiteren fordern die Experten eine starke Unterstützung der Geschäftsleitung in einem Innovationsvorhaben. Innovationen bedeuten Veränderungen und diese können nur gemeinsam mit der Geschäftsleitung umgesetzt werden. Für eine ressourcenschonende und schnelle Entwicklung wünschen sich die Experten klare Zielvorgaben für Innovationen.

Im Bereich der Organisation (B) müssen für ein Innovationsprojekt entsprechende Ressourcen zur Verfügung gestellt werden. Auch ist von Anfang an eine klare Definition und Delegation der Kompetenzen in der Organisationsstruktur notwendig.

Weitere Anforderungen der Experten an die Durchführung (C) eines Innovationsprozesses gelten einfachen und praktikablen Methoden, die schnell und mit überschaubarem Aufwand von dem Anwender eingesetzt werden können. Etwaige Defizite im methodischen Vorgehen sollten dabei zeitnah zu beheben sein. Für den Aufbau von

Innovationsprozessen sowie die Durchführung weitreichender Innovationsprojekte wünschen sich die Experten eine professionelle Begleitung und Unterstützung. Der Zugriff auf externes Wissen und externe Erfahrungen bei der Anwendung der Methoden erscheint ihnen dann praktikabel, wodurch sie sich ein effizienteres Vorgehen im Innovationsprojekt erhoffen.

Im Bereich Controlling (D) sprachen sich die Experten für die konkrete Messbarkeit von Innovationen aus. Weiterhin wurde von den Experten gefordert, dass der wirtschaftliche Nutzen zu berechnen sein sollte, um den potentiellen Erfolg mit dem Aufwand einer Innovation bewerten zu können.

Zur späteren Bewertung der einzelnen unterstützenden Methoden werden nur Kriterien aus dem Bereich der Durchführung herangezogen, da diese direkte Auswirkungen auf die Entwicklung der Methodik haben. Allgemeine Rahmenbedingungen und Anforderungen an die Organisation können nicht durch den Einsatz einer Methode des Innovationsmanagements verändert werden. Außerdem befindet sich dieser Bereich außerhalb der betrachteten Systemgrenze. Ziel der gesamten Entwicklung der Anwendung von Analogien für die Logistik ist die Generierung von radikalen Lösungsansätzen in der Phase der Ideengenerierung. Die genannten Anforderungen unter dem Oberbegriff Controlling werden in dieser Arbeit für die weitere Betrachtung ausgeschlossen, da sie einen eigenen, sehr komplexen Bereich fokussieren, dessen Thematisierung der gebotenen Engführung des Themas widersprechen würde.

5.2.2 Recherche nach unterstützenden Methoden

Im nächsten Schritt wird nach methodischer Unterstützung in den einzelnen Phasen der Anwendung von Analogien recherchiert. Dabei konzentriert sich die Arbeit auf die Phasen der Abstraktion (2) und Suche nach Analogien (3), da diese beiden Phasen elementar für diesen Prozess sind (vgl. Mayer 1992, S. 418). Die anderen Phasen des Analogieprozesses ähneln denen eines normalen Innovationsprozesses (siehe Kapitel 2.2.1), weshalb erprobte Methoden aus diesem Bereich übernommen werden können. Auch die beiden nachfolgenden Abschnitte fokussieren nur die Phasen der Abstraktion und die Suche nach analogen Bereichen.

5.2.2.1 Abstraktionsmethoden

Die Fähigkeit zur Abstraktion kommt in allen Wissenschaftsbereichen zum Tragen. So wird in der Philosophie die Abstraktion definiert als *„das logische Verfahren, durch*

Weglassen von Merkmalen vom anschaulich Gegebenen zur Allgemeinvorstellung und von einem gegebenen Begriff zu einem allgemeineren aufzusteigen. Die Abstraktion vermindert den Inhalt und erweitert den Umfang" (Apel und Ludz 1976, S. 5). Auch in der Kunst oder in der non-verbalen Alltagskommunikation dient die Abstraktion dem Transfer auf eine höhere Ebene, etwa wenn ikonographisch Gegenstände oder Sachverhalte nur auf das Wesentliche reduziert dargestellt werden. So kann z. B. ein Mensch stark vereinfacht nur durch einen runden Kopf, einen Strich als Körper und vier weitere kürzere Striche als Arme und Beine gezeichnet und als solcher identifiziert werden.

In jedem Problemlöseprozess ist die Abstraktion von großer Bedeutung, da durch die gedankliche Reduktion Kernelemente und -strukturen des Untersuchungsgegenstands erkannt werden. Aus diesem Grund ist die Abstraktion das entscheidende Element, um besonders ferne Analogien zu finden (vgl. Mayer 1992, S. 418). SCHLICKSUPP (1995, S. 120) verdeutlicht dies am Beispiel eines Messers. Die Funktion des Messers sei das Schneiden. Die äußere Form des Messers sei dabei zufällig entstanden, weshalb auch andere Formen als die bisher Gewohnte diese Funktion erfüllen könnten. Durch die Abstraktion finde ein Loslösen von der konkreten Gestaltungsform statt, wodurch eine größerer gestalterischer Freiheitsgrad erreicht werde (vgl. Schlicksupp 1995, S. 120). Auch PAHL ET AL. (2007, S. 75) unterstreichen, dass durch die Abstraktion sowohl die Kreativität als auch ein systematisierender Denkprozess gefördert wird.

ENKEL UND DÜRMÜLLER (2013, S. 200) empfehlen besonders in der Anfangsphase des Problemlöseprozesses eine methodische Unterstützung, da die Anwender häufig Schwierigkeiten haben, sich von der ursprünglichen Problematik zu lösen. Diese kognitive Fixierung hindert besonders die Generierung von radikalen Lösungsideen (siehe Kapitel 2.3.2). Wie in Kapitel 4.1.16 gezeigt wurde, erhalten jedoch gerade in dieser Phase die Anwender von bisherigen Vorgehensmodellen kaum methodischen Support. Deshalb wurde zu diesem Themengebiet eine umfassende Literaturrecherche durchgeführt.

Im Folgenden werden die Ergebnisse der Literaturrecherche in alphabetischer Reihenfolge vorgestellt. Eine Bewertung und Auswahl der Methoden erfolgt in Kapitel 5.2.3.

Black-Box

Eine Methode zur abstrakten Darstellung von komplexen Systemen ist die Black-Box-Methode (vgl. Ehrlenspiel und Meerkamm 2013, S. 403; Lindemann 2009, S. 118). Hierbei wird das Innere eines Systems abstrakt dargestellt. Nur die Interaktion mit dem Umfeld ist dabei von Bedeutung (vgl. Haberfellner et al. 2002, S. 443). Die Black-Box wird dadurch auf eine Funktion reduziert, die mit gegebenem Input entsprechenden Output erzeugt (vgl. Ehrlenspiel und Meerkamm 2013, S. 403). Das Vorgehen gliedert sich in folgende Schritte (vgl. Lindemann 2009, S. 251):

1. Formulierung des Ziels / Zwecks der Abstraktion
2. Festlegung des Abstraktionsgrads
3. Definition der Systemgrenzen
4. Bestimmung der Ein- und Ausgangsgrößen

Im Entwicklungsprozess (Top-Down-Ansatz) wird anschließend der Detaillierungsgrad erhöht (vgl. Lindemann 2009, S. 55). Durch das Senken des Abstraktionsgrads wird aus der Black-Box eine sogenannte Grey-Box mit teilweise strukturierten Darstellungen. Können detailliert die exakten Zusammenhänge erschlossen werden, wird von einer White-Box gesprochen (vgl. Haberfellner et al. 2012, S. 39).

Die Black-Box-Methode ist relativ schnell und einfach anzuwenden, da das Gesamtsystem auf die einzelnen Ein- und Ausgangsgrößen reduziert wird. Erst in den nachfolgenden Schritten wird der Detaillierungsgrad erhöht. Die Abbildung 33 visualisiert den typischen Aufbau einer Blackbox, die nach unten hin den Abstraktionsgrad verliert und somit zu einer White-Box wird.

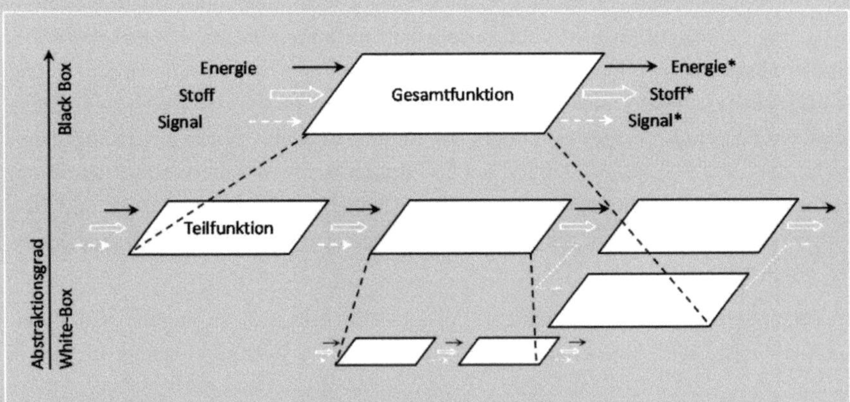

Abbildung 33: Beispiel einer Black-Box, Grey-Box und White-Box
Quelle: vgl. PAHL ET AL. (2007, S. 45)

Hypothesen-Matrix

Die Hypothesen-Matrix ist eine von SCHLICKSUPP (1977, S. 214) entwickelte Methode. Sie dient zur Analyse komplexer Sachverhalte, indem Beziehungen und Wechselwirkungen zweier Betrachtungsgegenstände aufgezeigt werden (vgl. Schlicksupp 2004, S. 67). Dazu werden unterschiedliche Aussagen der beiden Betrachtungsgegenstände miteinander verglichen. Die Aussagen können sowohl wissenschaftlich belegte Aussagen als auch eher spekulative Hypothesen sein (vgl. Schlicksupp 2004, S. 68). Eine Matrix entsteht dadurch, dass die Aussagen des einen Betrachtungsgegenstands in Spalten und die Aussagen hinsichtlich des anderen Gegenstands in Zeilen aufgelistet werden. Eine sinnvolle Anzahl an Aussagen liegt zwischen 50 und 100 Stück pro Betrachtungsgegenstand (vgl. Schlicksupp 1977, S. 236). Anschließend werden die Aussagen gegenübergestellt und bei einem evidenten Zusammenhang mit Symbolen gekennzeichnet (siehe Tabelle 13). Am Ende ergibt sich in bestimmten Bereichen eine Häufung an Symbolen, die den Ausgangspunkt für weiterführende Untersuchungen bilden (vgl. Schlicksupp 1977, S. 236). Auf diese Weise wird das vorgegebene Problem von allen Seiten her beleuchtet, wodurch häufig Aspekte in den Vordergrund treten, die zuvor nicht offensichtlich waren. SCHLICKSUPP (2004, S. 162) bewertet den Zeitaufwand für die Anwendung der Methode als hoch. Gleichzeitig setzt er für die Methode mittlere methodische Vorkenntnisse voraus.

		Aussagen zu Bereich A				
		A1	A2	A3	A4	...
Aussagen zu Bereich B	B1			×		Zusammenhang zwischen A3 und B1
	B2	←				A1 wirkt sich auf B2 aus
	B3		↑			B3 wirkt sich auf A2 aus
	B4				↔	Wechselwirkung zwischen A4 und B4
	B5	0,3			0,7	Korrelationsstärke des Zusammenhangs
	⋮					...

Tabelle 13: Beispiel für Verknüpfungssymbole in der Hypothesenmatrix
Quelle: vgl. SCHLICKSUPP (2004, S. 70)

KJ-Methode

Die KJ-Methode (auch als Affinitätsdiagramm bezeichnet) wird nach dem japanischen Erfinder Jiro Kawakita benannt (vgl. Courage und Baxter 2005, S. 715; Schlicksupp 2004, S. 75). Die Durchführung kann individuell oder im Team erfolgen und beginnt mit der Sammlung aller Informationen über eine komplexe und ungenaue Problemstellung (vgl. Koschnick 1996, S. 290; Knieß 1995, S. 124). Die gesammelten Informationen werden auf Karten festgehalten. Eine sinnvolle Anzahl an Karten liegt zwischen 100 und 200 (vgl. Schlicksupp 1977, S. 235). Im Anschluss werden die Karten nach thematischen Zusammenhängen gruppiert und es wird ein Oberbegriff zu jeder Gruppe festgelegt. Dieses Vorgehen wird so oft wiederholt, bis ein ausreichendes Abstraktionsniveau zur ursprünglichen Problemstellung erreicht wird (vgl. Schlicksupp 2004, S. 76; Knieß 1995, S. 124). Demnach kann das Vorgehen in folgende Schritte gegliedert werden (vgl. Silverstein et al. 2012, S. 195 ff; Courage und Baxter 2005, S. 717 ff.; Schlicksupp 2004, S. 76):

1. Schritt: Sammlung von relevanten Informationen
2. Schritt: Gruppierung der Informationen
3. Schritt: Definition von Oberbegriffen für die Gruppierungen
4. Schritt: Gruppierung der Oberbegriffe

   ...

n. Schritt: Definition von Oberbegriffen für die neuen Gruppierungen

Durch die Anwendung der KJ-Methode lassen sich besonders komplexe Problemstellungen strukturiert darstellen und neue Lösungsrichtungen erkennen (vgl. Schlicksupp 1977, S. 236). Der Zeitaufwand der Methode ist als hoch einzustufen, da eine hohe Anzahl an Informationen zunächst gesammelt und gruppiert werden muss. Das Vorgehen ist relativ leicht und benötigt nur mittlere Methodenkenntnisse (vgl. Schwarz-Geschka 2010, S. 402; Schlicksupp 2004, S. 162). Ein Beispiel für eine mögliche Gruppierung zum Problem Transportschaden wird in Abbildung 34 gezeigt.

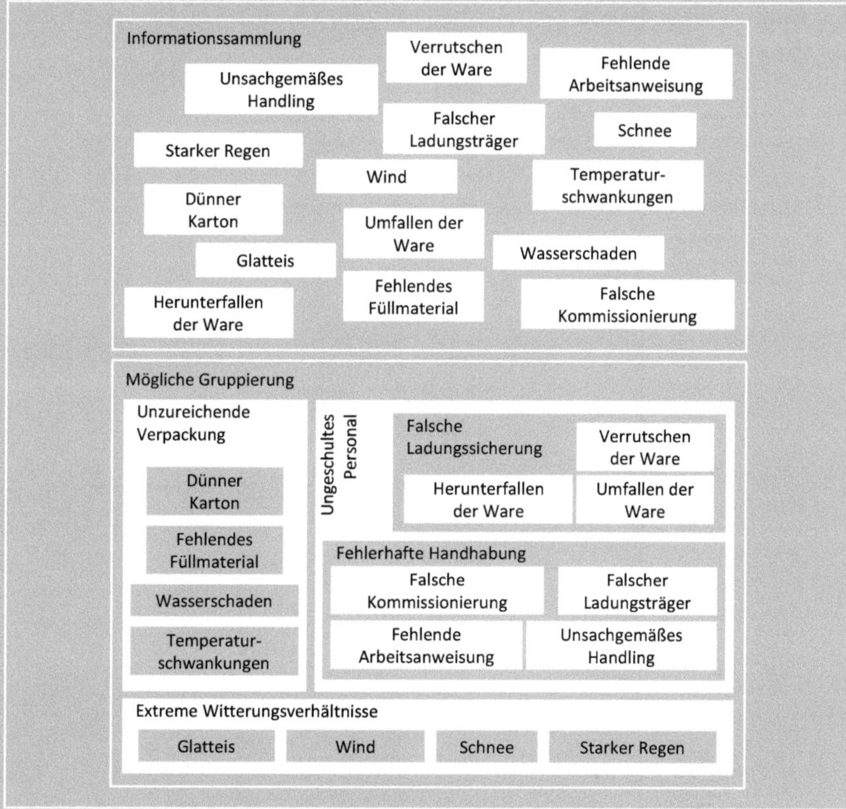

Abbildung 34: Beispiel der Anwendung der KJ-Methode

Mind-Mapping

Die Methode des Mind-Mapping wurde von Buzan und Buzan geprägt (vgl. Malorny und Schwarz 1997, S. 83). Die Methode dient zur Visualisierung und Strukturierung von komplexen Zusammenhängen und Lösungsideen (vgl. Wittmann et al. 2006, S. 67). Bei der Anwendung von Mind-Maps wird die logisch-analytische (linke) mit der kreativ-assoziativen (rechten) Gehirnhälfte gleichzeitig beansprucht, wodurch sprunghafte und spontane Denkeinfälle begünstigt werden (vgl. Buzan und Buzan 2002, S. 17; Backerra et al. 2002, S. 66). Die Problemstellung wird mit unterschiedlichen Hauptlösungsideen verbunden (vgl. Haberfellner et al. 2012, S. 387). Dabei werden die Lösungsideen mit Stichworten beschrieben, um sie zu konkretisieren. Den Hauptlösungsideen können ebenfalls Unterideen zugeordnet werden, wodurch eine tiefe Analyse der Problemstellung erfolgt (vgl. Ehrlenspiel und Meerkamm 2013, S.

385; Wittmann et al. 2006, S. 67). Das Vorgehen gliedert sich in folgende Schritte (vgl. Backerra et al. 2002, S. 68 f.):

1. Schriftliche Fixierung der Problemstellung im Zentrum der Visualisierung
2. Verbinden von Hauptlösungsideen mit der Problemstellung durch Äste
3. Beschreibung der Lösungsideen durch Stichpunkte
4. Verbinden der Hauptlösungsideen mit Unterideen durch Zweige
5. Auswertung der Mind-Map

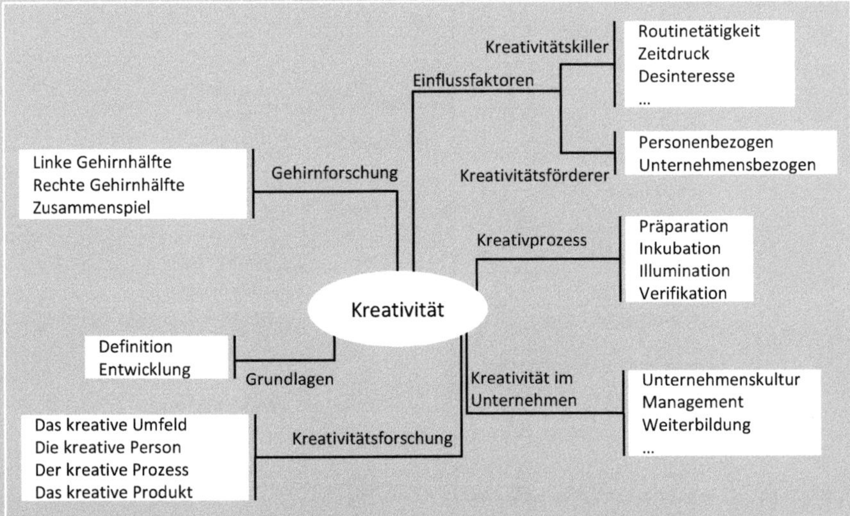

Abbildung 35: Beispiel einer Mind-Map
Quelle: Wittmann et al. (2006, S. 68)

Backerra et al. (2002, S. 51) setzen gute Methodenkenntnisse voraus, um rasch zu guten Ergebnissen zu gelangen. Durch die Anwendung des Mind-Mapping entsteht ein strukturiertes Netzwerk an Lösungsideen, das in einem nächsten Schritt weiter ausgearbeitet und bewertet werden kann.

Progressive Abstraktion

Bei der progressiven Abstraktion wird durch eine Veränderung der Perspektive eine produktive Distanz vom ursprünglichen Problem erreicht (vgl. Bruhn 2012, S. 134). Ziel ist es, durch eine schrittweise Erhöhung der Abstraktion wesentliche Aspekte von unwesentlichen zu trennen und somit neue Lösungsansätze zu finden (vgl. Vahs und

Brem 2013, S. 291; Backerra et al. 2002, S. 74). Die Kernfrage des Problems wird erreicht durch die Frage: „Worum geht es eigentlich?“ (vgl. Geschka und von Reibnitz 1983, S. 68). Durch das wiederholende Fragen nach dem Kern der Problemstellung, wird sich schrittweise von einer ungenauen und oberflächlichen Aufgabenstellung entfernt, gleichzeitig erweitert sich der Lösungsraum (vgl. Schlicksupp 2004, S. 64). Somit wird die Grundlage für eine Vielzahl an unterschiedlichen Lösungsideen erzeugt, die sich meist stark vom erwarteten Ergebnis unterscheiden (vgl. Vahs und Brem 2013, S. 291). Folgendes Vorgehen wird vorgeschlagen (vgl. Malorny und Schwarz 1997, S. 87):

1. Formulierung des Problems
2. Definition von Rahmenbedingungen
3. Abstraktion („Worum geht es eigentlich?“)
4. Sammlung und Analyse möglicher Lösungen
5. Erneute Abstraktion („Worum geht es eigentlich?“)

   ...

Das folgende Praxisbeispiel verdeutlicht die Vorgehensweise (vgl. Schlicksupp 1977, S. 234), wobei nicht die bestehende Lösung des Problems (Equipment und Handhabung bei einem Reifenwechsel) verbessert wird, sondern die Problemvermeidung in den Fokus gerät:

Es wird ein neues System für den Reifenwechsel (Pkw) per Reserverad gesucht.

Analyse:

Es ist zeitintensiv und kompliziert, einen defekten Reifen (Reifenpanne) zu wechseln. Ein neues System sollte folgende Rahmenbedingungen erfüllen:

- einfache Handhabung
- min. eine Reichweite von 100 km besitzen
- Fahrgeschwindigkeiten von 80 km/h erlauben
- Kompakter, leichter und günstiger als ein Reserverad sein

1. **Abstraktion:** Worum geht es eigentlich?

Antwort: Es entsteht eine Stillstandszeit bei einer Reifenpanne. Der Fahrer des Fahrzeugs möchte die Stillstandszeit reduzieren.

Neues Problem: Wie kann die Stillstandszeit bei einer Reifenpanne verkürzt werden?

2. **Abstraktion:** Worum geht es eigentlich?

Antwort: Der Reifen sollte erst gar nicht beschädigt werden.

Neues Problem: Wie kann eine Beschädigung des Reifens verhindert werden?

Im Allgemeinen eignet sich diese Methode, um zu dem Wesenskern einer Problematik vorzudringen, bestehende gedankliche Fixierungen zu lösen und bisher unberücksichtigte Lösungen zu integrieren (vgl. Kuhn 2008, S. 100). Die Anwendung setzt sehr gute Methodenkenntnisse voraus, um sich von dem ursprünglichen Problem lösen zu können. Den zeitlichen Aufwand schätzt SCHLICKSUPP (2004, S. 162) als mittel ein.

Relevanzbaum

Der Relevanzbaum (auch Problemlösungsbaum oder Variantenbaum) dient zur visuellen Unterstützung bei komplexen Untersuchungsgegenständen (vgl. Haberfellner et al. 2002, S. 522). Es wird eine systematische und umfassende Lösungsstruktur erreicht, indem eine Aufgabenstellung hierarchisch und stufenweise aufgegliedert wird (vgl. Wittmann et al. 2006, S. 59; Schlicksupp 1977, S. 237). Das Vorgehen strukturiert sich dabei in folgende vier Schritte (Wittmann et al. 2006, S. 60; Bullinger und Schlick 2002, S. 311):

1. Schritt: Definition der Aufgabenstellung
2. Schritt: Sukzessive Aufgliederung der Aufgabenstellung auf unterschiedlichen hierarchischen Lösungsebenen
3. Schritt: Benennung von Relevanzen und Bewertung
4. Schritt: Auswertung des Relevanzbaums

Nach der Definition der Aufgabenstellung (1) werden unterschiedliche Hierarchieebenen gebildet (2), in denen die Aufgabenstellung detaillierter differenziert wird (vgl. Haberfellner et al. 2002, S. 522; Schlicksupp 1977, S. 237). Dadurch entstehen neue Lösungsalternativen, die im Anschluss bewertet werden. Die Bewertung (3) kann anhand von z. B. wirtschaftlichen oder technischen Aspekten erfolgen (vgl. Schlicksupp 1977, S. 237). Im letzten Schritt werden Maßnahmen priorisiert, die aufgrund der Bewertung im vorherigen Schritt als sinnvoll erachtet werden (vgl. Wittmann et al. 2006, S. 60). Für die sinnvolle Darstellung eines Relevanzbaums werden ein relativ hoher Zeitaufwand und eine gute Methodenkenntnis benötigt (vgl. Schlicksupp 2004, S. 162).

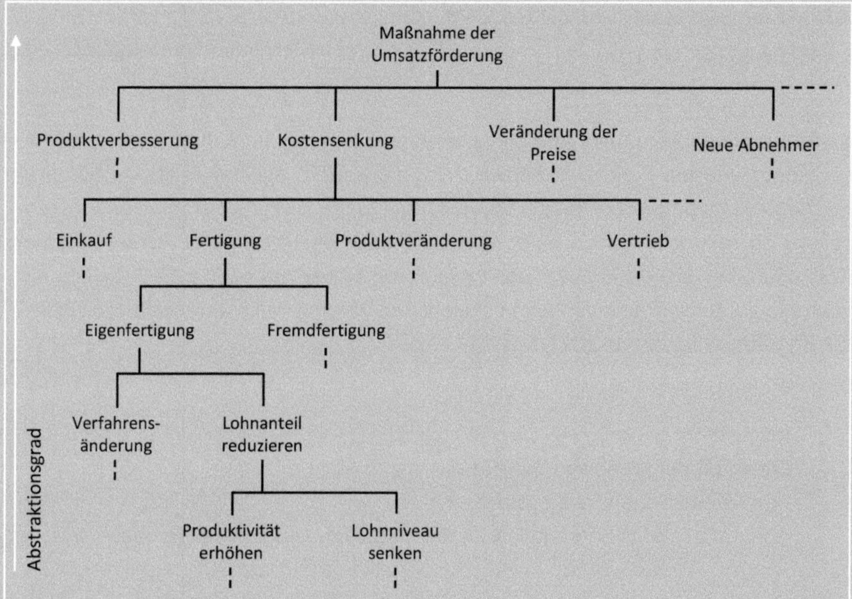

Abbildung 36: Beispiel eines Relevanzbaums
Quelle: SCHLICKSUPP (2004, S. 213)

5.2.2.2 Suchmethoden

Nachdem im vorherigen Abschnitt Methoden zur Unterstützung bei der Abstraktion vorgestellt wurden, wird in diesem Abschnitt auf Suchmethoden eingegangen. Dabei werden Methoden beschrieben, die eine Aktivierung von jeglichen Wissensbeständen unterstützen. Anders als bei der Abstraktion werden in dieser Phase bereits einige unterstützende Methoden in den entwickelten Vorgehensmodellen (siehe Kapitel 4.1) zur Verfügung gestellt. Allgemein kann dabei zwischen einer personenbasierten und einer medienbasierten Suche unterschieden werden (vgl. Kalogerakis et al. 2014, S. 22; Kalogerakis 2010, S. 37 ff.). Im Folgenden werden Methoden sowohl der personenbasierten als auch der medienbasierten Suche vorgestellt.

Personenbasierte Suche

Eine personenbasierte Suche kann entweder intern oder durch die Integration von externen Experten durchgeführt werden. Bei der internen personengebundenen Suche wird bei den bisher entwickelten Vorgehensmodellen meist auf einen internen Kreativworkshop in Form eines Brainstormings verwiesen (vgl. Kalogerakis et al. 2014, S. 23; Löffler 2009, S. 50). Bei der Integration von externen Experten werden in der Literatur Methoden wie Crowdsourcing, Knowledge Broker und Pyramid Networking beschrieben (vgl. Schulthess 2012, S. 64 ff.; Kalogerakis 2010, S. 46 ff.; Löffler 2009, S. 50). Im nachfolgenden Abschnitt werden die einzelnen Methoden kurz vorgestellt.

Die unterschiedlichen Ausprägungen eines Brainstormings im Rahmen eines **Kreativworkshops** wurden bereits im Kapitel 2.2.2 dargestellt. Allgemein ist das Ziel eines internen Kreativitätsworks, möglichst vielfältige Ideen zu der abstrahierten Problemstellung zu sammeln. Erst in einer späteren Phase des kreativen Prozesses werden diese Ideen bewertet und ausgewählt (vgl. Haberfellner et al. 2012, S. 375). Um dies zu erreichen, sollen folgende Regeln eingehalten werden (vgl. Vahs und Brem 2013, S. 280 ff.; Haberfellner et al. 2012, S. 375):

- Keine Kritik
- Quantität der Ideen vor Qualität
- Den Assoziationen freien Lauf lassen
- Aufgreifen und Weiterentwickeln der Ideen von anderen Teilnehmern

Wie bereits in Kapitel 2.3.2 beschrieben, können Stimuli eventuell auftretende Denkblockaden lösen. Deshalb ist eine Stimulierung durch z. B. Bilder aus anderen Bereichen im Rahmen eines Kreativworkshops sinnvoll (vgl. Silverstein et al. 2012, S. 147 ff.).

Durch die Integration externer Experten können zusätzliche Ideenimpulse von außen erzeugt und somit die Wissensbasis erhöht werden (vgl. Kalogerakis 2010, S. 46).

Das **Crowdsourcing** ist eine Methode, die externes Wissen in den Innovationsprozess integriert. Dabei wird die Wissensgenerierung und Problemlösung an externe Akteure ausgelagert. Die Problemstellung wird meist durch einen öffentlichen Aufruf auf einer Internetplattform größeren heterogenen Gruppen zugänglich gemacht (vgl. Gassmann 2013, S. 6). Der große Vorteil dieser Methode ist, dass durch die Heterogenität der Akteure die Problemstellung aus unterschiedlichen Blickwinkeln betrachtet wird und somit eine größere Anzahl an stark divergenten Ideen entstehen kann (vgl. Hammon und Hippner 2012, S. 163). Die Anwendung von Crowdsourcing zum Finden von analogen Bereichen wurde bereits mehrfach in Studien untersucht (Jeppesen und Lakhani 2010; Hirsig et al. 2009; Lakhani et al. 2007). Dabei wurde festgestellt, dass sich diese Methode besonders zur Identifikation von fernen Analogien eignet.

Ebenfalls kann durch einen **Knowledge Broker** auf externes Wissen zugegriffen werden. Knowledge Broker sind einzelne Personen oder Organisationen, die beim

Wissenstransfer zwischen unterschiedlichen Bereichen unterstützen (vgl. Meyer 2010, S. 118; Sverrisson 2001, S. 318 f.). Knowledge Broker nutzen ihre weitreichende Erfahrung aus ihren Tätigkeiten in verschiedenen Themenbereichen (vgl. Johri 2008, S. 8). Die Aufgabe des Knowledge Broker ist es, eine Verbindung zwischen dem Ziel und der Quelle einer Analogie herzustellen (vgl. Hargadon 2002, S. 46). Entscheidende Fähigkeiten eines Knowledge Brokers sind dabei ein Verständnis von unternehmerischem Denken und unterschiedlichen Kulturen sowie eine ausgeprägte Kommunikationsfähigkeit (vgl. Lomas 2007, S. 130). Durch den bereichsübergreifenden Wissenstransfer werden ebenfalls meist Innovationen basierend auf fernen Analogien erzeugt.

Eine weitere Methode zur Integration von externem Wissen ist das **Pyramid Networking**. Das Pyramid Networking wird bei der Lead User Forschung eingesetzt und beschreibt eine Vorgehensweise zum Identifizieren von unterschiedlichen Experten in einem bestimmten Themenbereich (Von Hippel et al. 1999, S. 49). Zu Beginn wird unternehmensintern nach dem Mitarbeiter mit der größten Expertise in dem betreffenden Fachbereich gesucht. Die Grundidee ist dabei, dass Experten sich grundsätzlich über Unternehmens- und Branchengrenzen hinweg mit anderen Experten in dem Themenbereich austauschen und somit Zugang zu einem persönlichen Netzwerk gewähren (vgl. Von Hippel et al. 2009, S. 1398). Über das Netzwerk des unternehmensinternen Experten können anschließend Experten aus anderen Bereichen kontaktiert werden, die sich mit ähnlichen Fragestellungen auseinandersetzen (vgl. Von Hippel et al. 2009, S. 1405; Prügl 2006, S. 14 f.). Abbildung 37 verdeutlicht die Vorgehensweise des Pyramid Networking und den damit verbundenen Wissenstransfer aus analogen Bereichen.

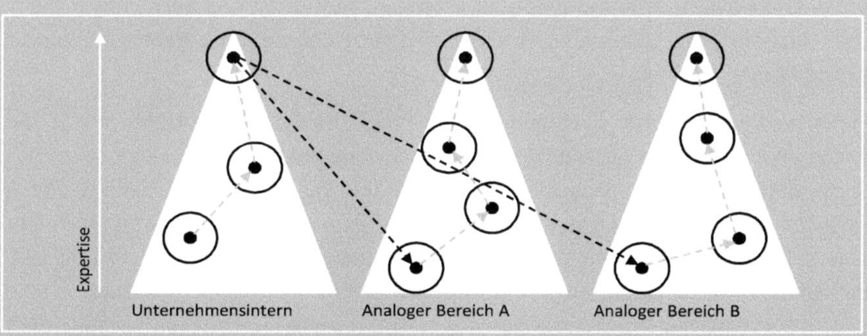

Abbildung 37: Vorgehensweise des Pyramid Networking
Quelle: Von Hippel et al. (1999, S. 50)

Medienbasierte Suche

Neben der vorgestellten personenbezogenen Suche können Analogien auch durch eine medienbasierte Suche identifiziert werden. Dazu stehen interne Wissensdatenbanken, Suchmaschinen im Internet und auch externe Kataloge und Datenbanken zur Verfügung (vgl. Schulthess 2012, S. 69; Kalogerakis 2010, S. 56 ff.).

Interne Wissensdatenbanken enthalten Informationen aus bisher durchgeführten Projekten. Ziel einer internen Wissensdatenbank ist es, im Unternehmen auf bereits entwickelte Lösungen schnell und einfach zugreifen und ähnliche Problemstellungen effizient lösen zu können (vgl. Hargadon 2002, S. 67). Der Nachteil dabei ist, dass der Wissenstransfer nur unternehmensintern erfolgt und somit häufig nur nahe Analogien generiert werden (vgl. Schulthess 2012, S. 70).

Neben den internen Wissensdatenbanken können zur Suche nach analogen Bereichen auch **externe Kataloge und Datenbanken** genutzt werden. Dabei werden Funktionsprinzipien aus der Natur oder Industrie aufgelistet. Die bekanntesten und umfangreichsten Konstruktionskataloge und Materialsammlungen mit Beispielen aus der Natur wurden von HILL (2005, 1999) und auch NACHTIGALL[11] (2010, 2005) erstellt (siehe Kapitel 4.1). Eine weitere Möglichkeit zur Suche nach analogen Bereichen sind TRIZ-Datenbanken. Die Grundidee stammt von Altschuller (2004), der durch seine entwickelte Methode Patente in Prinzipien untergliedert hat (vgl. Möhrle et al. 2014, S. 65; Hentschel et al. 2010, S. 25; Orloff 2006, S. 36). Durch seine umfassende Patentanalyse steht heutigen Nutzern dieser Datenbank ein großer Wissenspool zur Identifikation von Analogien zur Verfügung (vgl. Koltze und Souchkov 2011, S. 8; Orloff 2006, S. 138).

Externe Kataloge und Datenbanken sind eine schnelle und ressourcenschonende Vorgehensweise, um Innovationen zu erzeugen. Jedoch ist der Suchumfang meist stark begrenzt, weshalb eventuell nicht das ganze Innovationspotential ausgereizt werden kann.

Einen weitaus größeren Suchraum mit ebenfalls hohem Neuheitsgrad bietet die **Suche im Internet**. Die Auswahl des richtigen Suchbegriffs sowie die Eingrenzung des Suchumfangs ist dabei entscheidend (vgl. Ulrich und Eppinger 2012, S. 126). Geeignete Suchbegriffe können aus dem Ergebnis der Abstraktion (2) abgeleitet werden. Für eine Erweiterung des Suchfelds kann die Verwendung von Synonymen sinnvoll sein, da andere Bereiche ähnliche Lösungsprinzipien anders bezeichnen (vgl. Ellwein 2002, S. 30). Ein ähnlicher Effekt kann durch den Gebrauch von englischen Suchbegriffen

---

11 Erweiterung der Materialsammlung durch NACHTIGALL UND WISSER (2013) und NACHTIGALL UND POHL (2013)

erreicht werden. Für eine schnelle und zielgerichtete Suche kann der Suchumfang durch logische Verknüpfungen (Boolesche Operatoren) mit „OR, „AND“ und „NOT“ eingegrenzt werden (vgl. Babiak 2001, S. 123 ff.). Allgemein lässt sich daraus folgendes Vorgehen ableiten:

1. Geeignetes Suchmedium auswählen
2. Synonyme und/oder übersetzte Begriffe identifizieren
3. Suchanfragen durch Boolesche Operatoren kombinieren

Bei der Suche nach Analogien im Internet steht unter geringem Kostenaufwand eine wohl unbegrenzte Anzahl an Informationen zur Verfügung (vgl. Babiak 2001, S. 2, 16). Die Aufgabe besteht folglich in der Selektion und dem Zugang zu relevanten Informationen, da bei der Suche allein ein Abgleich von Suchbegriffen erfolgt (vgl. Ellwein 2002, S. 27 ff.). Eine Interpretation unterschiedlicher Bedeutungen von Bezeichnungen in anderen Branchen erfolgt nicht (vgl. Babiak 2001, S. 120).

5.2.3 Auswahl geeigneter Methoden

Nachdem sowohl Methoden zur Abstraktion als auch zur Suche nach Analogien vorgestellt wurden, erfolgt nun die Bewertung und Auswahl geeigneter Methoden für die beiden Phasen. Die Kriterien für die Bewertung und Auswahl der Methoden werden anhand der von den Praxisvertretern gestellten Anforderungen der Durchführung eines solchen Vorgehens abgeleitet (siehe Kapitel 5.2.1). Die Praxisvertreter forderten eine möglichst einfache und praktikable Methode, weshalb der Schwierigkeitsgrad der Methode als Auswahlkriterium herangezogen wird. Eine weitere Anforderung ist der ressourcenoptimierte Einsatz, weshalb die Faktoren Zeitaufwand und die Anzahl an benötigten Teilnehmern für eine sinnvolle Durchführung mit aufgenommen wurden. Ebenfalls wurde eine professionelle Unterstützung bei der Durchführung gewünscht. Diese Anforderung ist jedoch unabhängig von der Art der Methode, weshalb sie nicht als Kriterium für die Bewertung und Auswahl mit integriert wird. Damit ergeben sich für die Auswahl geeigneter Methoden folgende Kriterien, die in den nachfolgenden Abschnitten jeweils durch inhaltliche Kriterien ergänzt werden:

- Schwierigkeitsgrad
- Zeitaufwand
- Anzahl an notwendigen Teilnehmern

5.2.3.1 Auswahl Abstraktionsmethoden

In diesem Abschnitt werden die vorgestellten Abstraktionsmethoden bewertet und nachfolgend für die Integration in die Anwendung von Analogien für die Logistik ausgewählt. In Kapitel 5.2.2.1 wurden Methoden zur Abstraktion von Problemstellungen beschrieben. Hieraus ist ersichtlich, dass der Startpunkt der Bearbeitung bereits auf einem hohen Abstraktionsniveau liegen und durch die Anwendung der Methode ein höherer Detaillierungsgrad erzeugt werden kann. Da jedoch durch die Abstraktion eine Entfernung von dem ursprünglichen Problem erzielt werden soll, sind in dieser Phase der Anwendung von Analogien nur solche Methoden sinnvoll, die den Abstraktionsgrad erhöhen. Aus diesem Grund wird die „Erhöhung des Abstraktionsgrads" als Kriterium hinzugefügt. Da alle Methoden sowohl durch einen Einzelnen als auch im Team angewendet werden können (vgl. Schlicksupp 2004, S. 162; Backerra et al. 2002, S. 51), wird das Kriterium der Teilnehmerzahl bei der Auswahl nicht weiter berücksichtigt. Es wird allerdings empfohlen, die Methoden im Team durchzuführen, da somit auf ein größeres Wissensspektrum zurückgegriffen werden kann und auch die Fehlerwahrscheinlichkeit gesenkt wird. Um ein effizientes Vorgehen zu gewährleisten, ist bei der Bearbeitung im Team erfahrungsgemäß eine Moderation sinnvoll, weshalb bei den bisherigen Kriterien auch die Moderation für die Bewertung einbezogen wird. Eine Übersicht über die Bewertung der einzelnen Methoden anhand der abgeleiteten Kriterien zeigt Tabelle 14.

Methode	**Abstraktionsgrad**		**Zeitaufwand**	**Moderationsaufwand**	**Schwierigkeitsgrad**
	senken	**erhöhen**			
Black-Box		×	gering	gering	einfach
Hypothesen-Matrix	×		hoch	gering	mittel
KJ-Methode		×	hoch	hoch	mittel
Mind-Mapping	×		gering	hoch	mittel
Progressive Abstraktion		×	mittel	hoch	schwer
Relevanzbaum	×		hoch	mittel	mittel

Tabelle 14: Vergleich der Abstraktionsmethoden

Der direkte Vergleich der Abstraktionsmethoden zeigt, dass nur drei der Methoden den Abstraktionsgrad erhöhen. Die anderen drei (Hypothesen-Matrix, Mind-Mapping und Relevanzbaum) konfigurieren zwar auch unterschiedliche Abstraktionsebenen, jedoch liegt der Startpunkt üblicherweise in der obersten Abstraktionsstufe mit dem Problem. Da die Erhöhung der Abstraktion jedoch Ziel der methodischen Unterstützung ist, werden im weiteren Verlauf nur noch die Black-Box, KJ-Methode und Progressive Abstraktion betrachtet.

Von den drei nunmehr verbleibenden Methoden erscheint unter Berücksichtigung der vorgegebenen Kriterien die Black-Box-Methode am besten geeignet, da sie vergleichsweise einfach und mit geringem Zeitaufwand einzusetzen ist. Der Nachteil der Black-Box-Methode ist die reine Reduktion eines Systems auf die Ein- und Ausgangsgrößen. Im anschließenden Schritt wäre die Suche nach analogen Bereichen auf ähnliche Ein- und Ausgangsgrößen beschränkt. In der Phase der Abstraktion sollte jedoch der nachfolgende Suchradius erweitert werden, weshalb sich eine Beschränkung auf Ein- und Ausgangsgrößen negativ auf das spätere Suchergebnis auswirken kann. Die beiden übrigen Methoden (KJ-Methode und Progressive Abstraktion) sind nicht in dieser Weise limitiert, weshalb alle weiteren Überlegungen nur noch ihnen gelten.

Sowohl die KJ-Methode als auch die progressive Abstraktion sind durch unterschiedliche Vor- und Nachteile gekennzeichnet. Der Zeitaufwand der KJ-Methode ist höher als der Aufwand bei der Anwendung der progressiven Abstraktion. Bei der progressiven Abstraktion hingegen wird ein höheres Methodenwissen von den Teilnehmern verlangt. Grundsätzlich eignen sich beide Methoden. Zu bedenken sind jedoch die Ergebnisse sowohl hinsichtlich der ersten Forschungsfrage (Kapitel 3.2.4.4) als auch aus dem Workshop zu den Anforderungen, dass in der Logistikbranche Methodenkenntnisse fehlen. Deshalb ist davon auszugehen, dass die KJ-Methode für Logistiker besser geeignet ist als die progressive Abstraktion.

5.2.3.2 Auswahl Suchmethoden

Für die Bewertung der Methoden zur Suche nach Analogien (siehe Kapitel 5.2.2.2) werden ähnlich wie bei den Abstraktionsmethoden die abgeleiteten Kriterien aus dem Workshop herangezogen (siehe Kapitel 5.2.3). Zusätzlich zu diesen drei Kriterien wird noch das Kriterium „Suchradius“ hinzugefügt, um die mögliche Distanz bei der Suche zwischen Ziel- und gefundenem Quellbereich zu messen. Der große Suchradius bietet ein hohes Potential zur Generierung von radikalen Innovationen (siehe Kapitel 2.3.1). Insgesamt werden bei dieser Auswahl vier Kriterien berücksichtigt (siehe Tabelle 15).

Methode	Zeitaufwand	Personal-aufwand	Schwierig-keitsgrad	Suchradius
Personenbasierte Suche				
Interner Workshop	mittel	mittel	mittel	mittel
Crowdsourcing	hoch	hoch	schwer	groß
Knowledge Broker	gering	gering	einfach	groß
Pyramid Networking	mittel	mittel	mittel	groß
Medienbasierte Suche				
Interne Datenbank	gering	gering	einfach	klein
Externe Datenbank	mittel	gering	mittel	mittel
Internet	mittel	gering	mittel	groß

Tabelle 15: Vergleich der Suchmethoden

Beim Vergleich der einzelnen Methoden miteinander fällt auf, dass sich der Knowledge Broker allgemein sehr gut für die Suche nach Analogien eignet. Sowohl der unternehmensinterne zeitliche und personelle Aufwand als auch die benötigten Methodenkenntnisse sind als gering einzustufen, da durch den Knowledge Broker die Suche vollständig an andere ausgelagert wird. Er bietet ebenso einen großen Suchradius durch sein Netzwerk. Ähnlich groß ist der Suchradius bei den beiden anderen Methoden zur Integration von externen Experten (Crowdsourcing und Pyramid Networking). Der benötigte unternehmensinterne Ressourcenaufwand (Zeit und Personal) erweist sich hier jedoch höher als beim Knowledge Broker, da keine vollständige Fremdvergabe der Suche erfolgt.

Allerdings ist das Ziel des zu entwickelnden Vorgehens, dass den Logistikunternehmen eine weitestgehend eigenständige Suche nach Analogien ermöglicht wird. Eine vollständige Auslagerung der Suche an Externe wird deshalb als nicht wünschenswert betrachtet. Aus diesem Grund werden diese Methoden vor allem als Ergänzung zum hier entwickelten Vorgehen gesehen. Demnach verbleiben zur Auswahl der interne Workshop und die Methoden der medienbasierten Suche.

Bei der medienbasierten Suche ist der notwendige Ressourceneinsatz deutlich geringer als bei einem internen Workshop, da die Suche auch mit geringem personellem Aufwand durchgeführt werden kann. Am einfachsten ist die Suche in internen Datenbanken, da sofort das unternehmensinterne Vokabular verwendet werden kann. Anders verhält sich dies bei externen Datenbanken und dem Internet. Bei der Nutzung dieser Medien muss meist eine Übersetzung der jeweiligen Begrifflichkeiten erfolgen, weshalb diese Suchmethoden in einen mittleren Schwierigkeitsgrad einzustufen sind. Dafür ist der Suchradius des Internets im Vergleich zu den Datenbanken wesentlich größer. Speziell unternehmensinterne Datenbanken fördern meist nur inkrementelle Innovationen.

Der Suchradius eines internen Workshops ist abhängig von der Zusammensetzung des Teams. Im Normalfall weist ein heterogenes Team im Vergleich zu den anderen Methoden einen mittleren Suchradius auf. Für die Durchführung eines internen Workshops sind mittlere methodische Kenntnisse notwendig, da beispielsweise eine Vorbereitung der Durchführung oder auch eine Moderation währenddessen notwendig ist.

Zusammenfassend zeigt sich, dass sich bei der Suche nach analogen Bereichen keine alleingültige Aussage für bzw. gegen eine bestimmte Methode treffen lässt. Jede Methode hat ihre Stärken und Schwächen. Je nach methodischen Vorkenntnissen, Zielsetzungen (radikale oder inkrementelle Innovationen) oder den zur Verfügung stehenden Ressourcen können unterschiedliche Methoden sinnvoll eingesetzt werden. Auch die Methoden zur Integration von externen Experten eignen sich grundsätzlich zur Analogiesuche, jedoch entstehen durch die Auslagerung der Suche externe Kosten, die bei der Entscheidung berücksichtigt werden müssen.

5.2.4 Pilotanwendung der entwickelten Methodik

Unter der Zielsetzung einer Best Practice bildet die Pilotanwendung durch die Praxis einen wichtigen Schwerpunkt in der Entwicklung der Methodik. Dazu wendeten sequentiell drei unterschiedliche Gruppen im Rahmen von Workshops und Projektarbeiten die ausgewählten Methoden an. Nach jeder Durchführung wurden die Erfahrungen der Gruppen bei der Anwendung festgehalten und es erfolgte eine anschließende Anpassung, um die Methodik sukzessive zu optimieren. Abschließend erfolgte eine Evaluation der Methodik im Rahmen eines Workshops mit Industrievertretern (siehe Kapitel 5.2.6).

Zur Erzeugung von qualitativ hochwertigeren Ergebnissen bei beschränktem zeitlichem Aufwand der Teilnehmer der einzelnen Gruppen erfolgte eine Fokussierung. So bearbeiteten beispielsweise Gruppen nur einzelne Teilbereiche wie die Suche nach Analogien, oder es wurde ein Schwerpunkt auf einzelne Methoden gelegt. Die gesamte Pilotanwendung der entwickelten Methodik fand zwischen Januar 2013 und Juli 2013 statt. Zur Vorbereitung, wurden die Teilnehmer in die Thematik der Analogien anhand von Informationsmaterialien und durch einen Vortrag eingeführt. Während des Prozesses stand den Teilnehmern ein Ansprechpartner für Rückfragen oder methodische Unterstützung zur Seite.

In den nachfolgenden Abschnitten werden die Teamzusammensetzung, die Aufgabenstellung und auch die Erkenntnisse bei der Durchführung der Workshops und Projektarbeiten erläutert.

5.2.4.1 Pilotanwendung durch Gruppe A

Die Gruppe A setzte sich aus fünf wissenschaftlichen Mitarbeitern der Fachbereiche Logistik und Innovationsmanagement zusammen. Als Ausgangssituation wurde eine Problemstellung aus den Interviews mit Logistikern (siehe Kapitel 5.3.1) übernommen. Das interviewte Unternehmen verwendet beim Versand von Ware Aufsatzrahmen aus Holz für eine Palette, um die Ware zusätzlich zu schützen und eine höhere Packungsdichte zu erreichen. Die Problemstellung befasst sich mit der Rückführung der Aufsatzrahmen. Zum einen entstehen bei diesem Vorgang Kosten, die der Kunde nicht bereit ist zu tragen. Zum anderen sind die Aufsatzrahmen schlecht stapelbar und ragen zusammengeklappt über die normale Palettenbegrenzung hinaus.

Im ersten Schritt erfolgte die Abstraktion anhand der progressiven Abstraktion. Durch die Frage „Worauf kommt es eigentlich an?“ lösten sich die Teilnehmer schrittweise von dem ursprünglichen Problem. Im Folgeschritt wurden abstrakte Begriffe gebildet.

Im direkten Anschluss daran wurden analoge Bereiche für die abstrakten Begriffe gesucht. Dazu wurde ein Kreativworkshop mit visuellen Stimuli durchgeführt. Durch diese Stimuli konnten Denkblockaden überwunden werden, indem vorbereitete Bilder aus logistisch nahen und auch fernen Bereichen gezeigt wurden.

Naturgemäß weisen in Bezug auf die Logistik andere Verkehrsträger und andere (verwandte) Logistikbranchen eine geringe Analogiedistanz auf. Ein Beispiel dafür ist eine Problemstellung im Bereich des Landtransports im Automobilsektor. Nahe Analogien konnten somit im See- und Luftverkehr oder in einem anderen Logistiksektor im Bereich Transport/Fracht entdeckt werden. Ferne Analogien unterteilen sich in die Bionik und industrieübergreifend (siehe Kapitel 2.3.1). Eine weitere Differenzierung kann in Organisationsbionik und technische Bionik bzw. Dienstleistungen und Industrie erfolgen (siehe Abbildung 38).

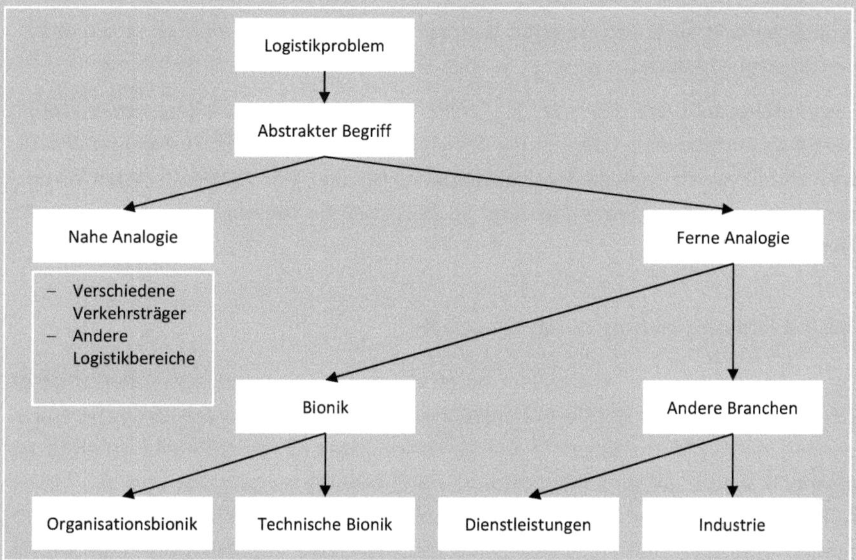

Abbildung 38: Nahe und ferne analoge Bereiche der Logistik

Eine durch den Workshop erzeugte Lösung befasst sich mit der Verwendung eines Aufsatzrahmens aus Pappe anstelle von Holz. Dadurch kann der Aufsatzrahmen nach Gebrauch umweltfreundlich beim Kunden entsorgt werden und eine Rückführung wäre damit nicht notwendig.

Insgesamt wurden in diesem Workshop nur vier inkrementelle Lösungsideen generiert. In der Reflexionsphase begründeten die Teilnehmer dies mit einer zu starken Fixierung auf die ursprüngliche Problemstellung. Tatsächlich hatten sie überwiegend versucht, direkt Lösungsideen zu entwickeln, ohne dabei mit den abstrakten Begriffen in den vorgeschlagenen Bereichen zu operieren. Hieraus resultierte die Erkenntnis, dies in zukünftigen Kreativworkshops durch eine längere Inkubationsphase zu vermeiden. Ebenfalls können die Teilnehmer so ausgetauscht werden, dass die Suchmethoden und die Abstraktionsmethoden von jeweils anderen Personen angewendet werden. Dadurch würden bei der Suche nach Analogien nur die abstrakten Begriffe zur Verfügung stehen und es wären somit kaum Rückschlüsse auf das ursprüngliche Problem möglich. Erst bei der Ideenauswahl würden dann die tatsächlichen analogen Bereiche zusammengeführt werden.

Weiterhin wurde der Wunsch nach einer stärkeren methodischen Unterstützung in den einzelnen Schritten umgesetzt. Besonders bei der Abstraktion war den Teilnehmern das Ziel dieser Phase unklar. Um dies zu vermeiden, eignet sich die Veranschaulichung anhand eines fachfremden Beispiels. Den Anwendern werden so die einzelnen Schritte und auch die zu erreichenden Ergebnisse transparent dargestellt.

Zusammengefasst wurden mit der ersten praktischen Anwendung sowohl beim Ablauf als auch bei der Aufbereitung der Methoden noch Schwachstellen identifiziert, weshalb nur wenig analoge Bereiche gefunden wurden. Die vorgeschlagenen Verbesserungen wurden aufgenommen und im Nachgang für die folgenden zwei Gruppen bereits umgesetzt.

5.2.4.2 Pilotanwendung durch Gruppe B

Die zweite Gruppe von Anwendern bestand aus 25 Studierenden des Studiengangs Logistik und Mobilität der Technischen Universität Hamburg. Diese 25 Studierenden wurden in neun Teams eingeteilt. Die Bearbeitungszeit der gesamten Anwendung der Methodik wurde auf einen Zeitraum von drei Monate ausgeweitet und in einzelne Aufgabenpakete unterteilt. Weiterhin wurden bei einigen Gruppen die zu bearbeitenden logistischen Problemstellungen verändert, sodass beispielsweise Team A nicht seine eigenen abstrakten Begriffe für die Suche nach analogen Bereichen verwendete, sondern die von Team B und umgekehrt (siehe Abbildung 39).

Die erste Aufgabe beschäftigte sich mit der Recherche zu den einzelnen Abstraktionsmethoden, um sich mit der Thematik bzw. der Methode des Abstrahierens vertraut zu machen. Die Ergebnisse der Recherche wurden in Kurzpräsentationen allen anderen Teams vorgetragen und diskutiert, um ein gruppenübergreifend einheitliches Verständnis zu erhalten und eventuelle Wissensdefizite einzelner Teams auszugleichen.

Für die Bearbeitung des nächsten Meilensteins wurden die Studierenden mit logistischen Problemstellungen aus den durchgeführten Interviews konfrontiert (siehe Kapitel 5.3.1). Jeweils drei Gruppen erhielten dieselben sechs Logistikprobleme, die methodisch angeleitet abstrahiert wurden. Zusätzlich wurde ein Beispiel aus dem Sportbereich aufbereitet, an dem das Vorgehen und die Teilergebnisse der Anwendung von Analogien aufgezeigt wurden. Die Präsentation der abstrakten Begriffe erfolgte im Anschluss nur vor den Teams, die sich mit denselben Logistikproblemen befasst hatten. Dadurch wurde vermieden, dass Teams beim anschließenden Wechsel des zu bearbeitenden Bereichs (z. B. Team 4) Rückschlüsse auf die ursprüngliche Problemstellung ziehen konnten.

Im letzten Schritt wurden die von den einzelnen Teams generierten abstrakten Begriffe zu den ursprünglichen Problemstellungen zusammengefasst, um eine einheitliche Ausgangssituation herzustellen. Die Aufgabe bestand nun in der Suche nach Analogien in vier unterschiedlichen Bereichen. Als Methoden wurden ein teaminterner

Kreativworkshop, Interviews mit Experten aus anderen Bereichen und eine medienbasierte Suche vorgeschlagen. Ziel war es, Bereiche zu identifizieren, in denen die abstrakten Begriffe von Relevanz sind. Anschließend erfolgte die beispielhafte Übertragung eines Lösungsprinzips aus einem gefundenen analogen Bereich auf die Logistik.

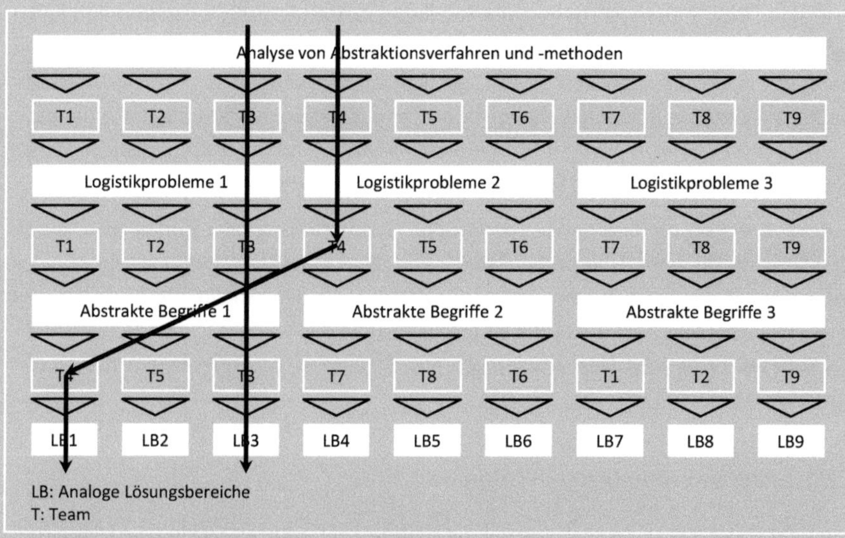

Abbildung 39: Vorgehensweise der Gruppe B

Gruppe B identifizierte eine große Anzahl[12] an analogen Bereichen für die Logistik. Beispielsweise wurde für die Verringerung von Leerfahrten der analoge Bereich des „Blind Bookings" aus der Tourismusbranche aufgeführt. Reiseveranstalter vergeben dabei zu stark reduzierten Preisen Restplätze ohne den Kunden vor der Buchung über das exakte Reiseziel oder Hotel zu informieren, um die Auslastung der vorhandenen Kapazität zu optimieren. Dieses Prinzip könnte in abgewandelter Form zur Verringerung von Leerfahren übertragen werden. Andere Analogien wurden z. B. in der Automobilbranche, im Gesundheitswesen oder Baugewerbe gefunden.

Durch die vorab intensive Recherche zu den einzelnen Abstraktionsmethoden konnte das Defizit der Gruppe A ausgeglichen werden. Auch die Veranschaulichung der zu erreichenden Teilziele anhand eines Beispiels der Anwendung von Analogien im

12 Durchschnittlich 18 analoge Bereich je Team

Sportbereich wurde positiv bewertet. Es konnte kein signifikanter Unterschied der Ergebnisse der Teams, die die progressive Abstraktion oder die KJ-Methode gewählt hatten, festgestellt werden.

Bei der Suche nach analogen Bereichen wurden nach Aussagen der Teams die vielversprechensten Analogien durch ein Interview mit Experten aus anderen Bereichen eruiert. Begründet wurde dies mit der Fachfremdheit der Experten, die mit den abstrakten Begriffen in ihrem eigenen Fachbereich nach Lösungen suchten und keine logistischen Rückschlüsse durchführten. Ebenfalls gute Ergebnisse wurden mit dem teaminternen Kreativworkshop erzielt. Hinsichtlich der medienbasierten Suche wurde meist eine negative Rückmeldung von den Teams gegeben. Als Gründe dafür nannten die Teilnehmer eine zu große Informationsfülle in Verbindung mit für manche Bereiche ungeeigneten abstrakten Suchbegriffen.

Insgesamt waren die Ergebnisse der Gruppe B zufriedenstellend und zeigten durch teilweise interessante Übertagungsideen von analogen Bereichen auf die Logistik erneut das große Potential der Anwendung von Analogien. Stichhaltige Aussagen zu dem Effekt des Wechselns des Problembereichs für die Suche mit abstrakten Begriffen konnten nicht getroffen werden, da das allgemeine Leistungsniveau der Teams stark divergierte.

5.2.4.3 Pilotanwendung durch Gruppe C

Angeregt durch die schlechte Beurteilung der medienbasierten Suche wurde in Gruppe C ein Fokus auf diesen Bereich gelegt. Zwei Studierende der Fachrichtung Internationales Wirtschaftsingenieurwesen erhielten die Aufgabe, mit vorgegebenen Begriffen in unterschiedlichen externen Datenbanken und über Suchmaschinen (Internet) nach Analogien zu suchen. Besonders bei der Recherche über Suchmaschinen im Internet wurden auch Synonyme und englische Begriffe verwendet. Der Bearbeitungszeitraum der Recherche erstreckte sich über vier Monate. Als Vorbereitung wurde eine allgemeine Recherche zur Anwendung von Analogien durchgeführt. Die verwendeten abstrakten Begriffe stammten aus dem bis dahin bereits entwickelten Analogiennetzwerk (siehe Kapitel 5.3.1).

Das Ergebnis der medienbasierten Suche sind insgesamt 65 Analogien. Der überwiegende Teil der Analogien (53) hat seinen Ursprung in der Natur und resultiert hauptsächlich aus bionischen Katalogen[13]. Interessanterweise wurden nur zwölf industrieübergreifende Analogien identifiziert. Beispielsweise sind die Wärmeregulierung in den Bienenwaben, das Herz-Kreislauf-System des Menschen und Fell von Säugetiere

---

13 HILL (2005, 1999), NACHTIGALL UND WISSER (2013) und NACHTIGALL UND POHL (2013)

(siehe Anhang VI) interessante analoge Lösungsansätze, um Wärmeschwankungen während des Transports bei temperaturempfindlicher Ware zu verringern.

In der Reflexionsphase zeigte sich als Begründung für das Ungleichgewicht von bionischen zu industrieübergreifenden Analogien, dass sich die Suche in bionischen Katalogen leichter gestaltet als per offener Suchmaschine. Dies erscheint schlüssig, da bionische Kataloge meist für die Anwendung der Analogiesuche durch externe Systeme (Experten und Programme) aufbereitet sind. Wie oben schon genauer ausgeführt, bedarf die Recherche per offener Suchmaschine aufgrund der zur Verfügung stehenden Informationsmenge bestimmter Kompetenzen. Hierzu gehören vor allem die systematische Auswahl an geeigneten Suchbegriffen (siehe Kapitel 5.2.2.2 und 5.2.4.2).

Zusammenfassend zeigt sich sowohl in der Literatur als auch durch die gesammelte Praxiserfahrung, dass eine effiziente und effektive medienbasierte Suche anspruchsvoll, aber gut möglich ist. Die Qualität und insbesondere die Quantität der gefundenen Analogien sind bei der personenbasierten Suche deutlich höher als bei den medienbasierten Suchen einzustufen.

5.2.5 Ergebnis der Entwicklung der Methodik

Die Entwicklung der Methodik zur Anwendung von Analogien für Problemstellungen der Logistik konnte methodisch systematisch in drei Gruppen durchgeführt werden. Hierbei wurden zunächst Anforderungen im Rahmen eines Workshops mit Logistikern aufgenommen. Die anschließende Recherche nach im Analogieprozess unterstützenden Methoden konzentrierte sich auf die beiden elementaren Phasen der Abstraktion und Suche. In den anderen Phasen kann auf etablierte Methoden aus der klassischen Produktentwicklung zurückgegriffen werden (siehe Kapitel 2.2.2). Die Selektion von geeigneten unterstützenden Methoden erfolgte anhand von Kriterien, die aus den ermittelten Anforderungen abgeleitet wurden. Abschließend wurde die Methodik durch drei unterschiedliche Gruppen getestet und weiter optimiert.

Zur Abstraktion der Probleme haben sich die KJ-Methode und die progressive Abstraktion als geeignet herausgestellt. Im Ergebnis zeigt sich, dass die KJ-Methode im Vergleich zur progressiven Abstraktion einen höheren Zeitaufwand benötigt. Die progressive Abstraktion wird hingegen als schwieriger in der Anwendung eingeschätzt (siehe Kapitel 5.2.3.1). Demnach kann je nach dem zur Verfügung stehenden zeitlichen Spielraum und auch je nach den methodischen Vorkenntnissen der Anwender sowohl die eine als auch die andere Methode als geeigneter empfunden werden.

Im nächsten Schritt stehen dem Anwender personen- und medienbasierte Suchmethoden zur Auswahl. Bei der personenbasierten Suche wurden in den jeweiligen

Gruppen deutlich bessere Ergebnisse erzielt als bei einer medienbasierten Suche. Die involvierten Personen übersetzen eigenständig die Suchbegriffe in die jeweilige branchenspezifische Sprache und filtern relevante Informationen, bevor sie diese als Input für die Gruppe zur Verfügung stellen. Bei der medienbasierten Suche erfolgt im Zweifel nur ein Abgleich von eingegebenen Suchbegriffen. Eine sinnvolle Filterung der Suchergebnisse erweist sich meist als schwierig. Aufgrund dieser Erkenntnisse wird von einer rein medienbasierten Suche abgeraten und diese nur als Ergänzung zu einer personenbasierten Suche empfohlen. Wegen des geringeren Ressourceneinsatzes (Anforderung aus der Praxis) sollte mit einem internen Kreativworkshop begonnen werden. Falls das erzielte Ergebnis nicht den Erwartungen entspricht, kann das Suchfeld durch die Integration von externen Experten erweitert werden.

In den anderen Phasen der Anwendung von Analogien kann auf bisher erprobte Methoden aus dem klassischen Innovationsmanagement zurückgegriffen werden. Ergänzend zu den bisherigen fünf Phasen (siehe Kapitel 4.1.16) ist ein vorgelagerter Schritt (0) sinnvoll, der den Prozess durch die Identifikation eines Problems auslösen soll (siehe Abbildung 40). In dieser vorgelagerten Phase können beispielsweise durch Befragungen von Kunden und Mitarbeitern, durch ein Vorschlagswesen oder Beschwerdemanagement Probleme ermittelt werden (vgl. Haberfellner et al. 2012, S. 370 f.; Winckler-Ruß 2010, S. 333). Zur detaillierteren Analyse des Problems kann die 6-W-Methode, ein Fischgräten-Diagramm oder ein Struktur- und Ablaufdiagramm verwendet werden (vgl. Winckler-Ruß 2010, S. 333 f.; Lindemann 2009, S. 320). Bei der Auswahl geeigneter Analogien steht eine Nutzwertanalyse, ein paarweiser Vergleich oder auch ein Kriterienplan zur Verfügung (vgl. Haberfellner et al. 2012, S. 371; Winckler-Ruß 2010, S. 337; Lindemann 2009, S. 289). Auch das Vorgehen von Rechenberg (2013) ist in dieser Phase des Analogieprozesses geeignet (siehe Kapitel 4.1). Die Übertragung und Umsetzung der Analogie kann beispielsweise durch einen Maßnahmenkatalog oder eine Balanced Scorecard unterstützt werden (vgl. Wildemann 2010, S. 395; Wittmann et al. 2006, S. 120).

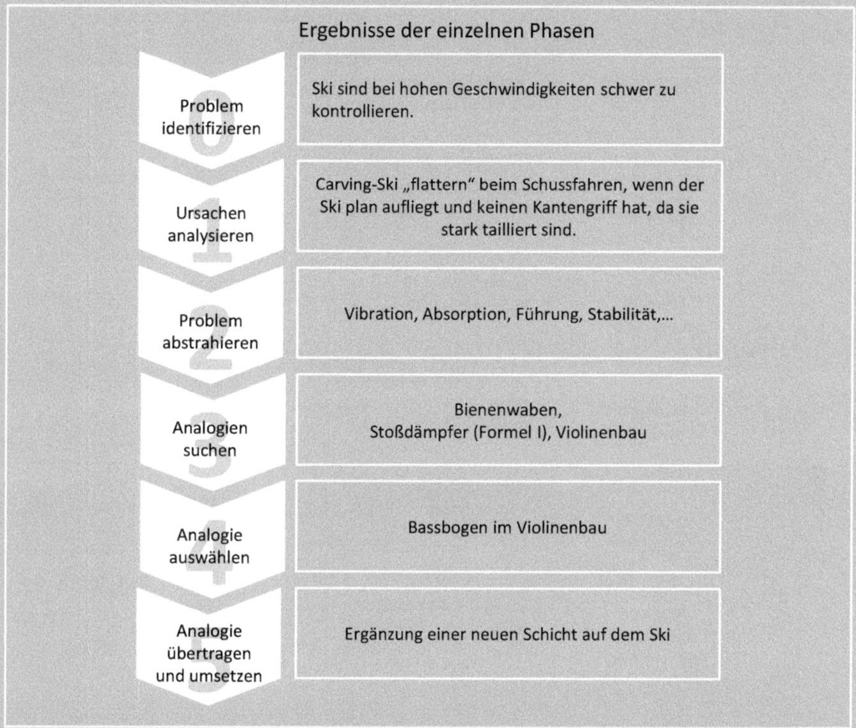

Abbildung 40: Anwendung von Analogien am Beispiel der Sportindustrie

5.2.6 Evaluation der entwickelten Methodik

Nach der Entwicklung der Methodik, erfolgte die Evaluation durch Industrievertreter wiederum im Rahmen eines Workshops. Dazu wurden sieben Logistiker und vier Wissenschaftler aus dem Bereich Logistik und Innovationsmanagement eingeladen.

Ziel war es, analoge Lösungsideen zu einer vorgegebenen logistischen Problemstellung zu identifizieren. Der Workshop begann mit einer Einführung in das Thema Analogiebildung und die Methoden zur Suche nach Analogien. Zur detaillierten Beschreibung wurde ähnlich wie bei Gruppe B die Methodik anhand eines Analogiebeispiels aus der Sportindustrie erklärt (siehe Abbildung 41). Aufgrund der zeitlich begrenzten Teilnahmemöglichkeit der Industrievertreter konnten nicht alle ausgewählten Methoden verwendet werden.

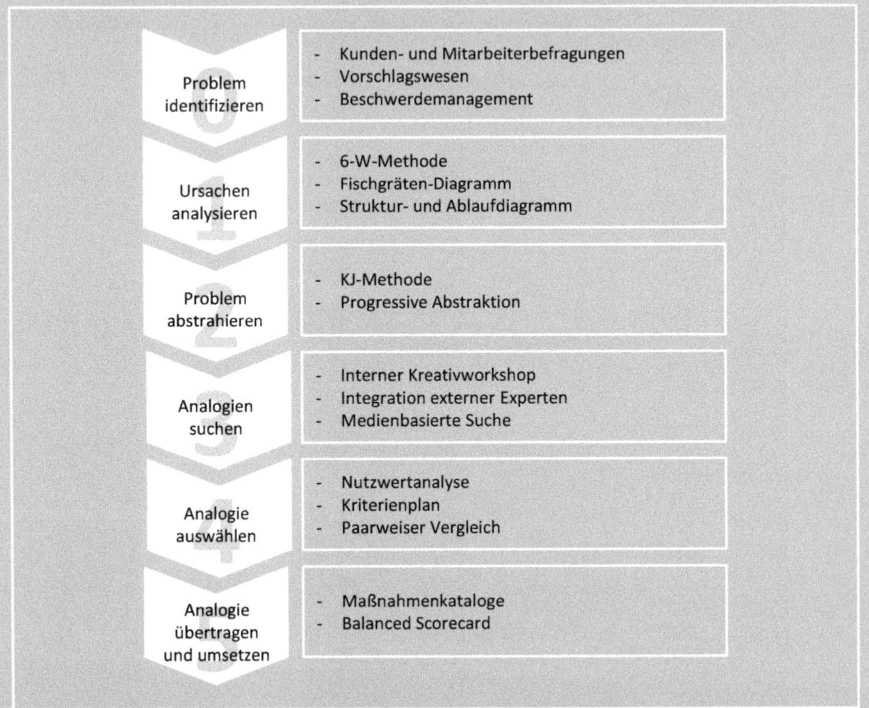

Abbildung 41: Darstellung des entwickelten Vorgehens der Anwendung von Analogien in der Logistik

Als sinnvolle Arbeitspakete im Rahmen des Workshops wurde eine kurze Ursachendefinition des Logistikproblems, eine Abstraktion mit anschließender Analogiesuche mit visuellen Stimuli (Kreativworkshop) vorgegeben. Die Ursachendefinition diente der gemeinsamen Verständnisgundlage der Problemstellung. Aufbauend auf diesen Arbeitsschritt wurde die Problemstellung abstrahiert. Bei der Suche nach analogen Bereichen durch visuelle Stimuli wurden den Teilnehmern Bilder aus der Natur und aus anderen Branchen gezeigt. Die Teilnehmer wurden aufgefordert, sich in die einzelnen Bereiche hineinzudenken und anhand der abstrakten Begriffe dort Analogien zu identifizieren. Eine medienbasierte Suche und auch die Integration von fachfremden Experten wurden aufgrund der zeitlichen Beschränkung nicht durchgeführt.

Im Rahmen des Workshops wurden auf diese Weise 45 analoge Bereiche für das ursprüngliche logistische Problem identifiziert. 13 davon stammen aus der Natur und 32 sind industrieübergreifend. Beispielsweise wurde gegen das Verrutschen von

Ware während des Transports über den abstrakten Begriff Sicherheit Analgien aus der Automobilbranche gefunden. Sicherheitssysteme wie Airbag oder Gurte wurden in diesem Zusammenhang genannt.

Die Rückmeldung der Teilnehmer über die entwickelte Methodik war durchweg positiv. Besonders wurde hervorgehoben, wie schnell ganz unterschiedliche Lösungsansätze durch die systematische Anwendung von Analogien aufgezeigt werden können. Schwierigkeiten bereitete den Teilnehmern das Hineindenken in andere Bereiche, mit denen sie weder im beruflichen noch privaten Kontext signifikante Berührungspunkte aufweisen können. Genau in diesem Punkt setzt die Integration von Experten aus anderen Bereichen an.

5.3 Entwicklung des Analogienetzwerks[14]

Parallel zur Entwicklung der Methodik zur Anwendung von Analogien in der Logistik wurde ein Analogienetzwerk entwickelt. Ziel war die Verknüpfung von logistischen Problemstellungen über abstrakte Begriffe mit analogen Lösungsbereichen. Durch das Analogienetzwerk können Logistiker schnell, ressourcenschonend und mit nur geringen methodischen Kenntnissen analoge Bereiche für ihre spezifische Problemstellung identifizieren.

In den nachfolgenden Abschnitten werden typische Logistikprobleme ermittelt, abstrahiert und anschließend mit analogen Bereichen verknüpft. Als Ergebnis entsteht ein Analogienetzwerk, das die Logistiker effizient Lösungsideen generieren lässt.

5.3.1 Identifikation von Logistikproblemen

Als Ausgangsbasis für die Entwicklung eines logistischen Analogienetzwerks wurden im ersten Schritt Logistikprobleme ermittelt. Zu diesem Zweck wurden im Rahmen des empirisch qualitativen Ansatz leitfadengestützte Experteninterviews durchgeführt, da durch die offene Fragestellung möglichst vielfältige Informationen zu einem

14 Die Ergebnisse in diesem Kapitel entstanden im Rahmen des IGF-Vorhabens DIA.log (426 ZN) der Forschungsvereinigung Bundesvereinigung Logistik e.V. - BVL, Schlachte 31, 28195 Bremen an der Technischen Universität Hamburg und wird über die Arbeitsgemeinschaft industrieller Forschungsvereinigungen „Otto von Guericke" (AiF) e. V. im Rahmen des Programms zur Förderung der industriellen Gemeinschaftsforschung und -entwicklung (IGF) vom Bundesministerium für Wirtschaft und Technologie aufgrund eines Beschlusses des Deutschen Bundestages gefördert. Teilergebnisse wurden bereits in einem Abschlussbericht vorab veröffentlicht (Kersten et al. 2014).

komplexen Themengebiet gesammelt werden können (vgl. Bogner und Menz 2009, S. 64; Bortz und Döring 2006, S. 314). Die Struktur des Leitfadens diente bei den Interviews lediglich als Orientierungshilfe und erleichterte die anschließende Auswertung (vgl. Meuser und Nagel 2009, S. 472; Bortz und Döring 2006, S. 314).

In den nachfolgenden Abschnitten wird das Vorgehen bei der Identifikation von Logistikproblemen detaillierter erläutert. Dabei wird zunächst auf die Erstellung eines Interviewleitfadens und die Zusammensetzung des Samples eingegangen. Die Ergebnisse der qualitativen Interviews werden am Ende des Kapitels zu Durchführung und Auswertung vorgestellt. Das Vorgehen bei der Durchführung sowie der anschließenden Auswertung der Interviews orientiert sich an der ersten qualitativen Erhebung (siehe Kapitel 3.2.2).

5.3.1.1 Erstellung des Interviewleitfadens

Ähnlich wie in Kapitel 3.2.2.1 dargelegt wurde ein Leitfaden für die Durchführung der Interviews entwickelt, in dem alle relevanten Themengebiete abgedeckt sind. Dazu wurde der Interviewleitfaden in vier Teilbereiche gegliedert (siehe Abbildung 42).

Das Interview begann mit einer Begrüßung und kurzen Vorstellung, bei der auch unternehmensbezogene Daten erhoben wurden. Ebenfalls wurde in diesem Abschnitt die Zielsetzung des Interviews erläutert.

Der Einstieg in das Thema erfolgte über allgemeine Fragen zum Thema Innovationen und die Etablierung eines Innovationsprozesses im Unternehmen. Diese Fragen wurden in den Leitfaden integriert, um das Sample der ersten Umfrage systematisch zu erweitern (siehe Kapitel 3.2.2). Die Ergebnisse aus dem Grundlagenteil des Fragebogens wurden bereits im Kapitel 3.2.4 vorgestellt und werden im weiteren Verlauf dieser Arbeit nicht erneut behandelt.

Im Hauptteil wurde nach dem zukünftigen Innovationsbedarf im Unternehmen gefragt. Dabei wurden in den drei Kernleistungen der Logistik (Transport, Lager und Umschlag) sowohl nach Verbesserungen in den Prozessen als auch nach technischem Änderungsbedarf gefragt. Ergänzend zu den Kernleistungen wurde auch nach bestehenden Problemen im Bereich Dienstleistungsqualität und Kundenkontakt gefragt.

Am Ende des Interviews wurde allgemein nach den größten Herausforderungen im Unternehmen in den nächsten drei Jahren und in einem Zeithorizont von 10 – 20 Jahren gefragt. Weiterhin wurden mit den Teilnehmern noch offene Punkte diskutiert und das weitere Vorgehen der Studie erklärt. Eine detaillierte Auflistung der einzelnen Fragen befindet sich im Anhang IV.

Einführung	– Begrüßung und Vorstellung – Erläuterung der Zielsetzung des Interviews – Unternehmensbezogener Daten
Grundlagen	– Innovationen in der Logistik – Innovationsmanagement in der Logistik
Hauptteil	– Verbesserungsbedarf beim Transport – Verbesserungsbedarf beim Umschlag – Verbesserungsbedarf im Lager – Verbesserungsbedarf bei der Dienstleistungsqualität – Verbesserungsbedarf beim Kundenkontakt
Abschluss	– Zukünftige Herausforderungen – Offene Punkte – Verabschiedung

Abbildung 42: Aufbau des Interviewleitfadens zur Ermittlung von Logistikproblemen

5.3.1.2 Zusammensetzung des Samples

Die Zusammensetzung des Samplings orientierte sich ebenfalls an den Grundsätzen des Theoretical Samplings (siehe auch Kapitel 3.2.2.2). Für die Auswahl des Samples wurden folgende Kriterien herangezogen:

- Branche: Es wurden nur Logistiker befragt, da diese die Hauptnutzer des entwickelten Netzwerks sind.
- Kernleistung: Die logistische Kernleistung der befragten Unternehmen liegt im Bereich Transport, um eine bessere Vergleichbarkeit der Ergebnisse zu erreichen.
- Größe: Es wurden sowohl kleine und mittelständische als auch große Unternehmen interviewt, um ein umfassenderes Bild der aktuellen Probleme zu erhalten.

Aufgrund der aufgestellten Kriterien wurde ein relativ homogenes Sample interviewt, indem nur Logistikunternehmen befragt wurden, deren Kernleistung im Bereich Transport liegt. Demnach liegt die in der Literatur empfohlene Anzahl an durchzuführenden Interviews zum Erreichen der theoretischen Sättigung bei sechs bis acht (vgl. McCracken 1988, S. 17). Eine theoretische Sättigung wurde mit 13 interviewten Personen in acht Unternehmen erreicht (siehe Tabelle 16).

Nr.	Unternehmen	KMU	Kernleistung Transport	Kernleistung Umschlag	Kernleistung Lager	Position
1	K		×	×	×	Regional Manager Sea Freight Systems & Support
2	L	×	×	×	×	Geschäftsführer
3	M	×	×			Geschäftsführer
4	N		×	×	×	Geschäftsführer, Leiter Logistiksystem und Infrastruktur, Logistikleiter, Versandleiter
5	O	×	×			Geschäftsführer
6	P		×	×	×	Vice President Vertical Management & Innovation
7	Q		×			Abteilungsleiterin Strategie Management
8	R	×	×			Geschäftsführer, Gesellschafter, Prokurist

Tabelle 16: Sample der zweiten qualitativen Erhebung

5.3.1.3 Durchführung und Auswertung der Interviews

Die Interviews fanden im Zeitraum von drei Monaten (September 2012 – November 2012) statt. Sie wurden entweder im Unternehmen oder per Telefon durchgeführt. Die digitale Aufzeichnung der Interviews war nur in einem Fall nicht möglich. In diesem Unternehmen wurde der Gesprächsinhalt anhand von ausführlichen Mitschriften dokumentiert.

Alle geführten Interviews wurden im Anschluss nach den gleichen Prinzipien wie bei der ersten empirischen Erhebung (siehe Kapitel 3.2.2.4) transkribiert. Für die Auswertung der transkribierten Interviews wurde erneut die Globalauswertung gewählt, da sich durch diesen Ansatz schnell und effizient alle relevanten Informationen aus einer großen Menge an Dokumenten herausfiltern lassen (siehe Kapitel 3.2.2.4).

Durch die Interviews konnten insgesamt 56 allgemeine Problemstellen identifiziert werden, die elf Überbegriffen zugeordnet werden konnten (siehe Anhang V). Hervorzuheben sind dabei Probleme wie Infrastruktur, Mangel an qualifiziertem Personal und die Echtzeit-Störungsmeldung, da diese Probleme von allen Unternehmensvertretern angesprochen wurden[15].

15 Eine kurze Beschreibung der hier genannten Schlagwörter erfolgt im Anhang V.

Eine Evaluation der logistischen Probleme erfolgte im Rahmen eines Workshops. Im Workshop wurden die Ergebnisse der Interviews vorgestellt und mit sieben Unternehmensvertretern aus dem Bereich Logistik diskutiert und für das weitere Vorgehen geeignet erachtet. Eine erste Verwendung der Ergebnisse fand bei der parallelen Pilotanwendung und Evaluation der Methodik statt (siehe Kapitel 5.2.4).

5.3.2 Abstraktion der Logistikprobleme

Nachdem Probleme der Logistik durch Interviews ermittelt wurden, erfolgte deren Abstraktion. Zur Ermittlung der abstrakten Begriffe wurden die generierten Ergebnisse aus der Pilotanwendung und Evaluation der Methodik (siehe Kapitel 5.2.4) als Grundlage verwendet und in einem internen Workshop erweitert und angepasst.

In den Gruppen der Pilotanwendung und Evaluation der Methodik wurden für die Abstraktion die progressive Abstraktion und auch die KJ-Methode eingesetzt. Insgesamt wurden auf diese Weise 134 abstrakte Begriffe mit den Logistikproblemen verknüpft, die als Ausgangspunkt für eine Suche nach analogen Bereichen dienten.

Wie schon in Kapitel 5.2.5 beschrieben, ist das Suchergebnis stark abhängig von dem Suchbegriff (abstrakter Begriff). Demnach ist nicht jeder abstrakte Begriff geeignet für die weitere Verwendung. Aus diesem Grund wurden im Rahmen dieser Arbeit folgende Kriterien aufgestellt, die ein abstrakter Begriff für die Suche nach Analogien erfüllen muss:

- Der abstrakte Begriff ist kein für die Logistik spezifischer Begriff (z. B. Transportschaden).
- Der abstrakte Begriff ist nicht zu allgemein (z. B. Personal, Technik).
- Der abstrakte Begriff kann dem ursprünglichen Logistikproblem eindeutig zugeordnet werden.
- Der abstrakte Begriff muss lexikalisch erfasst sein.

Die zur Suche genutzten Begriffe müssen ein ausreichendes Abstraktionsniveau erreichen, um generell eine Suche in anderen Bereichen zu ermöglichen. Logistikspezifische Begriffe wie z. B. „Transportschaden“ eignen sich demnach nicht, da sie den Suchradius einschränken. Gleichzeitig sollte der Begriff nicht zu allgemein sein, um den Suchradius nicht zu weit zu vergrößern. Begriffe wie beispielsweise Personal oder Technik sind zu allgemein, um Lösungen zu speziellen Logistikproblemen finden zu können. Weiterhin muss jeder abstrakte Begriff eindeutig mindestens einem logistischen Problem zugeordnet werden können und auch im Wortbestand des alltäglichen

Sprachgebrauchs enthalten sein. Durch die Anwendung dieser vier Kriterien wurde die Anzahl der geeigneten abstrakten Begriffe auf 84 reduziert.

Da jedoch ein abstrakter Begriff nicht nur dem ursprünglichen, sondern auch anderen Logistikproblemen zugeordnet werden kann, erfolgte durch einen internen Workshop die finale Verknüpfung der Logistikprobleme mit allen identifizierten abstrakten Begriffen. An dem internen Workshop nahmen drei Wissenschaftler aus den Bereichen Logistik und Innovationsmanagement teil. Zur visuellen Aufbereitung der Verknüpfungen wurde eine Matrix mit Problemen in den Zeilen und abstrakte Begriffe in den Spalten vorbereitet und vorab ausgefüllt (siehe Tabelle 17). Darin wurden die bereits durch die Pilotanwendungen und Evaluation (siehe Kapitel 5.2.4 und 5.2.6) entstandenen Verknüpfungen eingetragen. Im Anschluss wurden von den Teilnehmern am internen Workshop zusätzliche Verknüpfungen ergänzt und gemeinsam diskutiert.

	Abstrakter Begriff 1	Abstrakter Begriff 2	Abstrakter Begriff 3	Abstrakter Begriff 4	Abstrakter Begriff 5	⋮	Abstrakter Begriff n
Problem 1		×		×			×
Problem 2		×	×				
...							
Problem n	×		×		×		×

Tabelle 17: Beispiel der Problem-Abstraktion-Matrix

Ein Beispiel[16] für eine solche Verknüpfung ist die Zuordnung folgender abstrakter Begriffe des logistischen Problems der beschränkten Lagerkapazität:

- Allokation
- Flexibilität
- Konsolidierung
- Minimierung
- Raumausnutzung
- Reduzierung
- Selektion
- Suchen
- Verteilung
- Zuordnung

16 (vgl. Kersten et al. 2014, S. 28 f.)

Der Begriff Raumausnutzung kann ebenfalls mit den Logistikproblemen „Vermeidung von Leerfahrten“ und „Skalierung von Transporteinheiten“ in Verbindung gebracht werden. Als Ergebnis dieses Arbeitsschrittes entstand eine erweiterte, umfassende Vernetzung von Logistikproblemen und abstrakten Begriffen (siehe Anhang VI).

5.3.3 Suche nach analogen Bereichen

Die Suche nach analogen Bereichen wurde ebenfalls zeitgleich zur Pilotanwendung und Evaluation der Methodik (siehe Kapitel 5.2.4) durchgeführt. Den einzelnen Gruppen dienten die in Kapitel 5.3.2 erarbeiteten abstrakten Begriffe als Ausgangspunkt für die Analogiesuche. Je nach Gruppe wurden verschiedene Arten der personen- und medienbasierten Suche angewendet (siehe Kapitel 5.2.4). Die durch die Gruppen gefundenen analogen Bereiche wurden im Anschluss zusammengeführt und ausgewertet. Insgesamt konnten so 188 analoge Bereiche gefunden werden.

Ähnlich wie bei den abstrakten Begriffen (Kapitel 5.3.2) wurde in den einzelnen Gruppen meist nur ein abstrakter Begriff einem analogen Bereich zugeordnet. Jedoch können analoge Bereich meist auch mehreren abstrakten Begriffen zugeordnet werden. Ein Beispiel[17] dafür sind die Saugnäpfe eines Tintenfisches. Diesem analogen Bereich können sowohl „Sicherung“ als auch „Stabilität“, „Vermeiden von Umfallen“ und „Vermeiden von Verrutschen“ zugeordnet werden. Um diese zusätzlichen Verbindungen herzustellen, wurde ebenfalls eine Matrix mit abstrakten Begriffen und analogen Bereichen erstellt. Diese wurde erneut von drei Wissenschaftlern aus den Bereichen Logistik und Innovationsmanagement bewertet und diskutiert, wodurch allen analogen Bereichen mehrere abstrakte Begriffe zugeordnet wurden (siehe Anhang VII).

Zusammengefasst entstand durch die Verknüpfung von Logistikproblemen, abstrakten Begriffen und analogen Bereichen ein umfangreiches Netzwerk, das bei der Entwicklung von neuen Lösungsideen in der Logistik unterstützt.

17 (vgl. Kersten et al. 2014, S. 30)

6 Aufbereitung der Anwendung von Analogien für die Praxis

Für die praktische Anwendung von Analogien geht es nachstehend darum, das Analogienetzwerk in die Methodik zur Anwendung von Analogien in der Logistik zu integrieren. Im zweiten Teil des Kapitels wird eine prototypische Software vorgestellt, die im Rahmen dieser Arbeit speziell für die praktische Anwendung der erzielten Ergebnisse in der Logistik entwickelt wurde. Das Kapitel endet mit einem Leitfaden zur Anwendung des entwickelten Gesamtkonzepts in der Logistik.

6.1 Integration des Netzwerks in die Methodik zur Anwendung von Analogien in der Logistik

Im ersten Schritt wird das in Kapitel 5 entwickelte Netzwerk in die Methodik zur Anwendung von Analogien integriert. Grundgerüst für die Integration bildet die allgemeine Vorgehensweise der sechs Phasen (Problem identifizieren, Ursachen analysieren, Problem abstrahieren, Analogie suchen, geeignete Analogie auswählen und Analogie übertragen und umsetzen). In diesen einzelnen Phasen stehen dem Anwender die in Kapitel 5.2 aufbereiteten Methoden zur Verfügung. Durch ein sequentielles oder auch iteratives Durchlaufen der Phasen null bis fünf ist es dem Anwender möglich, Analogien für sein spezifisches Problem zu finden, auszuwählen und umzusetzen. Das Analogienetzwerk unterstützt dabei in den entscheidenden Phasen der Ursachenanalyse, Abstraktion und Analogiesuche. Durch die bereits vorgegebenen Verknüpfungen des Netzwerks können schnell und mit geringem Aufwand analoge Bereiche zu jedem spezifischen Logistikproblem gefunden werden.

Der Einstieg in die Methodik beginnt mit der Identifikation eines Problems (0) im Unternehmen. Hierfür steht eine Vielzahl von Methoden des klassischen Innovationsmanagements zur Verfügung (siehe Kapitel 5.2.5).

Bereits nach der Phase null kann in das Analogienetzwerk gewechselt werden, indem nach dem unternehmensspezifischen Problem in der Liste mit allgemein typischen Logistikproblemen gesucht wird. Ist dieses in der Liste enthalten, kann direkt zum nächsten Schritt der Problemabstraktion gewechselt werden. Falls nicht, kann der Anwender erneut auf unterstützende Methoden aus dem klassischen Innovationsmanagement zurückgreifen und die genauen Ursachen des Problems detaillierter analysieren.

Für den Fall, dass das unternehmensspezifische Problem bereits im Netzwerk abgebildet ist, können die darin enthaltenen abstrakten Begriffe für das weitere Verfahren verwendet werden. Der Anwender kann nun die entsprechenden abstrakten Begriffe auswählen, die sein unternehmensspezifisches Problem am besten beschreiben. Findet der Anwender passende abstrakte Begriffe in der Liste, kann direkt mit der Suche nach Analogien fortgefahren werden. Andernfalls kann durch die Anwendung der KJ-Methode oder die progressive Abstraktion das unternehmensspezifische Problem eigenständig abstrahiert werden. Ähnliches gilt für den Fall, dass das unternehmensspezifische Problem nicht in der Liste des Analogienetzwerks enthalten ist. Dann können die im ersten Schritt analysierten Ursachen durch entsprechende Methoden abstrahiert werden.

Die Suche nach Analogien gestaltet sich für bereits im Netzwerk gelistete abstrakte Begriffe vergleichsweise einfach, da diese direkt mit analogen Bereichen verknüpft sind. Für eigenständig entwickelte abstrakte Begriffe besteht die Möglichkeit, diese oder ihre Synonyme im Netzwerk zu identifizieren und somit direkt auf die vorgeschlagenen analogen Bereiche zuzugreifen. Wenn dies nicht möglich sein sollte, stehen dem Anwender unterschiedliche personen- und medienbasierte Suchmethoden zur eigenständigen Analogiesuche zur Verfügung. Allgemein ist bei der Suche darauf zu achten, dass sich die beteiligten Personen vollständig von dem ursprünglichen Problem lösen. Ziel ist es, eine möglichst große Anzahl an analogen Lösungsideen zu generieren.

Die Bewertung und Auswahl einer geeigneten Analogie erfolgt in Schritt 4. Dabei spielt es keine Rolle, ob die Analogien durch das Analogienetzwerk oder eigenständig mit methodischer Unterstützung gefunden wurden. In diesem Schritt erfolgt die Rückkopplung zu der ursprünglichen unternehmensspezifischen Problemstellung. Unterstützt werden kann die Bewertung und Auswahl abermals durch Methoden aus dem klassischen Innovationsmanagement. Allgemein sind in diesem Schritt die Güte der Analogien und der Übertragungsaufwand zu berücksichtigende Kriterien. Die Güte der Analogie determiniert sich danach, ob die Analogie auf einer strukturellen oder oberflächlichen Ähnlichkeit beruht, ob alle vorher definierten Ziele mithilfe der Analogie erreicht werden und ob der gefundene Lösungsansatz zu den Rahmenbedingungen des konkreten Logistikproblems passt. Im Rahmen der Abschätzung des Übertragungsaufwands werden die entstehenden Kosten und der Ressourceneinsatz evaluiert (siehe auch Kapitel 5.2.5). Ebenfalls wird ermittelt, ob für die Anpassung der gefundenen analogen Lösung die Integration eines externen Experten notwendig ist. Zur Bewertung dieser Kriterien sind detaillierte Informationen zu der Lösung aus dem analogen Bereich notwendig. Neben den eigenen Recherchen kann es in einigen Fällen sinnvoll sein, Kontakt mit Experten aus dem Quellbereich aufzunehmen (vgl. Kersten et al. 2014, S. 98).

Bei erfolgreicher Identifikation einer Analogie kann mit der Übertragung und Umsetzung begonnen werden. Falls dies nicht der Fall ist, können einzelne Schritte bis hin zur Ursachenanalyse wiederholt werden.

Einen Überblick über die einzelnen Phasen mit den Methoden und dem Analogienetzwerk zeigt Abbildung 43. Die hier beschriebene Integration des Analogienetzwerks in das in Kapitel 5.3 entwickelte Methodik zur Anwendung von Analogien bildet die Grundlage der weiteren Aufbereitung für die Praxis anhand einer prototypischen Software. Dies wird im nächsten Kapitel dargestellt.

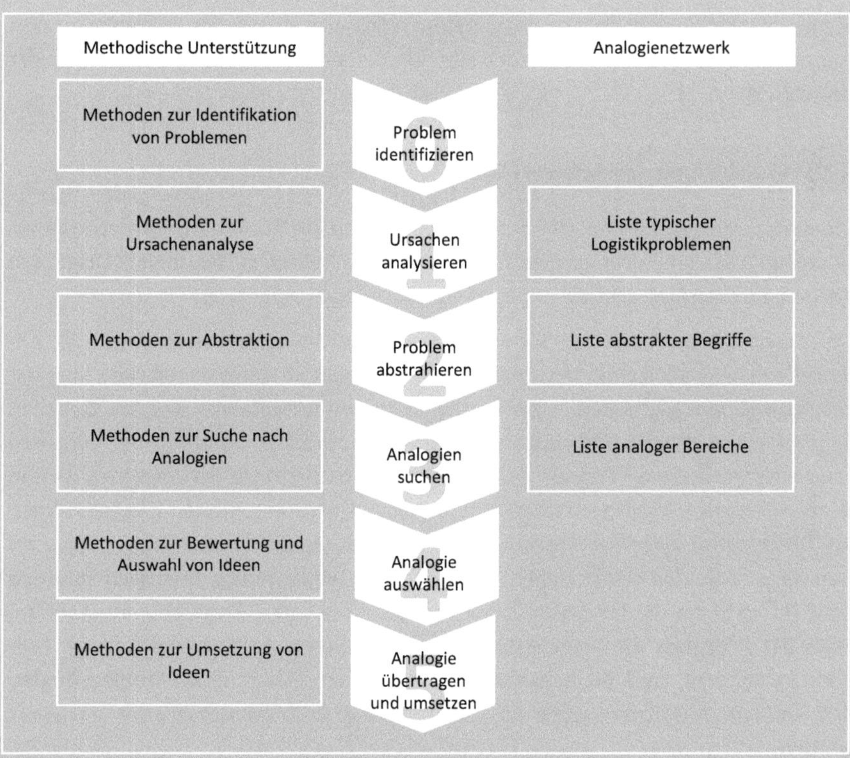

Abbildung 43: Phasenmodell der entwickelten Methodik mit integriertem Analogienetzwerk

6.2 Umsetzung der erzielten Ergebnisse in ein prototypisches Softwaretool[18]

Auf Basis der vorangegangenen Kapitel wird in diesem Abschnitt die Entwicklung einer prototypischen Software zur Anwendung der Analogien in der Logistik dargestellt. Ziel ist es, Logistikern einen möglichst einfachen und schnellen Zugang zu den relevanten Informationen zu ermöglichen. Weiterhin soll die Möglichkeit der Erweiterung des Analogienetzwerks gegeben werden, da der Wert des Netzwerks durch seinen fortlaufenden Ausbau steigt.

In den nachfolgenden beiden Abschnitten wird zuerst auf das Softwarekonzept eingegangen. Dies bildet die Grundlage für die anschließende Beschreibung der Umsetzung.

6.2.1 Entwicklung des Softwarekonzepts

Um eine zielgerichtete und effiziente Entwicklung zu gewährleisten, wurde vorab ein Flussdiagramm der einzelnen Schritte erstellt (siehe Abbildung 44). In dem Diagramm werden die einzelnen Schritte mit ihren Verzweigungen aufgezeigt.

Startpunkt der webbasierten Software ist die Problemidentifikation (Phase 0). Anschließend kann nach einer Ursachenanalyse entweder im Analogienetzwerk oder mit der Auswahl von Methoden in den einzelnen Phasen fortgefahren werden. Zwischen dem Analogienetzwerk und einem selbstständig methodisch unterstützten Vorgehen kann auch im weiteren Prozess gewechselt werden. Innerhalb der einzelnen Phasen werden Entscheidungsfragen eingebaut, die über ein Voranschreiten oder ein erneutes Durchlaufen einzelner Prozessschritte urteilen. Zunächst sind Ergänzungen im Netzwerk nach der erfolgreichen Auswahl einer eigenständig erlangten Analogie möglich. Im Sinne der kontinuierlichen Verbesserung eines Unternehmens steht am Ende des Prozesses die Frage nach einer erfolgreichen Analogieübertragung. Falls diese bejaht wird, kann bei Bedarf mit der Suche nach einem neuen Problem begonnen werden. Ansonsten sollte das ursprüngliche Problem detaillierter analysiert werden.

Insgesamt müssen in dem Softwaretool sowohl Methoden zur selbstständigen Analogiesuche als auch das Analogienetzwerk den Nutzern anwendungsfreundlich zur Verfügung stehen.

---

18 Die Aufbereitung des Analogienetzwerks wurde im Rahmen des IGF-Vorhabens DIA.log (426 ZN) umgesetzt und veröffentlicht (Kersten et al. 2014). Das im Forschungsprojekt entwickelte Softwaretool wurde durch die methodische Unterstützung erweitert.

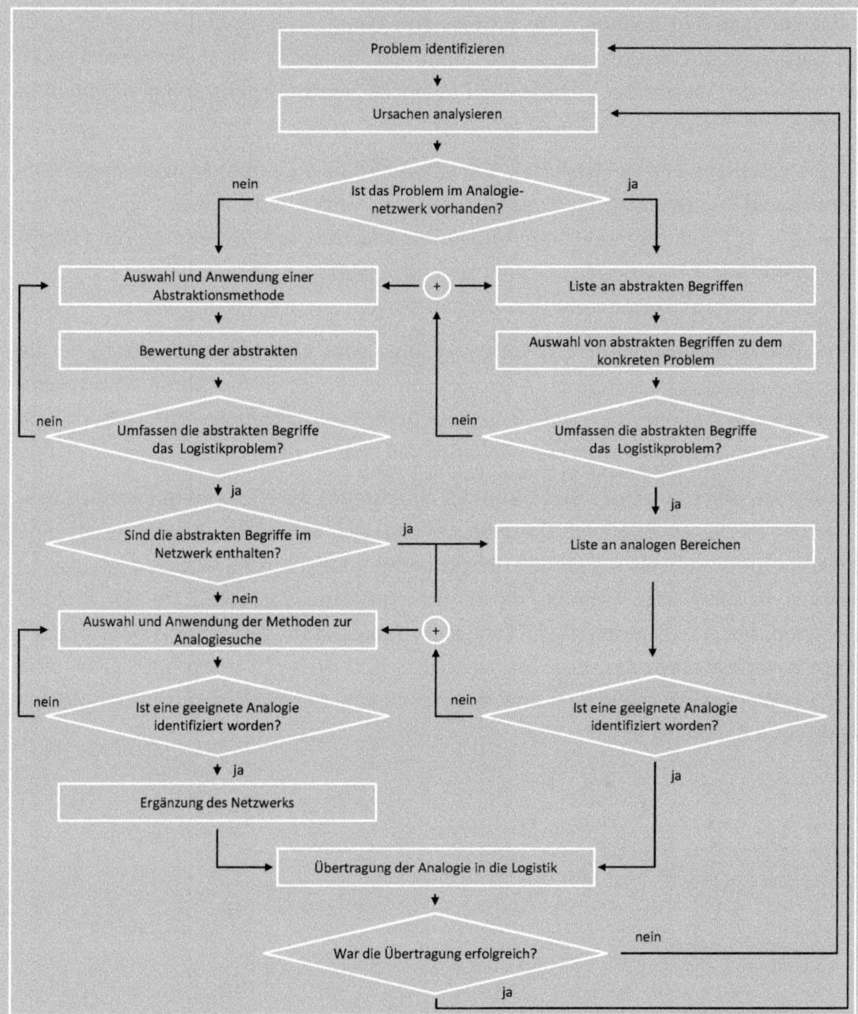

Abbildung 44: Flussdiagramm für den Prozessablauf der Anwendung von Analogien in der Logistik

6.2.2 Umsetzung des Softwarekonzepts

Aufbauend auf dem zuvor erarbeiteten Konzept für die Software wird in diesem Abschnitt die konkrete Umsetzung beschrieben. Als geeignete Form der Umsetzung wurde die Entwicklung einer webbasierten Benutzeroberfläche gewählt, damit Anwender ohne große Rüstkosten und Vorbereitungszeit auf die Methodik und das

Netzwerk zugreifen können. Eine webbasierte Benutzeroberfläche erleichtert auch die Ergänzung des Analogienetzwerks durch den Anwender selbst. So können Problemstellungen, abstrakte Begriffe und auch Analogien eigenständig hinzugefügt werden.

Für die Erstellung der webbasierten Software wurde die Content Management Plattform Drupal 7 verwendet. Für Drupal wurde sich aufgrund der freien Zugänglichkeit (Open Source) und des modularen Aufbaus entschieden, der ein einfaches und flexibles erweitern von Funktionen wie z. B. Datenbankabfragen oder Definition von spezifischen Inhaltstypen ermöglicht (vgl. Drupal 2014).

Beim Starten des webbasierten Softwaretools[19] wird eine kurze Einführung in die Thematik und eine Übersicht des Analogieprozesses angeboten. Während des gesamten Prozesses befindet sich auf der linken Seite ein Navigationsleiste, die es dem Nutzer erlaubt, per Click zwischen den einzelnen Phasen zu wechseln.

Der Aufbau einer einzelnen Seite ist stets so gestaltet, dass im oberen Bereich eine Erklärung des Schrittes erfolgt. Darunter befindet sich immer eine blaue Box, die eine konkrete Arbeitsanweisung enthält. Direkt nach unten gescrollt, wird in einer grauen Box ein beispielhaftes Ergebnis dieses Arbeitsschritts dargestellt. In der rechten Navigationsliste erscheinen die in Kapitel 6.2.1 beschriebenen Entscheidungsfragen. Diese bewirken entweder, dass der aktuelle Schritt erneut durchgeführt wird, oder dass ein Wechsel zwischen dem Analogienetzwerk und dem Methodenteil empfohlen wird (siehe Abbildung 45).

19 http://dialog.logu.tuhh.de/demonstrator

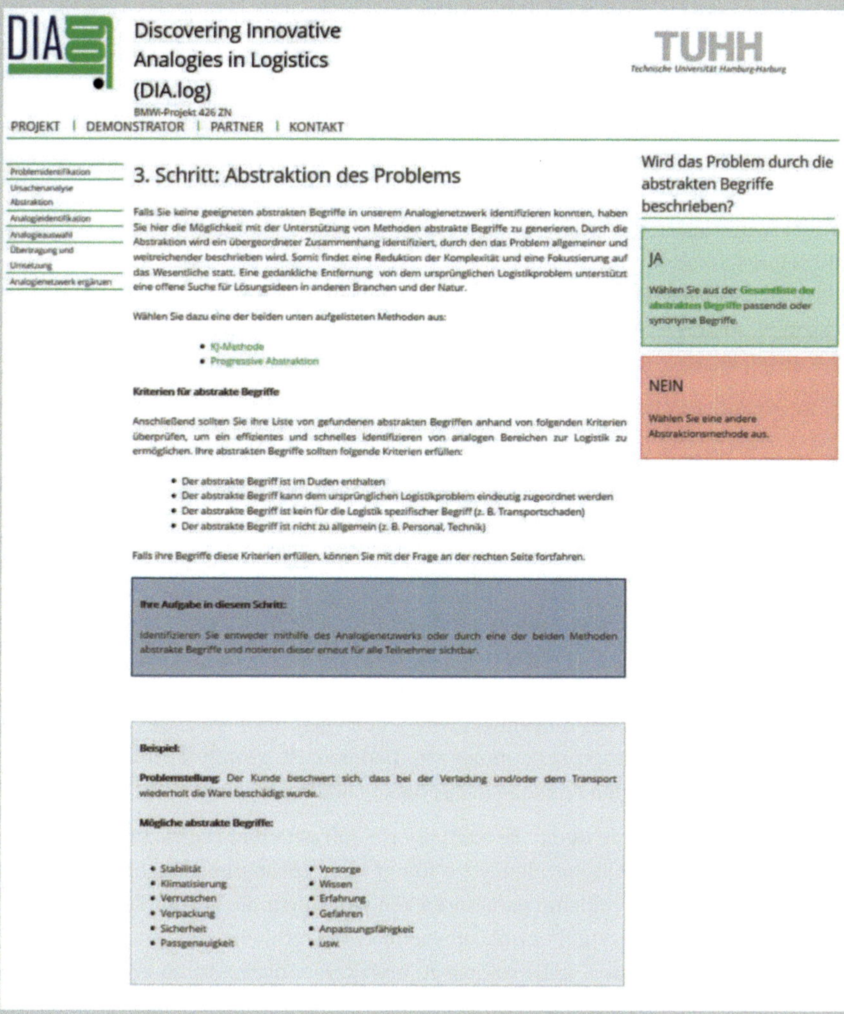

Abbildung 45: Genereller Aufbau der webbasierten Software[20]

Bei der Nutzung des Analogienetzwerks werden in einem Zwischenschritt zwischen Phase 2 und 3 typische Probleme in der Logistik aufgelistet. Durch die Auswahl des Problems gelangt der Anwender auf eine neue Seite, die eine kurze Problembeschreibung bietet. Darunter befindet sich eine Liste an abstrakten Begriffen für das

20 (Wagenstetter et al. 2014)

beschriebene Problem. Durch die Auswahl einzelner passender abstrakter Begriffe für das unternehmensspezifische Problem werden im unteren Bereich Analogien eingeblendet. Eine Bewertung der analogen Bereiche erfolgt anhand der Übereinstimmungen mit den oben ausgewählten abstrakten Begriffen. Zu beachten ist jedoch, dass ein analoger Bereich mit zwei Übereinstimmungen nicht zwingend geeigneter für die spätere Übertragung sein muss als eine Analogie mit nur einer Übereinstimmung. Aus diesem Grund sollten zunächst alle Analogien in Betracht gezogen werden. Weiterhin sind die angezeigten analogen Bereiche als Lösungsimpulse für das unternehmensspezifische Problem zu verstehen (siehe Abbildung 46). Falls keine für die Umsetzung geeignete Analogie im Netzwerk gefunden wird, kann in den Methodenbereich gewechselt werden, ansonsten wäre mit der Umsetzung zu beginnen.

Im jeweiligen Methodenteil der webbasierten Software werden dem Anwender zunächst geeignete Methoden angezeigt. Zu einer detaillierteren Beschreibung der Vorgehensweise der einzelnen Methoden sowie zu einem aufbereiteten Anwendungsbeispiel gelangt der Anwender über die Auswahl einer Methode. Bei den Abstraktionsmethoden sind ergänzend Kriterien (siehe Kapitel 5.3.2) für die Auswahl passender abstrakter Suchbegriffe hinterlegt.

Um das Netzwerk durch den Anwender erweitern zu können, wurde ein zweistufiger Prozess umgesetzt. Durch das Feld „ Analogienetzwerk ergänzen" in der linken Navigationsleiste gelangt er zu einer Eingabemaske für Probleme, abstrakte Begriffe und Analogien. Die Eingabe des Anwenders wird jedoch erst nach Freigabe des Administrators in das Analogienetzwerk integriert. Dadurch ist gewährleistet, dass keine fehlerhaften oder falschen Angaben in das Analogienetzwerk eingepflegt werden.

Zusammengefasst wurde durch die webbasierte Software den Logistikern ein umfassendes Tool bereitgestellt, mit dem sie effizient neue Lösungsimpulse für ihre unternehmensspezifischen Probleme generieren können. Durch die leichte Zugänglichkeit via Internet ist es einfach und flexibel anwendbar. Weiterhin haben die Anwender die Möglichkeit, das Netzwerk selbstständig zu erweitern. Folglich ist zu erwarten, dass die Datenbank kontinuierlich wächst.

DIA.log

Discovering Innovative Analogies in Logistics (DIA.log)

BMWi-Projekt 426 ZN

TUHH
Technische Universität Hamburg-Harburg

PROJEKT | DEMONSTRATOR | PARTNER | KONTAKT

Problemidentifikation
Ursachenanalyse
Abstraktion
Analogieidentifikation
Analogieauswahl
Übertragung und Umsetzung
Analogienetzwerk ergänzen

Routenplanung

Logistikdienstleister haben Probleme damit, dass durch Staus oder andere Behinderungen nicht immer der kürzeste Weg von A nach B gefahren wird. Weiterhin legen manche Sendungen unnötige Wege zurück, da die Knotenpunkte/Sammelpunkte nicht optimal gewählt wurden oder eine Sortierung der Sendungen erst sehr spät erfolgt (KEP).

Abstrakte Begriffe

- [ ] Allokation
- [x] Minimierung
- [ ] Reduzierung
- [ ] Vorsorge
- [ ] Zuordnung
- [x] Konsolidierung
- [ ] Planung
- [x] Selektion
- [ ] Warnsysteme/ Alarm

Wählen Sie abstrakte Begriffe, welche Sie diesem Problem zuordnen würden. Die entsprechenden Analaogien werden dann angezeigt.

Ihre Aufgabe in diesem Schritt:

Markieren Sie die abstrakten Begriffe, die ihr Problem beschreiben, um im unteren Teil analoge Bereiche anzeigen zu lassen.

Kann das Problem durch einen oder mehrere abstrakte Begriffe beschrieben werden?

NEIN

Wählen Sie aus der Gesamtliste der Abstrakten Begriffe passende oder synonyme Begriffe.

JA

Folgende Analogien würden wir vorschlagen:

Analogien, die bei 2 der abstrakten Begriffen übereinstimmen

- Elektroindustrie: Hub
- Elektroindustrie: Verteilerkasten
- Informationstechnologie: Internet

Analogien, die bei 1 der abstrakten Begriffen übereinstimmen

- Automobilbranche: Qualitätskontrolle
- Automobilindustrie: Downsizing
- Automobilindustrie: Start-Stop-Automatik
- Banken: Geldautomatennetzwerk
- Bau: Fachwerkkonstruktion
- Bau: Luftentfeuchter und Heizgeräte

Sind die analogen Bereiche geeignet?

JA

dann folgt die Auswahl einer Analogie.

NEIN

Wählen Sie aus den Methoden zur Identifizierung von analogen Bereichen.

Abbildung 46: Aufbau der webbasierten Software im Analogienetzwerk[21]

21 (Wagenstetter et al. 2014)

6.3 Leitfaden zur Anwendung des entwickelten Gesamtkonzepts[22]

In diesem Abschnitt wird ein Leitfaden für die Anwendung des entwickelten Gesamtkonzepts von Logistikern dargestellt. Allgemein sollte bei der Durchführung des entwickelten Gesamtkonzepts die Zusammensetzung des Teams als entscheidender Erfolgsfaktor beachtet werden. Wie bereits in Kapitel 2.3 erläutert, bildet das zur Verfügung stehende Wissen einen limitierenden Faktor, der sowohl durch ein heterogenes Team von Experten aus dem Ziel- und identifizierten Quellbereich als auch Generalisten reduziert werden kann. Abhängig von der jeweiligen Phase im entwickelten Gesamtkonzept kann eine Erweiterung oder Beschränkung des Teams als sinnvoll erachtet werden. Beispielsweise wird bei der Ursachenanalyse (1) Spezialwissen von Experten aus dem Zielbereich benötigt. Im Gegensatz dazu sollten im dritten Schritt (Analogien suchen) Generalisten in das Team integriert werden, die durch ihr Fachwissen aus anderen Bereichen den Suchradius erweitern.

Die detaillierten Aktivitäten in den einzelnen Phasen des Gesamtkonzepts werden in den folgenden Abschnitten beschrieben. Dabei dient das in Kapitel 6.2 entwickelte webbasierte Softwaretool für den Anwender zur Unterstützung, um den Prozess schnell und ressourcenschonend zu durchlaufen.

6.3.1 Nullter Schritt: Problem identifizieren

Der Prozess des entwickelten Gesamtkonzepts wird durch eine vorgelagerte nullte Phase ausgelöst, indem ein Problem im Unternehmen identifiziert wird (siehe Kapitel 5.2.5). Das Problem kann sowohl durch einen unternehmensinternen als auch -externen Auslöser entstehen. Als unternehmensinterner Auslöser wird z. B. ein durch einen eigenen Mitarbeiter entdeckter Innovationsbedarf zur Prozessverbesserung bezeichnet. Unternehmensexterne Auslöser entstehen meist durch veränderte oder neue Kundenwünsche.

Zur Identifikation eines Problems können Methoden wie z. B. Kunden- und Mitarbeiterbefragungen, ein Vorschlagswesen oder Beschwerdemanagement eingesetzt werden (siehe Tabelle 18).

---

22 Teilbereiche des Leitfadens wurde im Rahmen des IGF-Vorhabens DIA.log (426 ZN) bereits veröffentlicht (vgl. Wagenstetter et al. 2014; Kersten et al. 2014).

Aufgabe:	**Identifizieren Sie ein Problem in Ihrem Unternehmen, das Sie zur Generierung von neuen Lösungsideen durch die Anwendung von Analogien verwenden möchten.**
Methoden:	- Kunden- und Mitarbeiterbefragungen - Vorschlagswesen - Beschwerdemanagement
Beispielhaftes Ergebnis	Der Kunde beschwert sich, dass bei dem Transport wiederholt die Ware beschädigt wurde.

Tabelle 18: Aufgabenstellung, Methoden und beispielhaftes Ergebnis im nullten Schritt

6.3.2 Erster Schritt: Ursachen analysieren

Im ersten Schritt des Gesamtkonzepts erfolgt die detaillierte Analyse der Ursachen des Problems, um ein strukturiertes und ganzheitliches Problemverständnis zu erhalten (siehe Tabelle 19). Für das im nullten Schritt erwähnte Beispiel eines Transportschadens können äußere Krafteinwirkungen, Nässe, Temperaturveränderungen, fehlende Mitarbeiterqualifikation, unzureichende Verpackung, mangelnde Ladungssicherung oder auch Zeitdruck verantwortlich sein. Ziel ist es dabei, die genauen Ursachen des Problems zu ermitteln, um im nächsten Schritt (2) diese zu abstrahieren. Mögliche unterstützende Methoden für die Ursachenanalyse sind beispielsweise die 6-W-Methode, das Fischgräten-Diagramm oder ein Struktur- und Ablaufdiagramm.

Aufgabe:	**Identifizieren Sie die genauen Ursachen ihres Problems in einem kurzen Workshop. Halten Sie die Ursachen für die Teilnehmer der folgenden Schritte gut sichtbar fest.**
Methoden:	- 6-W-Methode - Fischgräten-Diagramm - Struktur- und Ablaufdiagramm
Beispielhaftes Ergebnis	- Äußere Krafteinwirkung - Nässe - Temperaturveränderungen - Fehlende Mitarbeiterqualifikation - Unzureichende Verpackung - Mangelnde Ladungssicherung

Tabelle 19: Aufgabenstellung, Methoden und beispielhaftes Ergebnis im ersten Schritt

6.3.3 Zweiter Schritt: Problem abstrahieren

Die Abstraktion der Ursachen und damit des Problems findet im zweiten Schritt statt (siehe Tabelle 20). Ziel ist eine gedankliche Entfernung von dem ursprünglichen Logistikproblem, um im nächsten Schritt eine Suche nach Lösungsideen in anderen Branchen oder der Natur zu ermöglichen. Eine qualitative Bewertung der abstrahierten Begriffe erfolgt anhand der in Kapitel 5.3.2 aufgestellten Kriterien.

Bei der Problemabstraktion kann sowohl auf das entwickelte Analogienetzwerk als auch methodisch auf die KJ-Methode oder progressive Abstraktion zurückgegriffen werden (siehe Kapitel 5.2.3.1). In dem entwickelten webbasieren Softwaretool wird der Anwender in diesem Schritt zuerst durch eine Liste an allgemeinen Problemen in das Analogienetzwerk geführt. Falls der Nutzer sein Problem in der Liste wiederfindet, werden ihm passende abstrakte Begriffe vorgeschlagen. Andernfalls wird dem Anwender eine detaillierte Anleitung zur Identifikation von abstrakten Begriffen durch die KJ-Methode oder progressive Abstraktion zur Verfügung gestellt (siehe Kapitel 5.2.2.1).

Aufgabe:	**Identifizieren Sie entweder mithilfe des Analogienetzwerks oder durch eine der beiden Methoden abstrakte Begriffe und notieren diese für alle Teilnehmer sichtbar.**
Methoden:	- Analogienetzwerk - KJ-Methode - Progressive Abstraktion
Beispielhaftes Ergebnis	- Stabilität - Klimatisierung - Verrutschen - Verpackung - Gefahr - Sicherheit - Wissen

Tabelle 20: Aufgabenstellung, Methoden und beispielhaftes Ergebnis im zweiten Schritt

6.3.4 Dritter Schritt: Analogien suchen

Der nächste Schritt befasst sich mit der Suche nach analogen Bereichen mithilfe der identifizierten abstrakten Begriffe. Dabei ist es essenziell, dass der Anwender sich vollständig vom ursprünglichen Problem löst. Dadurch wird eine kognitive Fixierung (siehe Kapitel 2.3.2) vermieden und gleichzeitig die Analogiedistanz erhöht. Ziel dieser Phase ist die Identifikation von möglichst vielen unterschiedlichen analogen Bereichen. Die Bewertung und damit Auswahl eines geeigneten analogen Bereiches findet erst im nächsten Schritt (4) statt. Dadurch werden auch Lösungsideen (analoge Bereiche) zugelassen, die zwar das vorliegende Logistikproblem direkt nicht lösen, jedoch Ideenimpulse bei anderen Teammitgliedern hervorrufen können.

Unterstützende Methoden in dieser Phase sind zum einen das Analogienetzwerk und zum anderen personen- oder medienbasierte Suchen (siehe Tabelle 21). In dem Analogienetzwerk werden zu den ausgewählten abstrakten Begriffen bereits eine Vielzahl an analogen Bereichen vorgeschlagen (siehe Kapitel 5.3.3).

Falls der Anwender keine geeigneten analogen Bereiche identifizieren kann oder seine abstrakten Begriffe nicht im Analogienetzwerk enthalten sind, kann eine personen- oder medienbasierte Suche durchgeführt werden (siehe Kapitel 5.2.2.2 und 5.2.3.2). Dabei hat sich bei den Pilotanwendungen der interne Kreativworkshop als geeignetes Vorgehen erwiesen (siehe Kapitel 5.2.4). Ergänzend dazu können externe Experten in den Prozess integriert werden oder auch eine medienbasierte Suche durchgeführt werden.

Aufgabe:	**Identifizieren Sie entweder mithilfe des Analogienetzwerks oder durch eine der vorgeschlagenen Methoden analoge Begriffe und notieren Sie diese für alle Teilnehmer sichtbar.**
Methoden:	- Analogienetzwerk - Personenbasierte Suche - Medienbasierte Suche
Beispielhaftes Ergebnis für Stabilität	- Bienenwaben - Schale des Eies - Grashalm - Palmblätter - Menschliche Knochen - Spinnenfaden - ABS

Tabelle 21: Aufgabenstellung, Methoden und beispielhaftes Ergebnis im dritten Schritt

6.3.5 Vierter Schritt: Analogie auswählen

Nach der Identifikation von analogen Bereichen wird eine Lösungsidee für die anschließende Übertragung und Umsetzung ausgewählt. Als Entscheidungsgrundlage ist eine umfassende Recherche (z. B. im Internet oder Expertengespräche mit dem Quellbereich) notwendig. Aufbauend auf den Erkenntnissen aus der Recherche sollten folgende Fragen die Entscheidung erleichtern:

- Bewertung der Güte der Analogie
    - Basiert die Analogie auf strukturellen Übereinstimmungen oder lediglich oberflächliche Ähnlichkeiten?
    - Können die vorher definierten Ziele mithilfe der Analogie erreicht werden?
    - Passt der gefundene Lösungsansatz zu den Rahmenbedingungen des konkreten Logistikproblems?
- Abschätzung des Übertragungsaufwands
    - Kann die Anpassung der gefundenen Lösung an das konkrete Problem intern erfolgen oder ist die Erfahrung externer Experten nötig?
    - Können Aufwand und Kosten der Umsetzung abgeschätzt werden?

Zusätzlich zu den aufgelisteten Fragen können Methoden wie eine Nutzwertanalyse, ein Kriterienplan oder ein paarweiser Vergleich die Auswahl einer geeigneten Analogie unterstützen (siehe Tabelle 22).

Aufgabe:	**Wählen Sie einen analogen Bereich aus, den Sie im Anschluss auf Ihr spezifisches Logistikproblem übertragen wollen.**
Methoden:	- Nutzwertanalyse - Kriterienplan - Paarweiser Vergleich
Beispielhaftes Ergebnis	Prinzip der Bienenwaben als geeignete Analogie ausgewählt

Tabelle 22: Aufgabenstellung, Methoden und beispielhaftes Ergebnis im vierten Schritt

6.3.6 Fünfter Schritt: Analogie übertragen und umsetzen

Im letzten Schritt erfolgt die Übertragung der ausgewählten Analogie auf den Zielbereich und damit eine Umsetzung in der Logistik. Für die Umsetzung muss das analoge Lösungsprinzip an den spezifischen Kontext der Logistik angepasst werden (siehe Tabelle 23).

Für eine effiziente und effektive Übertragung und Umsetzung des analogen Lösungsprinzips in der Logistik ist eine Vertiefung der Wissensbasis im Quellbereich zwingend notwendig. Möglich ist dies durch entsprechende Fachliteratur und die Integration von Experten (z. B. Biologen, Bioniker oder Technologieanbieter). Bei dem Wissenstransfer aus anderen Branchen ist zu klären, ob eventuell durch die Umsetzung des Lösungsprinzips Patentrechte verletzt werden.

Methodische Unterstützung in dieser Phase des entwickelten Gesamtkonzepts wird durch einen Maßnahmenkatalog oder Balanced Scorecard erlangt.

Aufgabe:	**Passen Sie das analoge Lösungsprinzip an Ihr spezifisches Logistikproblem an.**
Methoden:	- Maßnahmenkatalog - Balanced Scorecard
Beispielhaftes Ergebnis	Die Verpackung der Ladung wird durch eine bienenwabenähnliche Struktur verstärkt. Dadurch kann ein Transportschaden durch äußere Krafteinwirkung reduziert werden.

Tabelle 23: Aufgabenstellung, Methoden und beispielhaftes Ergebnis im fünften Schritt

7 Evaluation des entwickelten Gesamtvorgehens[23]

Nachdem die Anwendung von Analogien für die Praxis der Logistik aufbereitet wurde, kann in diesem Kapitel abschließend das Gesamtkonzept evaluiert werden. Dazu wird in dem ersten Abschnitt die allgemeine Vorgehensweise bei der Evaluation erläutert. Im Anschluss daran erfolgen die Darstellung der Durchführung und der Ergebnisse sowie eine kritische Würdigung der Ergebnisse.

7.1 Vorgehensweise bei der Evaluation

Zur Evaluation der erzielten Forschungsergebnisse wurde erneut der Einsatz einer Fokusgruppe im Rahmen eines Workshops gewählt. Dieses Vorgehen hat sich als eine zeit- und kostenökonomische Methode bewährt, um in entspannter und offener Arbeitsatmosphäre mehrere Experten gleichzeitig zu einem Thema zu befragen (siehe Kapitel 3.2.3). Die Evaluation erfolgte mithilfe der Anwendung des webbasiertem Softwaretools im Rahmen der Bearbeitung einer vorgegebenen Problemstellung aus der Logistik. Im Anschluss bewerteten die Teilnehmer das entwickelte Vorgehensmodell anhand ihrer Erfahrungen aus der Anwendung des webbasierten Softwaretools. Eine offene Diskussion in der Gruppe schloss die Evaluationsphase ab. Ihr Fokus lag in der Anwendung des Analogienetzwerks, da die Methoden bereits durch die Unternehmensvertreter evaluiert wurden (siehe Kapitel 5.2.4).

Zur Identifikation von strukturellen und inhaltlichen Schwachstellen bei der Durchführung der Evaluation durch Industrievertreter wurde ein Pretest durchgeführt. An diesem Pretest beteiligten sich sechs Wissenschaftler von drei Lehrstühlen der Bereiche Logistik und Innovationsmanagement der Technischen Universität Hamburg. Es wurde der gesamte Prozess der Evaluation durchgeführt und es konnten alle identifizierten Defizite (z. B. fehlerhafte Darstellungen, orthographische Fehler oder der Wunsch nach konkreten Arbeitsanweisungen) anschließend eliminiert werden.

7.2 Durchführung der Evaluation

Die Durchführung der Evaluation kann in drei Abschnitte unterteilt werden. Zu Beginn wurde die Zusammensetzung der Fokusgruppe bestimmt und ein Evaluationsbogen entwickelt. Die eigentliche Durchführung erfolgte anhand der Anwendung des web-

23 Die Evaluation des Gesamtsystems erfolgte gemeinsam mit der Evaluation des IGF-Vorhabens DIA.log (426 ZN). Teile daraus wurden bereits vorab in dem Projektabschlussbericht veröffentlicht (Kersten et al. 2014).

basierten Softwaretools. In den nachstehenden Unterkapiteln werden diese drei Abschnitte beschrieben, bevor in Kapitel 7.3 die Ergebnisse der Evaluation vorgestellt werden.

7.2.1 Zusammensetzung der Fokusgruppe

Für die Zusammensetzung der Fokusgruppe wurden die gleichen Kriterien wie für das Sample der Interviews gemäß Kapitel 5.3.1.2 gewählt, da sich die Zielgruppe während der Entwicklung nicht geändert hatte. Die Hauptnutzer waren weiterhin Logistiker, deren Kernleistung im Bereich Transport liegt. Es wurden sowohl kleine und mittelständische als auch große Unternehmen zu den erzielten Ergebnissen befragt, um ein ganzheitliches Bild zu erhalten. Für den Abgleich der anfangs aufgestellten Anforderungen an die Vorgehensweise mit dem hier erarbeiteten Ergebnis wurden gezielt Unternehmen eingeladen, die am Entstehungsprozess der Studie beteiligt waren. Parallel wurden auch Unternehmen angesprochen, die die oben aufgelisteten Kriterien erfüllen, jedoch bisher noch nicht in dem Forschungsprojekt involviert waren. Dadurch konnten ergänzend neutrale und prozessbezogen unbefangene Meinungen zu den Ergebnissen eingeholt werden.

Für die Evaluation wurden anhand der Kriterien acht Unternehmen ausgewählt, die sich mit insgesamt elf Mitarbeitern an der Evaluation beteiligten. Vier der acht Unternehmen waren bisher noch nicht am Entstehungsprozess beteiligt. Zusätzlich zu den Unternehmensvertretern nahmen an dem Workshop noch zwei Forschungseinrichtungen der Technischen Universität Hamburg mit insgesamt vier Wissenschaftlern teil. Eine Übersicht über die Teilnehmer zeigt Tabelle 24.

		Bisherige Beteiligung	KMU	Position
1	Unternehmen L	ja	×	Geschäftsführer
2	Unternehmen N	ja		Leiter Logistiksystem und Infrastruktur
3	Unternehmen Q	ja		Strategie Manager
				Werkstudentin
4	Unternehmen R	ja	×	Geschäftsführer
5	Unternehmen S	nein	×	Prokurist
				Operations Manager
6	Unternehmen T	nein	×	Geschäftsführer

		Bisherige Beteiligung	KMU	Position
7	Unternehmen U	nein		Business Development Manager Project Manager
8	Unternehmen V	nein	×	Geschäftsführer

Tabelle 24: Teilnehmer an der Evaluation

7.2.2 Entwicklung eines Evaluationsbogens

Für die individuelle Evaluation wurde ein spezieller Fragebogen entwickelt (siehe Anhang VIII). Das Grundgerüst bilden folgende vier Themenbereiche:

- Handhabbarkeit und Benutzerfreundlichkeit der webbasierten Software
- Aussagen zum Analogienetzwerk
- Mögliche Verwendung des webbasierten Softwaretools im Unternehmen
- Allgemeine Aussagen zu den erzielten Ergebnissen

In den einzelnen Themenbereichen wurden unterschiedliche Aussagen aufgelistet, die die Teilnehmer von „stimme voll und ganz zu“ bis „stimme überhaupt nicht zu“ beurteilen konnten (vgl. Saunders et al. 2012, S. 436). Ebenfalls stand den Teilnehmern das Feld „weiß nicht“ zur Verfügung, falls sie zu dieser Aussage keine Stellung nehmen konnten.

Die in den Aussagen abgefragten Kriterien wurden aus den erhobenen Anforderungen an die Anwendung von Analogien (siehe Kapitel 5.2.1) abgeleitet. Dadurch wurden Kriterien wie Ressourceneinsatz, Wirtschaftlichkeit, Alltagstauglichkeit und Anwenderfreundlichkeit durch den Fragebogen ermittelt.

Am Ende des Fragebogens konnten allgemeine Wünsche und Anregungen zu den erzielten Forschungsergebnissen formuliert werden. Auf die Erhebung personen- oder unternehmensbezogenen Daten wurde verzichtet, da die Evaluation anonym erfolgen sollte. Einzig die Angabe zur Unternehmensgröße (KMU ja/nein?) wurde ermittelt, unter der Annahme, dass dies eventuell für eine spätere Auswertung von Interesse sein könnte.

7.2.3 Anwendung des webbasierten Softwaretools

Vor der direkten Anwendung des webbasierten Softwaretools erhielten alle Teilnehmer eine Einführung in die Anwendung von Analogien, um ein einheitliches Verständnis des Themenkomplexes zu erzeugen. Im Anschluss daran wurden die im Rahmen dieser Arbeit erzielten Ergebnisse vorgestellt und die Funktionsweise des webbasierten Softwaretools anhand eines Beispiels erklärt. Folgende Aufgabenstellung wurde ausgewählt:

„Bei einer schweren Ladung kann es vorkommen, dass auf Grund der Gewichtsbeschränkungen pro Achse die vordersten Reihen im Laderaum nur mit einer Palette mittig beladen werden können und z. B. durch Gurte gesichert werden. Die dahinter liegenden Paletten können in Zweier- oder Dreierreihen beladen werden. Bei einer starken Bremsung fehlt diesen Paletten jedoch meist die ausreichende Begrenzung gegen das Verrutschen nach vorne. Dadurch können Transportschäden entstehen."

Für den Vergleich zwischen spontanen Lösungsideen und Lösungsideen aufgrund der Anwendung von Analogien erhielt jeder Unternehmensvertreter fünf Minuten Zeit, um spontane Ideen zur vorliegenden Problemstellung auf Karteikarten zu notieren. Diese Ideen wurden eingesammelt und für die Teilnehmer nicht lesbar an einer Metaplanwand befestigt. Im Anschluss daran wurden die Teilnehmer in Zweier-Teams eingeteilt und haben gemeinsam das Vorgehen im webbasierten Softwaretool getestet. Lösungsideen, die durch die Anwendung des webbasierten Softwaretools entstanden, wurden auf andersfarbige Karteikarten notiert und anschließend ebenfalls an die Metaplanwand geheftet.

Im nächsten Schritt wurden die Ergebnisse der spontanen Lösungsideen mit denen der durch die Anwendung des webbasierten Softwaretool verglichen und diskutiert (siehe Abbildung 47). Das Ergebnis zeigte, dass einige, im Plenum für gute befundene Lösungsideen von den Unternehmensvertretern bereits vor der Nutzung des webbasierten Softwaretool generiert wurden. Andere Teilnehmer hatten erst durch die Unterstützung des webbasierten Softwaretools Impulse erhalten und ähnliche Lösungsideen generiert. Interessant erscheint die Beobachtung, dass Lösungsideen aus der Natur erst durch die Anwendung des webbasierten Softwaretools für die Industrievertreter stimuliert wurden. Begründet wird dies, dass sich die Natur außerhalb des gewohnten Suchradius der Logistiker befindet. Die Distanz zwischen Ziel- und Quellbereich war für alle Unternehmensvertreter zu groß (ferne Analogie) und konnte nur durch die Anwendung des webbasierten Softwaretools überwunden werden. Die Umsetzung von Ideen basierend auf fernen Analogien bewirkt überwiegend radikale Veränderungen (vgl. Kalogerakis et al. 2010, S. 426). Somit wurde gezeigt, dass sich das hier entwickelte Vorgehen für die Generierung von radikalen Innovationsideen eignet.

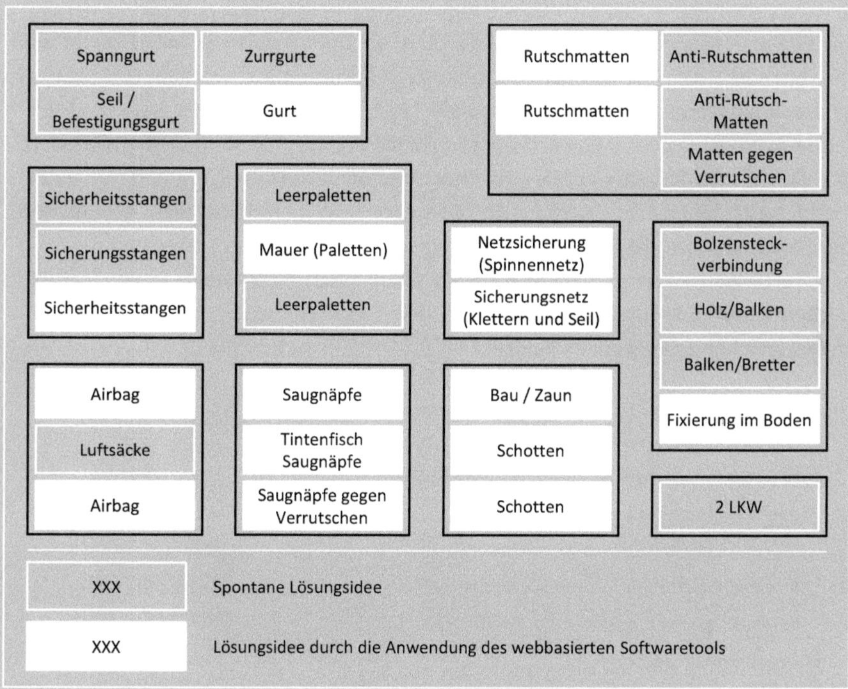

Abbildung 47: Ergebnis der Lösungssuche aus dem Evaluationsworkshop

Nach einer ausführlichen Diskussion über die gefundenen Analogien wurden die Teilnehmer aufgefordert, den bereits konzipierten Evaluationsbogen auszufüllen. Im Anschluss wurde noch offen über das entwickelte Gesamtvorgehen diskutiert. Die Ergebnisse des Evaluationsbogens und der offenen Diskussion werden im folgenden Kapitel dargestellt.

7.3 Ergebnisse der Evaluation

Das Ergebnis der Evaluation setzt sich zum einen aus der Auswertung des Evaluationsbogens und zum anderen aus der offenen Diskussion in der Reflexionsphase des

Workshops zusammen. Nachfolgend werden die Ergebnisse einzeln in den Abschnitten dargestellt und anschließend zu einem Gesamtergebnis zusammengefasst.

7.3.1 Ergebnisse aus dem Evaluationsbogen

Die Evaluationsbögen wurden im Anschluss an den Workshop ausgewertet und konnten somit nicht bei der offenen Diskussion berücksichtigt werden. Die allgemeine Handhabbarkeit und Benutzerfreundlichkeit des webbasierten Softwaretools[24] wurde durchwegs positiv bewertet (siehe Abbildung 48). Das Vorgehen im Softwaretool war für alle Teilnehmer klar erkennbar und die einzelnen Schritte waren ausreichend beschrieben. Der Aufbau des Benutzermenüs erschien allen Teilnehmern logisch strukturiert, die Benutzeroberfläche war übersichtlich gestaltet und die Erklärungstexte wurden von allen Teilnehmern als hilfreich empfunden. In der Software wurden keine überflüssigen Schritte von den Unternehmensvertretern beobachtet und sie machte einen stabilen Eindruck.

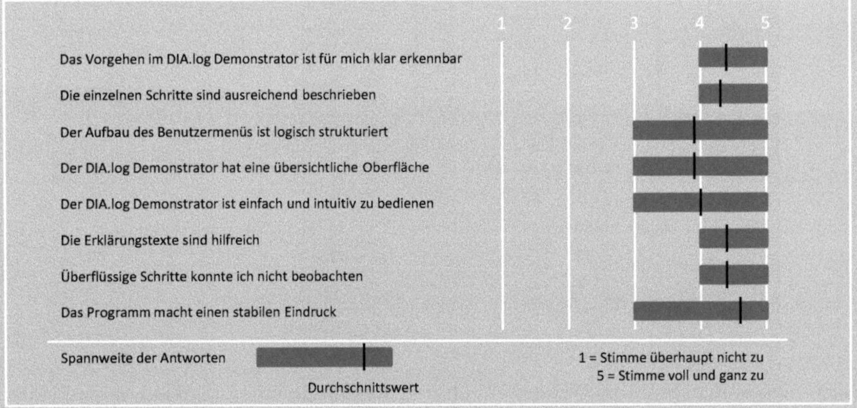

Abbildung 48: Ergebnisse zur Handhabbarkeit und Benutzerfreundlichkeit des webbasierten Softwaretools

Auch die Aufbereitung des Analogienetzwerks in dem webbasierten Softwaretool wurde von den Unternehmensvertretern als gelungen bezeichnet (siehe Abbildung 49). Die Vernetzung von Problemen, abstrakten Begriffen und Analogien war nach-

24 Im Evaluationsbogen wurde anstelle des „webbasierten Softwaretools" der Begriff „DIA.log Demonstrator" verwendet.

vollziehbar und wurde von den Teilnehmern als nützlich eingestuft. Eine Ergänzung des Analogienetzwerks durch eigene Probleme, abstrakte Begriffe und gefundene Analogien konnten sich alle Teilnehmer vorstellen.

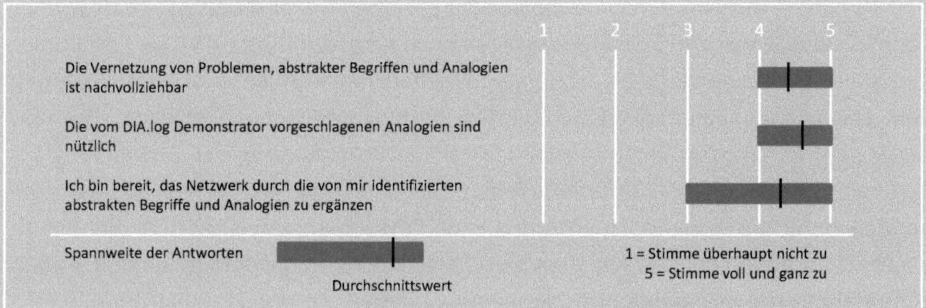

Abbildung 49: Ergebnisse zur Aufbereitung des Analogienetzwerks in dem webbasierten Softwaretool

Für eine Nutzung der webbasierten Software im eigenen Unternehmen wurde eine große Bereitschaft signalisiert (siehe Abbildung 50). Bis auf einen Teilnehmer gaben alle an, dass sie durch die Nutzung der webbasierten Software die Phase der Ideenfindung besser strukturieren konnten. Insgesamt konnte festgestellt werden, dass die Anwendung von Analogien Logistikern hilft, gewohnte Denkbahnen zu verlassen und gezielt Lösungsideen zu entwickeln. Die teilnehmenden Logistiker äußerten sich überzeugt, die hier aufbereitete Anwendung von Analogien sinnvoll in ihrem Unternehmen einsetzen zu können.

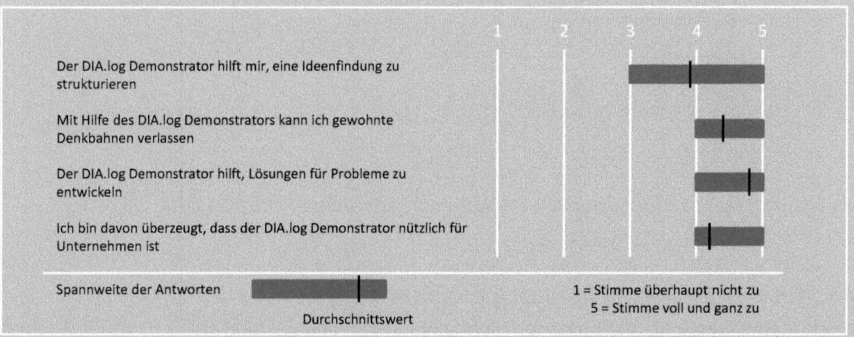

Abbildung 50: Ergebnisse zur Nutzung der webbasierten Software im eigenen Unternehmen

Allgemein wurde das entwickelte Vorgehen als innovativ für die Logistik eingestuft (siehe Abbildung 51). Einige Unternehmensvertreter gaben an, die Anwendung von Analogien bereits vor dem Workshop gekannt und bereits unsystematisch implementiert zu haben. Der Einsatz von Analogien zur gezielten Generierung von Logistikinnovationen wurde von den Teilnehmern als sinnvoll eingestuft. Bis auf einen Teilnehmer genügten den Anwendern die bisherigen Methodenkenntnisse, um die Anwendung von Analogien anhand des webbasierten Softwaretools durchzuführen. Bei den benötigten Ressourcen im Unternehmen für die Durchführung der Anwendung für Analogien waren sich die Unternehmensvertreter uneinig. Nur einige konnten sich vorstellen, für die Anwendung entsprechende Ressourcen bereitzustellen. Ein signifikanter Unterschied bei den Angaben zwischen kleinen, mittelständischen und großen Unternehmen konnte dabei nicht festgestellt werden. Persönlich äußerten alle Teilnehmer, die hier aufbereitete Anwendung von Analogien für die Logistik selbst nutzen zu wollen, da diese gute Anregungen im kreativen Prozess erzeuge.

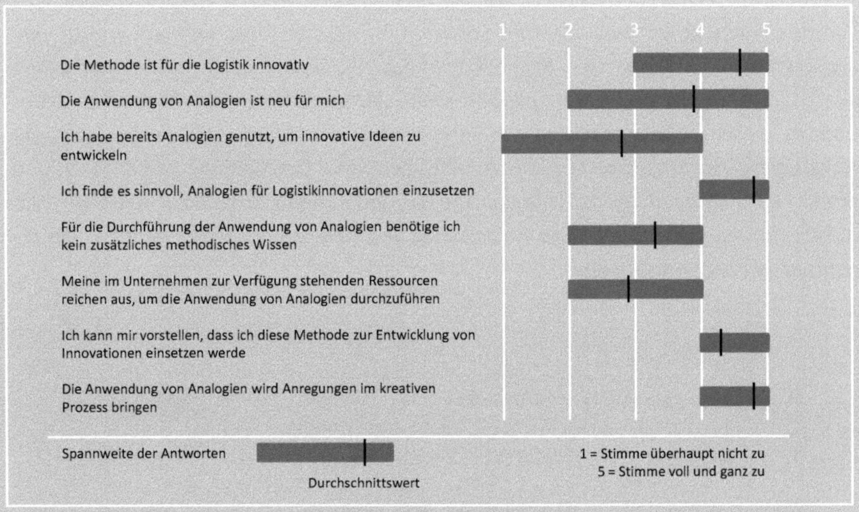

Abbildung 51: Ergebnisse zur Anwendung von Analogien in der Logistik

Bei den offenen Wünschen und Anregungen haben zwei Unternehmensvertreter noch kleine optische Verbesserungsvorschläge für das Softwaretool formuliert, und ein dritter Teilnehmer wünschte sich einen größeren Nutzerkreis der Software und somit eine Erweiterung der Datenbasis des Analogienetzwerks durch die Anwender.

7.3.2 Ergebnisse aus der offenen Diskussion

Das durchweg positive Ergebnis des Evaluationsbogens spiegelte auch die offene Diskussion über die erzielten Ergebnisse am Ende des Workshops wider. Alle Teilnehmer waren sich darüber einig, dass die hier aufbereitete Anwendung von Analogien sinnvoll in der Logistik eingesetzt werden kann, um radikale Innovationen zu erzeugen. Unterstrichen wurde diese Aussage durch Äußerungen wie z. B. „Es ist erstaunlich, wie schnell man die gewohnten Denkbahnen verlässt und auf neue Ideenimpulse kommt" (Unternehmen N). Auch die einfache und anwenderfreundliche Aufbereitung der Anwendung von Analogien durch das webbasierte Softwaretool wurde gelobt. Aussagen wie z. B. „KISS – Keep it short and simple – heißt die Prämisse meines Chefs! Dies haben Sie mit diesem Vorgehen / Softwaretool definitiv geschafft" (Unternehmen S) und „Das Runterbrechen eines komplexen Konzepts in eine simple Software ist Ihnen gelungen" (Unternehmen T) verdeutlichen die Zustimmung.

Ein weiterer Aspekt, der unter den Teilnehmern diskutiert wurde, war die zukünftige Verbreitung der Ergebnisse und der Software. Alle Teilnehmer sprachen sich für ein starkes Bewerben des Forschungsergebnisses aus, um vielen Logistikern die Möglichkeit zu bieten, innovative Ideen zu entwickeln und die Datenbasis des Analogienetzwerks durch Ergänzungen zu erweitern.

7.4 Kritische Würdigung der Ergebnisse

Die letzten drei Kapitel befassten sich mit der Entwicklung eines Vorgehens zur Anwendung von Analogien in der Logistik (Kapitel 5) und der Aufbereitung dieses Vorgehens für die Praxis (Kapitel 6) mit abschließender Evaluation des Gesamtvorgehensmodells anhand des webbasierten Softwaretools (Kapitel 7). Fokus dieser drei Kapitel ist die Klärung der dritten Forschungsfrage:

Wie ist ein Vorgehen für die Anwendung von Analogien in der Logistik auszugestalten?

Bei der Entwicklung des Vorgehens zur Anwendung von Analogien in der Logistik wurden zwei Ansätze verfolgt. Zum einen wurde ein Analogienetzwerk entwickelt, das Logistiker in den Phasen der Abstraktion und der Suche nach analogen Bereichen unterstützt. Da dieses Netzwerk jedoch keinen Anspruch auf Vollständigkeit besitzen kann, wurde zum anderen die Vorgehensweise in den zentralen Schritten der Anwendung von Analogien methodisch an die Anforderungen der Logistiker angepasst.

Auf dieser Basis wurden ein Tool und eine Methode entwickelt, mit denen Logistikern eine eigenständige Identifikation von Analogien zeitnah und kostengünstig möglich ist.

In Kapitel 6 erfolgte im ersten Schritt die Verknüpfung der beiden entwickelten Ansätze zu einem Gesamtvorgehensmodell. Darauf aufbauend wurden die erzielten Ergebnisse in ein webbasiertes Softwaretool überführt und für eine anwenderfreundliche Nutzung aufbereitet.

Die Evaluation und damit die Bewertung des entwickelten Vorgehens erfolgte in Kapitel 7. Dazu wurde das Vorgehen im Rahmen eines Workshops anhand des webbasierten Softwaretools durch Logistiker getestet und anschließend bewertet.

Das entwickelte Gesamtkonzept wurde grundsätzlich durch die Evaluation bestätigt, jedoch wurden auch Limitationen festgestellt. Es ist darauf hinzuweisen, dass sich der Anwender durch die Abstraktion unmittelbar vom ursprünglichen logistischen Problem entfernt. Auf diese Weise können bei einer auf abstrakten Begriffen basierenden Analogiesuche auch solche Quellbereiche identifiziert werden, die sich eben nicht für die Übertragung auf das ursprüngliche Problem in der Logistik eignen. Dies erscheint jedoch als ein notwendiger Schritt, um gewohnte Denkbahnen verlassen zu können und somit radikalere Lösungsideen zu generieren.

Eine weitere Limitation betrifft die Reproduzierbarkeit, Qualität und Quantität der analogen Bereiche zu einem spezifischen Logistikproblem. Wie schon geschildert, ist das Finden von analogen Bereichen stark von der individuellen Wissensbasis der Anwender abhängig. Dies wurde auch an dem Fallbeispiel aus der Evaluation deutlich, als einige Anwender bereits ohne die Unterstützung des webbasierte Softwaretools Lösungsideen vorgeschlagen haben, andere hingegen benötigten den Impuls durch die Anwendung von Analogien. Hier zeigt sich das Potential des Gesamtvorgehens in seiner Eignung für unterschiedlich kompetente Anwender bzw. auch für solche Anwender, die nicht auf bestehende Kompetenzen und Ressourcen zugreifen können.

Kritisch kann allerdings der Einsatz von Analogien als universelle Methode für jegliche Problemstellung in der Logistik angesehen werden. Je nach Zielsetzung der Innovation und der Art des Problems können andere Methoden der Ideengenerierung sinnvoller und eher erfolgversprechend sein. Beispielsweise kann für eine kundenspezifische Anpassung (inkrementelle Innovation) durch einen klassischen Brainstorming oder Brainwriting Ansatz effizienter das gewünschte Ziel erreicht werden als bei der in dieser Arbeit entwickelten Vorgehensweise. Die Anwendung von Analogien ist jedoch aufgrund der Vorgehensweise über eine Abstraktion besonders für die Generierung von radikalen Ideen geeignet. Diese Aussage wurde auch von den Experten bestätigt.

Als positive Resonanz aus der Evaluation ist zu vermerken, dass das entwickelte Gesamtvorgehensmodell im webbasierten Softwaretool anwendungsfreundlich aufbereitet vorliegt. Die Unterstützung des Analogienetzwerks während des gesamten Prozesses wurde als hilfreich angesehen. Insgesamt erachten die beteiligten Unternehmen den Einsatz von Analogien als sinnvoll, um besonders radikale Ideenimpulse zu erzeugen. Den künftigen Einsatz der Methode im eigenen Unternehmen können sich alle Teilnehmer des Workshops vorstellen.

Das angewandte Fallbeispiel in der Evaluation hat zudem das große Potential der Anwendung von Analogien in der Logistik verdeutlicht, indem die Anwender erst durch die Anwendung des webbasierten Softwaretools analoge Lösungsbereiche in der Natur (z. B. Saugnäpfe) identifizierten. Diese Lösungsbereiche wurden alleine durch ein normales Brainstorming nicht erkannt.

8 Schlussbetrachtung

In der Schlussbetrachtung werden zunächst die zentralen Ergebnisse der Arbeit zusammengefasst. Abschließend werden im Ausblick Möglichkeiten für weiterführende Forschungsaktivitäten aufgezeigt, die im Rahmen dieser Arbeit identifiziert wurden.

8.1 Zusammenfassung

Die Logistikbranche ist durch ein sich ständig wandelndes Kundenverhalten, verschärften globalen Wettbewerb und den rasanten technologischen Fortschritt herausgefordert, kontinuierlich innovative Ideen zu generieren, um ihre Wettbewerbsfähigkeit sicherzustellen. Im Vergleich der Logistikbranche mit Herstellern von physischen Produkten ist jedoch festzustellen, dass ein systematisches Innovationsmanagement kaum etabliert ist und meist nur inkrementelle Innovationen erzeugt werden.

Vor diesem Hintergrund ist das Forschungsziel dieser Arbeit die Unterstützung der Logistik bei der eigenständigen Entwicklung von radikalen Innovationen. Zum Erreichen des Forschungsziels wurden drei Forschungsfragen aufgestellt, die in einer chronologischen Reihenfolge bearbeitet wurden. Die erste Forschungsfrage beschäftigt sich mit dem Entstehungsprozess von Innovationen in der Logistik. Aufbauend auf diesen Erkenntnissen wurde ein vielversprechender Ansatz für die Entwicklung von radikalen Logistikinnovationen ausgewählt. Die zweite Forschungsfrage setzt sich mit dem Stand der Forschung zu dem ausgewählten Innovationsansatz auseinander. Die dritte Forschungsfrage zielt auf die Entwicklung und Bewertung des ausgewählten Ansatzes für die Logistik ab.

Als Basis für das Gesamtforschungsvorhaben wurden die grundlegenden Begriffe Innovation, Innovationsmanagement, Analogien und Logistik definiert, bevor die ausführliche Analyse des Themenbereichs Innovationsmanagement in der Logistik erfolgte. Im Folgenden werden die zentralen Ergebnisse in der Beantwortung der einzelnen Forschungsfragen zusammengefasst:

1. Forschungsfrage: Wie entstehen aktuell Innovationen in der Logistik?

Im Stand der Forschung wurden die Besonderheiten des Innovationsmanagements der Logistik aufgezeigt. Es wurde festgestellt, dass eine unreflektierte Übertragung der klassischen Ansätze des Innovationsmanagements für physische Produkte aufgrund dieser Besonderheiten für nicht sinnvoll erachtet wird. Bereits entwickelte Ansätze eines Innovationsmanagements in der Logistik werden jedoch kaum in der Praxis genutzt.

Um diese Aussage genauer zu untersuchen, wurden in 18 Logistikunternehmen qualitative Experteninterviews geführt und eine Fokusgruppe zu diesem Themenbereich befragt.

Das Ergebnis des bisherigen Stands der Praxis verdeutlicht, dass in der Logistikbranche Innovationen kaum systematisch entwickelt werden. Meist entstehen diese als Reaktion auf einzelne Kundenwünsche, die spezifische Anpassungen bestehender Lösungen beinhalten. Weiter verschärft wird die Ist-Situation durch die geringe Methodenkenntnis der Logistiker im Bereich Innovationsmanagement. Insbesondere methodische Herangehensweisen zur Entwicklung von radikalen Innovationen sind unbekannt.

Aus den Ergebnissen zur Klärung der ersten Forschungsfrage heraus ergab sich der Handlungsbedarf, ein Vorgehen zur Entwicklung von radikalen Innovationsideen für die Logistik zu konzipieren. Der aus dem klassischen Innovationsmanagement bekannte Ansatz der Anwendung von Analogien erwies sich für die Übertragung auf die Logistik als vielversprechend.

2. Forschungsfrage: Existieren Ansätze der Verwendung von Analogien, um Logistikinnovationen zu generieren?

Zur Beantwortung der zweiten Forschungsfrage wurden vorhandene allgemeine Vorgehensmodelle diskutiert und daraus ein sechsstufiges Vorgehensmodell für die Logistik abgeleitet. Einige Vorgehensmodelle bieten in einigen Phasen methodische Unterstützungen an. Interessant sind dabei allgemeine bionische Kataloge, die die Analogiesuche vereinfachen. Ein methodisches Defizit wurde jedoch besonders in der entscheidenden Phase der Abstraktion festgestellt.

Zur Analyse des Stands der Forschung bei der Anwendung von Analogien in der Logistik wurde ein Systematic Literature Review durchgeführt. Das Ergebnis zeigt, dass Analogien in Einzelfällen bereits erfolgreich in der Logistik eingesetzt werden. Weiterhin wird der Bedarf an Methoden zur Entwicklung von radikalen Logistikinnovationen in einigen Literaturquellen dargestellt. Eine strukturierte Vorgehensweise für die Identifikation von Analogien für die Logistik konnte jedoch nicht gefunden werden.

3. Forschungsfrage: Wie ist ein Vorgehen für die Anwendung von Analogien in der Logistik auszugestalten?

Für die Bearbeitung der dritten Forschungsfrage wurden zwei Ansätze verfolgt. Zum einen wurden die entscheidenden Phasen der Abstraktion und Analogiesuche durch für die Logistik geeignete Methoden ergänzt. Zum anderen wurde in Anlehnung an die allgemeinen bionischen Kataloge ein Analogienetzwerk für die Logistik entwickelt.

Als für die Logistik geeignete Abstraktionsmethoden erwiesen sich die KJ-Methode und die progressive Abstraktion. Bei den Analogiesuchmethoden kann sowohl eine personenbasierte als auch medienbasierte Suche sinnvoll sein. Abhängig von den zur Verfügung stehenden Ressourcen und den im Unternehmen vorhandenen Methodenkenntnissen kann eine bestimmte Methode als geeignet ausgewählt werden.

In dem Analogienetzwerk wurden anhand von qualitativen Experteninterviews in 8 Logistikunternehmen insgesamt 56 allgemeine Logistikprobleme identifiziert. Diese wurden durch unterschiedliche Gruppen abstrahiert und mit 188 analogen Bereichen verknüpft.

Im Anschluss wurden die beiden entwickelten Ansätze zu einem Gesamtvorgehen zusammengeführt. Zur Aufbereitung des entwickelten Gesamtvorgehens wurden die Ergebnisse in ein webbasiertes Softwaretool überführt und ein Leitfaden erstellt, wodurch eine Evaluation durch Unternehmensvertreter möglich wurde.

Die Evaluation erfolgte durch eine Fokusgruppe von sechs Logistikunternehmen im Rahmen eines Workshops. Die Teilnehmer ermittelten unterstützt durch das webbasierte Softwaretool analoge Bereiche zu einem vorgegebenen Logistikproblem und evaluierten sowohl anonym mit einem Evaluationsbogen als auch in einer offenen Diskussion die Gesamtergebnisse der hier dargestellten Arbeit.

Das Ergebnis der Evaluation verdeutlicht, dass die Methode für die Entwicklung von radikalen Lösungsideen in der Logistik geeignet ist. Durch das webbasierte Softwaretool ist ein schneller und zielgerichteter Einsatz von Analogien in der Logistik möglich. Demnach stellt das hier entwickelte Vorgehen eine erfolgversprechende und methodisch fundierte Basis für die Generierung von radikalen Innovationen in der Logistik dar. Die Zielsetzung der Arbeit wurde damit erreicht.

8.2 Ausblick

Aufgrund des gewählten Forschungsziels, der bereits genannten Limitationen und der Aussagen von Unternehmensvertretern bestehen zahlreiche interessante Anknüpfungspunkte für weiterführende Forschungsaktivitäten.

Da das Analogienetzwerk in der hier enger fokussierten Darstellung keinen Anspruch auf Vollständigkeit verfolgen konnte, liegt auch in diesem Ansatz großes Forschungspotential. In der Arbeit wurde bereits eine große Anzahl von Logistikproblemen über abstrakte Begriffe mit analogen Bereichen verbunden. Eine Erweiterung durch neue Logistikprobleme, herausgefiltert etwa anhand von qualitativen Interviews im Bereich der Kernleistungen Lager und Umschlag, ist daher gut möglich. Eine Ergänzung von analogen Bereichen könnte z. B. ähnlich wie bei Ideenwettbewerben durch die Nutzung von öffentlichen Plattformen im Internet erfolgen.

Eine weitere Forschungsaktivität könnte der Analyse des Nutzerverhaltens des webbasierten Softwaretools durch Unternehmensvertreter gelten. Aus den Ergebnissen dieser Untersuchung könnten Maßnahmen abgeleitet werden, um mehr Logistiker für die Nutzung und Erweiterung des webbasierten Softwaretools anzusprechen, so dass diese das webbasierte Softwaretool in ihren Innovationsprozess integrieren. Die Datenbasis des Analogienetzwerks könnte dadurch stark vergrößert werden.

Nicht zuletzt das webbasierte Softwaretool bietet Ansatzpunkte zur Weiterentwicklung. Beispielsweise könnten im Netzwerk zu den analogen Bereichen in der Logistik bereits von Unternehmen umgesetzte beispielhafte Logistiklösungen aufgezeigt werden. Dadurch wären die dargestellten Analogien für den Logistiker verständlicher, da eine Übersetzung (Decoding) in die Logistik stattgefunden hat.

Die hier erzielten Ergebnisse wurden speziell an die Anforderungen der Logistik angepasst. Andere Dienstleistungsbereiche oder Industrien wurden nicht berücksichtigt. In einem nächsten Schritt könnte eine Ausweitung des Zielbereichs der Analogien durchgeführt werden.

Für das innovative Gesamtvorgehen wäre noch zu überlegen, inwieweit der Aspekt der generellen Innovationsbereitschaft in Logistikunternehmen mit dem Anliegen dieser nun vorliegenden Forschungsergebnisse verbunden werden kann. Wenn Unternehmensvertreter mehrheitlich schildern, dass sie nicht nur in der Phase der Ideengenerierung Schwierigkeiten haben, sondern auch in allen anderen Phasen und insbesondere bei der Implementierung von Innovationen und neuen Technologien, sollte dies als direkter Impuls für die Wissenschaft verstanden und aufgenommen werden. Der explizite Wunsch nach Ansätzen und Methoden, um in allen Phasen einer Innovation strukturiert vorgehen zu können, birgt eine interessante und volkswirtschaftlich bedeutsame Herausforderung. In dieser Perspektive entspricht es dem Ziel der vorliegenden Arbeit, hier einen ersten Beitrag zu leisten.

Anhang I: Zuordnung der Methoden in den Innovationsprozess

Im Folgenden werden die in der Literatur gefundenen Methoden (alphabetische Reihenfolge) in den Innovationsprozess zugeordnet (vgl. Trommsdorff und Steinhoff 2013, S. 281 ff.; Vahs und Brem 2013, S. 281 ff.; Hauschildt und Salomo 2011, S. 279 ff.; Wildemann 2010, S. 148 ff.; Kobe 2007, S. 34; Klement 2007, S. 218; Disselkamp 2005, S. 89 ff.; Wahren 2004, S. 134; Horsch 2003, S. 137 ff.; Gaul und Volkmann 2000, S. 77; Geschka 1986, S. 150):

Ideengenerierung

Analogien

Attribute Listing

Benchmarking

Betriebliches Vorschlagswesen

Bibliometrie

Bildmappen-Brainwriting

Bionik

Brainstorming

Brainwriting

Brainwriting-Pool

Business Process Reegineering

ClusterVerfahren

Datenbanken

Denkhüte

Dokumentenrecherche

Empathic Design

Exkursionssynektik

Experten-Workshops

Explorative Gespräche

Fokusgruppen

Galerie-Methode

Gap-Analyse

Historische Analogien

Hutwechsel-Methode

Ideen-Delphi

Ideen-Notizbuch-Austausch

Ideenworkshop

Kartenumlauftechnik

Kernkompetenzanalyse

Konfrontationstechniken

Kopfstandtechnik

Kreativitätszirkel

Kundenbefragung

Kundengespräch

Kontinuierlicher Verbesserungsprozess

Lead-User-Methode

Literaturanalyse

Marktforschung

Meta-Plan

Methode 635

Mind-Mapping

Modifizierende Morphologie

Morphologische Matrix
Morphologischer Kasten
Morphologisches Tableau
Osborn-Checkliste
Patentanalyse
Positionierungsmodelle
Produktklinik
Produktportfolio
Produkt-Roadmaps
Progressive Abstraktion
Provokationstechnik
Qualitätszirkel
Reizobjektermittlung
Reizwort- oder Zufalleinstiegstechnik
Reizwortanalyse
Relevanzbaum
Ringtauschtechnik
Roadmaps
Sechs-Hut-Methode
Semantische Intuition
Sequentielle Morphologie
SIPInnovationstag
SIP-Re-Creation-Methode
SIP-Zukunftskonferenz
Suchfeldanalyse
Synektik
Systematische Reizobjektermittlung
Szenarien
Technologie-Roadmaps
TILMAG-Methode
TRIZ
Value Innovation
Verfechtungsmatrix
Visuelle Konfronation
Visuelle Konfrontation in der Gruppe
ViT-Methode
Walt-Disney-Kreatitätsstrategie
Widerspruchsorientierte Lösungsfindung
Workshop
Zukunftswettbewerbe

Konzeptentwicklung

Benchmarking
Bibliometrie
Brainstorming
Checklisten
Conjoint-Analyse
Delphi-Methode
Entscheidungsbaum
Fast Concept Development
Feasibility-Studie
FMEA
Fokusgruppen
Historische Analogiebildung
House of Quality
Information Acceleration
Innovation Scorecard
Integratives Bewertungsverfahren

Investitionsrechnungs-Methoden
Investitionstheoretische Verfahren
Kapitalwertmethode
Konstantsummen-Verfahren
Kosten-Nutzen-Analyse
Kreativitäs-Innovations-Matrix
Kundennutzen-Matrix
Kundenzufriedenheitsanalyse
Labormuster
Literaturanalyse
Machbarkeits- und Attraktivitätsanalyse
Mapping
Marktportfolio
Marktpotentialanalyse
Markt-Technologie-Portfolio
Modellsimulation
Morphologische Klassifikation
Nutzwertanalyse
Paarweiser Vergleich
Patentanalyse
Polarkoordinatendarstellung
Portfolioanalyse
Projektprofile
Pro-und-Kontra-Methode
Qualitative Kundenbafragung
Quality Function Development
Quintessenz-Technik
Relevanzbaumanalyse
Risikoanalyse
Semantisches Differenzial
Softwareprototypen
Stakeholder-Analyse
SWOT-Analyse
Szenarioanalyse
Target Costing
Technologiekalender
Trendextrapolation
Verflechtungsmatrixanalyse
Wertschöpfungsprozessanalyse
Wirtschaftlichkeitsanalyse

Entwicklung

Conjoint-Analyse
Design for Manufacture and Assembly
Einflussanalyse
FMEA
Fokusgruppen
Funktionsanalyse
House of Quality
Innovation Report Card
Innovation Scorecard
Lastenheft
Life-Cycle-Costing
multivariante Datenanalysemethoden
Pflichtenheft
Positionierungsanalyse
Product Reverse Engineering
Prozesskostenrechnung

Quality Function Deployment

Rapid Prototyping

Segmentierungsanalyse

Simultaneous Engineering

Target Costing

WISA

Test

Akzeptanztests

Benchmarking

Diffusionsanalyse

FMEA

Fokusgruppen

Funktionsanalyse

Information Acceleration

Mini-Markttest

Store-Tests

Testmarktsimulationen

Implementierung

Akzeptanztests

Benchmarking

Diffusionsanalyse

Fokusgruppen

Information Acceleration

Kundenzufriedenheitsanalyse

Life-Cycle-Stretching

Marktpotentialanalyse

Mini-Markttests

Positionierungsanalyse

Store-Tests

Testmarktsimulationen

Anhang II: Interviewleitfaden zum Innovationsprozess in der Logistik

A. Einführung

1. Intervieweröffnung
    a. Begrüßung
    b. Erläuterung des Interviewablaufs
    c. Hinweis und Bitte, dass das Gespräch aufgezeichnet wird
    d. Möglichkeit der Erhebung unternehmensbezogener Daten (sonst am Ende)

B. Grundlagen

2. Begriffsdefinition „Innovation"
    a. Was bedeutet für Sie allgemein der Begriff „Innovation"?
    b. Was sind für Sie „Innovationen in der Logistik?"
    c. Erläuterung anhand der Charakterisierung eines logistischen Innovationsprojekts
3. Rahmenbedingungen
    a. Welchen Rahmenbedingungen unterliegt die Logistikbranche und welche Herausforderungen resultieren daraus?
    b. Welchen Herausforderungen steht speziell Ihr Unternehmen gegenüber und wie begegnen Sie diesen?
4. Innovationen in Ihrem Unternehmen
    a. Wie beurteilen Sie die Innovationsvoraussetzungen in Ihrem Unternehmen? (Dürfen, Wollen, Können)
    b. Existiert in Ihrem Unternehmen eine Strategie zur Entwicklung von Logistikinnovationen?
    c. Haben Sie in den letzten Jahren neue Logistikkonzepte umgesetzt? (Wenn ja: Wie viele? Anteil am Gesamtumsatz?)
    d. Wie viele Ihrer neu entwickelten Logistikdienstleistungen sind in den Markt eingeführt worden und bestehen auch nach einem Jahr noch (ursprünglich nach Frage 5.1)?
    e. Welchen Charakter (Neuheitsgrad) haben diese neuen Logistikkonzepte? In welchem Grad haben sich Ihre Geschäftsprozesse dabei verändert?

C. Hauptteil

5. Verfolgen Sie ein systematisches Innovationsmanagement in Ihrem Unternehmen?
   a. Wenn **JA**:
      i. Wie sieht beispielhaft der Innovationsprozess in Ihrem Unternehmen aus?
      ii. In welchen Bereichen werden Logistikinnovationen angestrebt?
      iii. Welche F&E-Aktivitäten führen zu Logistikinnovationen?
      iv. Wie ist das Innovationsmanagement in Ihrem Unternehmen organisatorisch abgebildet?
      v. Wer bringt die Innovationen hervor (verantwortliche Abteilung)?
      vi. Wie viele Personen sind beteiligt?
      vii. Was/Wer sind darüber hinaus Auslöser von Innovationen?
      viii. Inwieweit und wie integrieren Sie Ihre Kunden in den Prozess? Welche Informationen liefert Ihnen der Kunde?
      ix. Gibt es ein festes Budget für das Innovationsmanagement in Ihrem Unternehmen?
      x. Wie hoch ist dieses gemessen am Umsatz?
      xi. Für wie bedeutend halten Sie die einzelnen Phasen des Innovationsprozesses bei der Entwicklung neuer Dienstleistungen?
      xii. Wie viel Zeit verwenden Sie auf die einzelnen Phasen im Innovationsprozess?
      xiii. Welche Methoden des Innovationsmanagements wenden Sie in welchen Phasen des Innovationsprozesses an?
      xiv. Verfolgen Sie die daraus gewonnenen Erkenntnisse stringent?
      xv. Wie lange dauert der Innovationsprozess (bzw. die einzelnen Phasen) bei Ihnen im Unternehmen?
      xvi. Worin sehen Sie den Vorteil einer methodischen Herangehensweise (welche Ziele verfolgen Sie durch Ihr Innovationsmanagement)?
   b. Wenn **NEIN**:
      i. Warum nicht?
      ii. Haben Sie bereits Innovationsmanagementerfahrungen in Ihrem Unternehmen gemacht?
      iii. Welche Instrumente nutzen Sie derzeit, um Wachstum und Profitabilität zu gewährleisten?
      iv. Betreiben Ihre direkten Wettbewerber ein Innovationsmanagement?

v. Könnten Sie sich vorstellen, mit Wettbewerbern oder Kunden in Zukunft neue Logistikkonzepte zu erarbeiten?
vi. Könnten Sie sich vorstellen ein Innovationsmanagement in Zukunft zu implementieren?
vii. Worin sehen Sie die Barrieren bezüglich der Einführung eines Innovationsmanagements?
viii. Wen sehen Sie in der Rolle des Innovationstreibers?
ix. Welchen Benefit müsste ein systematischer Innovationsprozess erzeugen, damit sie diesen implementieren würden?

D. Weitere Aspekte

6. Innovationserfolg
   a. Schaffen Sie es, den aktuellen Marktanforderungen mit neuen Logistikkonzepten gerecht zu werden und inwiefern führen Sie dies auf Ihre Vorgehensweise bei der Innovationsgenerierung zurück?
   b. Was sind Ihrer Meinung nach wichtige Komponenten (Erfolgsfaktoren) für ein erfolgreiches Innovationsmanagement in der Logistik?
7. Innovationsmanagement von Logistikdienstleistungen
   a. Sehen Sie die Möglichkeit, das Innovationsmanagement für Logistikdienstleistungen zu systematisieren – ähnlich wie in anderen Branchen?
   b. Worin sehen Sie die Unterschiede bei der Anwendung eines Innovationsmanagements für Logistikdienstleistungen im Gegensatz zu Produkten?
   c. Wie schützen Sie Ihre Ideen vor Ihrer direkten Konkurrenz?
8. Ausblick: Wohin wird sich Ihrer Meinung nach die Branche der Logistikdienstleistungen in Zukunft entwickeln?

E. Abschluss

9. Erhebung unternehmensbezogener Daten
10. Zugang zu Unternehmensberichten, Gesprächsempfehlungen, etc. abfragen
11. Zusendung von Informationsmaterial

Anhang III: Teilnehmer des Workshops zur Ermittlung der Anforderungen

Nr.	Unternehmen	Branche	Position
1	Unternehmen L	Transporteur und Lagereibetrieb	Geschäftsführer
2	Unternehmen Q	KEP-Dienstleister	1. Leiterin Strategie Management 2. Mitarbeiterin Strategie Management
3	Unternehmen S	Ersatzteillogistik	Business Development Manager
4	Unternehmen T	Logistiksoftwarehersteller	Geschäftsführer
5	Unternehmen U	Nutzfahrzeuginstandhaltungsunternehmen	Geschäftsführer

Anhang IV: Interviewleitfaden zu den Problemen in der Logistik

A. Einführung

1. Das Unternehmen
   a. Erläuterung des Interviewablaufs
   b. Hinweis und Bitte, dass das Gespräch aufgezeichnet wird
   c. Möglichkeit der Erhebung unternehmensbezogener Daten (sonst am Ende)

B. Grundlagen

2. Innovationsmanagement - IST Zustand
   a. Betreiben Sie eine kontinuierliche Verbesserung Ihrer eigenen Prozesse?
      i. Wie wird dieser Prozess in der Organisation abgebildet? Wer ist für diese Prozesse verantwortlich?
      ii. Welche Methoden werden eingesetzt?
      iii. Können Sie den Erfolg dieser Methoden einschätzen?
   b. Haben Sie in den letzten drei Jahren eine für den Kunden sichtbare Innovation Ihres Kerngeschäftes umgesetzt?
      i. Welche Innovationen wurden umgesetzt?
      ii. Wie wurde dieser Prozess in der Organisation abgebildet? Wer war für den Innovationsprozess verantwortlich?
      iii. Welche Methoden wurden für die Generierung dieser Innovation eingesetzt?

C. Hauptteil

3. Verbesserungsbedarf beim Transport
   a. Wo sehen Sie einen Verbesserungsbedarf Ihres Transportprozesses?
      i. Tourenplanung und Fahrwegoptimierung
      ii. Einsatzdisposition von Fahrern und Transportmitteln
      iii. Transportverfolgung und Sendungsinformation
      iv. Übermittlung der Route an den Fahrer
      v. Transport der Güter
   b. Sind für diese Verbesserungen technische Innovationen nötig?
      i. IT-Technik
      ii. Transportmittel
      iii. Transporteinheiten

iv. Verpackung
v. Ladungssicherung
vi. Automatisierung

4. Verbesserungsbedarf beim Umschlag
    a. Wo sehen Sie einen Verbesserungsbedarf Ihres Umschlagprozesses?
        i. Im Bereich Planung/Disposition
            - Pack- und Stauoptimierung
            - Disposition von Ladungsträgern und Transporthilfsmitteln
            - Organisation des Umschlagbetriebs
        ii. Im Bereich Wareneingang:
            - Entladung des Anlieferverkehrsträgers
            - Warenannahme
            - Qualitätsprüfung
            - Umpacken
            - Ladungsträgerwechsel
        iii. Im Bereich Warenausgang:
            - Transport zum Versand
            - Zusammenführen und Sortieren
            - Packen und Etikettieren
            - Verdichten und Verschließen
            - Versandbereitstellung
            - Beladung der Verkehrsträger
    b. Sind für diese Verbesserungen technische Innovationen nötig?
        i. Im Bereich IT-Technik
        ii. Im Bereich Umschlagmittel
        iii. Im Bereich Laderampen
        iv. Im Bereich Transporteinheiten
        v. Im Bereich Verpackung
        vi. Im Bereich Automatisierung
5. Verbesserungsbedarf im Lager
    a. Wo sehen Sie einen Verbesserungsbedarf Ihres Lagerprozesses?
        i. Im Bereich Planung/Disposition
            - Organisation des Lagerbetriebs
            - Lagerplatzverwaltung
            - Bestandsführung und Nachschubdisposition
            - Auftragsbearbeitung
        ii. Im Bereich Einlagerung
        iii. Im Bereich Kommissionierung

iv. Im Bereich Auslagerung

b. Sind für diese Verbesserungen technische Innovationen nötig?
   i. Im Bereich IT-Technik
   ii. Im Bereich Lagerhallen
   iii. Im Bereich Transportmittel
   iv. Im Bereich Automatisierung

6. Verbesserungsbedarf bei der Dienstleistungsqualität
   a. In welchen Bereichen wollen Sie Ihre Dienstleistungsqualität verbessern?
      i. Im Bereich Transparenz des Prozesses für den Kunden
      ii. Im Bereich Lieferfähigkeit
      iii. Im Bereich Lieferzeit
      iv. Im Bereich Lieferqualität
      v. Im Bereich Liefertreue
      vi. Im Bereich Vernetzung mit anderen Dienstleistern
      vii. In sonstigen Bereichen
7. Verbesserungsbedarf bei dem Kundenkontakt
   a. Sehen Sie im Bereich Kundenkontakt Verbesserungsbedarf?
      i. Im Bereich Auftragsannahme
      ii. Im Bereich Auskunftsbereitschaft
      iii. Im Bereich Rückmeldung an den Kunden
      iv. Im Bereich Umgang mit Beschwerden
      v. Im Bereich Rechnungsstellung/Bezahlung
      vi. Im Bereich Kundenbindung
   b. ii. Sind für diese Verbesserungen technische Innovationen nötig?

D. Abschluss

8. Zukünftige Herausforderungen
   a. f. Worin sehen Sie die größte Herausforderung Ihres Unternehmens
      i. in den nächsten drei Jahren?
      ii. in 10 – 20 Jahren?
         - Globalisierung
         - Umwelt- und Ressourcenschutz
         - Sicherheitsanforderungen
         - Technologieinnovationen
         - Regulierungen
         - Demografischer Wandel
         - Individualisierung
9. Offene Punkte
10. Verabschiedung

Anhang V: Ermittelte Problemfelder

Problemfeld	Zugeordnete Probleme
Einsatzplanung und Disposition	Flexibilität bei Marktschwankungen
	Geringe Transparenz
	Routenplanung
	Vermeiden von Leerfahren
Finanzen	Hohe Beschaffungskosten
	Hohe Energiekosten
	Schlechte Zahlungsmoral
	Starker Preiskampf
Kundenbetreuung	Beschwerdemanagement
	Erreichbarkeit des Kunden bei Problemen verbessern
	Image
	Individuallogistik
	Kein fester Ansprechpartner für den Kunden
	Kundenanreiz schaffen für die Nutzung vorhandener Schnittstellen
	Rückfrachten
	Starke Kundenbindung an einzelne Mitarbeiter
Lager	Kapazitätsprobleme
	Lager über mehrere Standorte verteilt
	Nachfrageschwankungen bei Artikeln
	Suche nach Artikeln
	Temperatur des Lagers
Ökologische Verbesserung	Alternative Kraftstoffe
	Anreize zur Umsetzung ökologischer Innovationen schaffen
	Planung der Fahrstrecken nach kraftstoffsparenden Kriterien
Personal	Mangel an qualifiziertem Personal
	Menschliches Versagen

Anhang V: Ermittelte Problemfelder

Problemfeld	Zugeordnete Probleme
	Schwierigkeiten bei der Mitarbeitermotivation
Prozessüberwachung	Echtzeit-Sendungsverfolgung
	Hoher Aufwand für eine Prozessüberwachung
	Störungsmeldung und Dokumentation
Schnittstellenprobleme	Echtzeit-Störungsmeldung
	Uneinheitliche Lieferscheine und Frachtdokumente
	Fehlende Motivation bei der Nutzung vorhandener Schnittstellen
	Fehlerhafte Übertragung
	Mehrfacheingaben
	Sprachprobleme
	Vereinfachung bei der Erfassung von Auftragsdaten
Transport	Ausnahmegenehmigungen
	Infrastruktur
	Kleine Versandeinheiten
	Ladungsdiebstahl
	Ladungssicherung
	Lenk- und Rastzeiten
	Sicherheit
	Temperatur des Transports
	Unfallvermeidung
	Vermeidung von Fehlmengen
	Zuverlässige Ankunftszeiten
Transportträger	Einhaltung von Gewichtsobergrenzen
	Größere Transporteinheiten
	Rückführung von Ladungsträgern/Palettentausch
	Skalierung von Transporteinheiten
Verpackung und Kommissionierung	Kleine Versandeinheiten
	Manuelle Arbeitsschritte

Problemfeld	Zugeordnete Probleme
	Optimierung der Zusammenstellung von Ladeeinheiten
	Transportfreundliche Verpackungsdesigns

Tabelle 25: Liste der genannten Logistikprobleme

(Kersten et al. 2014, S. 25 ff.)

Anhang VI: Liste der Logistikprobleme mit den zugeordneten abstrakten Begriffen

Im Folgenden werden die durch die Interviews ermittelten Logistikprobleme kurz definiert und anschließend die zugehörigen abstrakten Begriffe aufgelistet. Die Auflistung der einzelnen Logistikprobleme ist in elf thematische Bereiche unterteilt.

Einsatzplanung und Disposition

Flexibilität bei Marktschwankungen – Die Logistik als Schnittstellenfunktion ist sehr stark Marktschwankungen ausgesetzt. Marktschwankungen resultieren aus einer Veränderung der Marktstruktur, Marktverschiebungen sowie konjunkturellen und saisonalen Schwankungen in der Nachfrage von physischen Produkten. Für die Logistik entstehen so Veränderungen des Transportaufkommens in Größe, Frequenz und Richtung, auf die sie flexibel reagieren muss.

Adaption	Allokation	Anpassungsfähigkeit
Flexibilität	Kompatibilität	Kontrollmechanismus
Kooperation	Minimierung	Monitoring
Reduzierung	Risikominimierung	Überwachung
Verteilung	Vorsorge	Warnsysteme/Alarm
Zuordnung		

Geringe Transparenz – Der Kunde stellt dem Logistiker oft nur wenige Informationen über die zu transportierende Ware zur Verfügung oder liefert wichtige Informationen erst spät. Dadurch entstehen auf Seiten der Logistik eine gewisse Planungsunsicherheit sowie ein Mehraufwand durch eigene Ermittlung fehlender Daten.

Anreize	Attraktivität	Erreichbarkeit
Flexibilität	Informationsaustausch	Kommunikation
Kooperation	Lockmittel	Meldung
Motivation	Nutzenverdeutlichung	Planung
Übermittlung	Übertragung	Überzeugung

Routenplanung – Logistiker haben Probleme damit, dass durch Staus oder andere Behinderungen nicht immer der kürzeste Weg von A nach B gefahren wird. Weiterhin legen manche Sendungen unnötige Wege zurück, da die Knotenpunkte/Sammelpunkte nicht optimal gewählt wurden oder eine Sortierung der Sendungen erst sehr spät erfolgt.

Allokation	Konsolidierung	Minimierung
Planung	Reduzierung	Selektion
Vorsorge	Warnsysteme/Alarm	Zuordnung

Vermeiden von Leerfahren - Eine Leerfahrt ist eine Fahrt ohne Fracht zwischen zwei Zielen. Meist kann ein LKW nicht beim Entladekunden sofort wieder neue Fracht aufnehmen und muss leer zum nächsten Kunden fahren. Diese Zwischenstrecke ist eine Leerfahrt, die der Transporteur nicht bezahlt bekommt. Auch die vergebliche Anfahrt zu einer Abholung gilt als Leerfahrt.

Allokation	Konsolidierung	Kooperation
Mehrwegsystem	Minimierung	Planung
Raumausnutzung	Reduzierung	Skalierung
Verteilung		

Finanzen

Hohe Beschaffungskosten – Speziell kleine und mittelständische Logistikdienstleister haben das Problem, dass sie selbst meist ein zu geringes Abnahmevolumen bei Bestellungen (z. B. Reifen, Mobilfunkverträge, LKW,...) haben und deshalb keine Mengenrabatte wie große Logistikunternehmen gewährt bekommen.

Kooperation	Kostenmanagement

Hohe Energiekosten – Die Energiekosten, besonders für den Kraftstoff, sind in den letzten Jahren sehr stark gestiegen und konnten nicht direkt an den Kunden weitergegeben werden. Durch die meist schlechte Verhandlungsposition der Logistikdienstleister ist eine realistische Preisanpassung oft nicht möglich.

Adaption	Anpassungsfähigkeit	Energie
Flexibilität	Kompatibilität	Kostenmanagement

Schlechte Zahlungsmoral – Kunden fordern oft ein Zahlungsziel von 90 Tagen und mehr. Dadurch können bei Logistikdienstleister Liquiditätsprobleme entstehen.

Anreize	Kostenmanagement	Lockmittel
Nutzenverdeutlichung	Überzeugung	Wertevermittlung

Starker Preiskampf – Durch den starken Wettbewerb in der Logistikbranche sind die Preise für logistische Dienstleistungen stark gesunken. Da Aufwand und Komplexität von Logistikleistungen für den Endkunden in der Regel unsichtbar sind, ist es schwierig höhere Preise durchzusetzen.

Adaption	Anpassungsfähigkeit	Ansehenssteigerung
Attraktivität	Flexibilität	Imagesteigerung
Kompatibilität	Kooperation	Kostenmanagement
Überzeugung	Wertevermittlung	

Kundenbetreuung

Beschwerdemanagement – Logistiker haben oft kein standardisiertes Vorgehen bei Kundenbeschwerden etabliert. Dadurch werden viele Beschwerden nicht an die richtigen Stellen weitergeleitet, so dass auftretende Probleme nicht nachhaltig gelöst werden.

Allokation	Erfahrung	Erreichbarkeit
Identifikation	Identität	Informationsaustausch
Kommunikation	Meldung	Normung
Selektion	Standardisierung	Suchen
Übermittlung	Übertragung	Vereinheitlichung
Verteilung	Wissen	Zuordnung

Erreichbarkeit des Kunden bei Problemen verbessern – Durch Unfälle und Staus sowie durch ungeplante Wartezeiten beim Kunden (Ladung kann nicht verladen werden), entstehen Verzögerungen und andere Probleme. Dieser Umstand sollte schnellstmöglich dem Kunden mitgeteilt und gemeinsam eine Lösung entwickelt werden. Oftmals ist es jedoch schwierig den richtigen Ansprechpartner im Unternehmen zu erreichen.

Erfahrung	Erreichbarkeit	Identifikation
Informationsaustausch	Kommunikation	Kontrollmechanismus
Meldung	Monitoring	Risikominimierung
Selektion	Suchen	Übermittlung
Übertragung	Überwachung	Verteilung
Warnsysteme/Alarm	Wissen	Zuordnung

Image – Viele Logistiker betreiben kein ausreichendes Marketing. Aus diesem Grund sind dem Kunden nicht alle möglichen Dienstleistungen des Logistikanbieters bekannt. Daher kann nicht das gesamte Potential des Logistikers ausgeschöpft werden.

Horizonterweiterung	Identifikation	Imagesteigerung
Kennzeichnung	Nutzenverdeutlichung	Wertevermittlung
Wissen		

Individuallogistik – Die Kunden fordern von dem Logistiker, dass er sich immer stärker den individuellen Kundenwünschen anpasst. Logistikern fällt es schwer, diese speziellen Kundenwünsche flexibel und kostengünstig umzusetzen.

Adaption	Anpassungsfähigkeit	Flexibilität
Kompatibilität		

Kein fester Ansprechpartner für den Kunden – Der Kunde wünscht sich einen festen Ansprechpartner im Unternehmen, der anschließend bei Fragestellen mit den entsprechenden Abteilungen bzw. Mitarbeitern kommuniziert.

Allokation	Konsolidierung	Selektion
Suchen	Verteilung	Zuordnung

Kundenanreiz schaffen für die Nutzung vorhandener Schnittstellen – Für einen Logistiker sind Informationen über die Eigenschaften (z. B. Volumen, Masse,...) der Ladung wichtig. Diese Informationen sind meist in den IT-Systemen des Kunden vorhanden, werden aber nicht weiter gegeben. Die Kunden sehen keinen Anreiz diese Informationen mit dem Logistiker über eine Schnittstelle zu teilen.

Anreize	Attraktivität	Horizonterweiterung
Kooperation	Lockmittel	Motivation
Neugierde	Nutzenverdeutlichung	Überzeugung
Wertevermittlung		

Rückfrachten – Bei Lieferungen über größere Distanz (z.B. von Hamburg nach München) haben Speditionen Probleme einen geeigneten Rücktransport zu finden, da ihr Bekanntheitsgrad in der Zielregion nur gering ist.

Allokation	Anreize	Attraktivität
Imagesteigerung	Konsolidierung	Kooperation
Lockmittel	Minimierung	Motivation
Planung	Reduzierung	Suchen
Verteilung	Zuordnung	

Starke Kundenbindung an einzelne Mitarbeiter – Durch die enge Zusammenarbeit einzelner Mitarbeiter (z. B. Key Account Manager, Disponenten) mit dem Kunden entsteht eine hohe Bindung. Beim Wechsel des Mitarbeiters in ein anderes Unternehmen, gehen die Kunden meist mit zum neuen Arbeitgeber des alten Mitarbeiters.

Erfahrung	Identifikation	Identität
Mitarbeitereinbindung	Wissen	

Lager

Kapazitätsprobleme – Logistikdienstleister sind in ihrer Lagerkapazität begrenzt und suchen nach neuen Möglichkeiten ihre vorhandenen Lagerkapazitäten weiter zu optimieren. Eine Erweiterung der Lagerfläche durch einen Neubau ist oft aus örtlichen Gegebenheiten nicht möglich.

Allokation	Flexibilität	Konsolidierung
Minimierung	Raumausnutzung	Reduzierung
Selektion	Suchen	Verteilung
Zuordnung		

Lager über mehrere Standorte verteilt – Durch gewachsene Strukturen sind häufig die Lagerplätze über mehrere Standorte verteilt. Aus diesem Grund ist eine Optimierung des Lager und des Materialflusses zwischen verschiedenen Lagerorten notwendig.

Allokation	Flexibilität	Identifikation
Kennzeichnung	Konsolidierung	Minimierung
Planung	Raumausnutzung	Reduzierung
Selektion	Suchen	Verteilung
Zuordnung		

Nachfrageschwankungen bei Artikel – Durch Schwankungen der Nachfrage einiger Artikel ist eine ideale Lagerhaltung schwierig zu gewährleisten. Speziell kleinen und mittelständischen Unternehmen fehlen dabei das notwendige Wissen und die Ressourcen für die ständige Anpassung der optimalen Lagerstruktur.

Adaption	Allokation	Anpassungsfähigkeit
Erfahrung	Flexibilität	Identifikation
Kennzeichnung	Kompatibilität	Konsolidierung
Planung	Selektion	Skalierung
Suchen	Verteilung	Wissen
Zuordnung		

Suche nach Artikeln – Das Ein- und Auslagern wird bei vielen kleinen und mittleren Logistikdienstleistern überwiegend manuell und unsystematisch erledigt. Dadurch entstehen viele Ineffizienzen.

Identifikation	Identität	Kennzeichnung
Selektion	Suchen	Zuordnung

Temperatur des Lagers – Einige eingelagerte Artikel dürfen nur bestimmten klimatischen Bedingungen ausgesetzt werden. Beispielsweise müssen Lebensmittel gekühlt werden oder andere dürfen nicht gefrieren.

Adaption	Allokation	Anpassungsfähigkeit
Energie	Flexibilität	Klimatisierung
Kompatibilität	Konsolidierung	Kontrollmechanismus
Monitoring	Selektion	Skalierung

Überwachung	Verpackung	Verteilung
Zuordnung		

Ökologische Verbesserung

Alternative Kraftstoffe – Logistiker wünschen sich Serienreife Lösungen, um auch Nutzfahrzeuge mit alternativen Kraftstoffen zu betreiben.

Energie

Anreize zur Umsetzung ökologischer Innovationen schaffen – Ökologische Innovationen umsetzen heißt meist Investitionen tätigen, die sich erst nach vielen Jahren amortisieren. Durch den starken Preiskampf sind Logistiker nicht in der Lage diese für die Zukunft wichtigen Investitionen zu tätigen.

Anreize	Attraktivität	Energie
Lockmittel	Motivation	Nutzenverdeutlichung
Überzeugung	Wertevermittlung	

Planung der Fahrstrecken nach kraftstoffsparenden Kriterien – Durch die hohen Treibstoffpreise sind Logistiker gezwungen effektiv und effizient ihre Routen zu planen, um Kosten einzusparen und wettbewerbsfähig zu sein.

Allokation	Energie	Konsolidierung
Minimierung	Planung	Reduzierung
Selektion	Suchen	Verteilung
Zuordnung		

Personal

Mangel an qualifiziertem Personal – Auf Grund der geringen Attraktivität und Vergütung bestimmter Arbeiten im Bereich Logistik herrscht ein hoher Fachkräftemangel bei Fahrern, Lagerarbeitern und Disponenten. Speziell junge Menschen sind nur sehr schwer für solche Berufe zu begeistern.

Anreize	Ansehenssteigerung	Attraktivität
Horizonterweiterung	Imagesteigerung	Lockmittel
Lohnniveau	Mitarbeitereinbindung	Motivation
Nachwuchsrekrutierung	Neugierde	Qualifikation
Überzeugung		

Menschliches Versagen – Durch Unachtsamkeit von Mitarbeitern kommt es zu Fehlern (z. B. falsche Ladung auf dem LKW, Verschlafen).

Arbeitsauslastung	Arbeitsplatzbeschreibung	Erfahrung
Gefahren	Kontrollmechanismus	Minimierung
Monitoring	Normung	Qualifikation
Reduzierung	Risikominimierung	Schutz
Sicherheit	Sicherung	Standardisierung
Überwachung	Vereinheitlichung	Vermeiden von Umfallen
Vermeiden von Verrutschen	Vorgaben	
Vorsorge	Warnsysteme/Alarm	Wissen
Zuverlässigkeit		

Schwierigkeiten bei der Mitarbeitermotivation - Mitarbeiter in Logistikunternehmen sind nur schwer für weiterbildende Maßnahmen sowie neue Themen und Aufgabenbereiche zu motivieren.

Anpassungsfähigkeit	Anreize	Arbeitsauslastung
Attraktivität	Flexibilität	Horizonterweiterung
Lockmittel	Mitarbeitereinbindung	Motivation
Neugierde	Nutzenverdeutlichung	Qualifikation
Überzeugung		

Prozessüberwachung

Echtzeit-Sendungsverfolgung – Von den Kunden werden immer genauere Informationen über den aktuellen Standort und die exakte Ankunftszeit erwartet. Speziell bei Kunden von KEP-Dienstleistern gilt dies bereits als Standard.

Identifikation	Identität	Informationsaustausch

Kennzeichnung
Meldung
Übertragung
Kommunikation
Monitoring
Überwachung
Kontrollmechanismus
Übermittlung

Hoher Aufwand für eine Prozessüberwachung – Die Einführung einer Prozessüberwachung ist bisher mit hohen Investitionen verbunden. Speziell für kleine Speditionen gibt es keine passenden Produkte.

Dokumentation
Kommunikation
Minimierung
Reduzierung
Übertragung
Identifikation
Kontrollmechanismus
Monitoring
Standardisierung
Überwachung
Informationsaustausch
Meldung
Normung
Übermittlung
Vereinheitlichung

Störungsmeldung und Dokumentation – Fahrer oder Lageristen wissen häufig nicht, welche Störungen sie an wen melden sollen. Auch die Dokumentation von Schäden ist oft nicht klar geregelt bzw. fehlt den Fahrern die notwendige Ausrüstung (z. B. Kamera) dafür.

Arbeitsplatzbeschreibung
Horizonterweiterung
Informationsaustausch
Meldung
Standardisierung
Vereinheitlichung
Zuverlässigkeit
Dokumentation
Identifikation
Kennzeichnung
Normung
Übermittlung
Vorgaben
Erfahrung
Identität
Kommunikation
Qualifikation
Übertragung
Wissen

Schnittstellenprobleme

Echtzeit-Störungsmeldung – Viele Logistikdienstleister wünschen sich eine schnellere Übertragung von Störungen an die richtigen Ansprechpartner, um eine kostengünstige und schnelle Reaktion bei Störungen zu gewährleisten.

Erreichbarkeit
Kennzeichnung
Meldung
Identifikation
Kommunikation
Monitoring
Informationsaustausch
Kontrollmechanismus
Normung

Standardisierung	Übermittlung	Übertragung
Überwachung	Vereinheitlichung	

Einheitliche Lieferscheine und Frachtdokumente – Frachtdokumente können sich im Layout und der Sprache stark voneinander unterscheiden. Deshalb ist es für die Fahrer häufig schwierig, sich darin zu Recht zu finden, so dass Fehler entstehen können.

Arbeitsplatzbeschreibung	Design	Erfahrung
Identifikation	Informationsaustausch	Kennzeichnung
Kommunikation	Kompatibilität	Mehrfacheingaben
Normung	Qualifikation	Selektion
Standardisierung	Suchen	Vereinheitlichung
Vorgaben	Wissen	

Fehlende Motivation bei der Nutzung vorhandener Schnittstellen – Bereits heute gibt es schon eine Vielzahl an Webapplikationen, in die die Kunden ihre Informationen eingeben können. Es fehlt nur meist die Motivation oder der Anreiz diese auch zu nutzen.

Anreize	Attraktivität	Kooperation
Lockmittel	Motivation	Nutzenverdeutlichung
Überzeugung	Wertevermittlung	

Fehlerhafte Übertragung – Logistikdienstleister erhalten teilweise falsche Informationen, wodurch sich z. B. die Abfahrtzeit/Lieferzeit verzögern kann.

Anreize	Attraktivität	Informationsaustausch
Kommunikation	Kontrollmechanismus	Kooperation
Lockmittel	Meldung	Monitoring
Motivation	Nutzenverdeutlichung	Übermittlung
Übertragung	Überwachung	Überzeugung
Wertevermittlung	Zuverlässigkeit	

Mehrfacheingaben – Logistikdienstleister arbeiten oft mit mehreren nicht kompatiblen Systemen, wodurch doppelte und unnütze Eingaben entstehen.

Adaption
Anpassungsfähigkeit
Automatisierung
Kompatibilität
Mehrfacheingaben
Normung
Standardisierung
Vereinheitlichung
Vorgaben

Sprachprobleme – Fernfahrer müssen bei ausländischen Belade- oder Entladestelle in einer Fremdsprache kommunizieren, die sie meist nicht beherrschen. Auch Frachtbriefe sind unterschiedlich aufgebaut. Dadurch kann es zu Verständigungsproblemen kommen.

Adaption
Anpassungsfähigkeit
Erfahrung
Identifikation
Kennzeichnung
Kompatibilität
Qualifikation
Wissen

Vereinfachung bei der Erfassung von Auftragsdaten – Häufig werden speziell bei kleinen- und mittelständigen Logistikunternehmen die Auftragsdaten manuell eingegeben, da keine geeigneten Schnittstellen und Standards vorhanden sind.

Adaption
Anpassungsfähigkeit
Anreize
Attraktivität
Automatisierung
Dokumentation
Informationsaustausch
Kommunikation
Kompatibilität
Lockmittel
Meldung
Normung
Nutzenverdeutlichung
Standardisierung
Übermittlung
Übertragung
Überzeugung
Vereinheitlichung
Wertevermittlung

Transport

Ausnahmegenehmigungen – Durch Fahrverbote am Wochenende und Feiertagen ist es für die Logistikdienstleister schwierig kurze Lieferzeiten zu gewährleisten.

Adaption
Anpassungsfähigkeit
Flexibilität
Kompatibilität
Planung
Zuverlässigkeit

Infrastruktur – Die bisher vorhandene Infrastruktur der Verkehrswege ist heutzutage meist schon an den Belastungsgrenzen. Dadurch kommt es zu Verzögerungen oder Mehraufwand.

Adaption	Allokation	Anpassungsfähigkeit
Flexibilität	Kompatibilität	Konsolidierung
Raumausnutzung	Selektion	Skalierung
Stabilität	Verteilung	Zuordnung

Kleine Versandeinheiten – Just-In-Time-Anlieferungen ermöglichen den Kunden, nur noch einen geringen Lagerbestand zu haben und damit weniger Kapital zu binden. Dies hat zur Folge, dass häufiger in immer kleinere Einheiten geliefert wird. Der Logistikdienstleister muss nun diese kleinen Sendungen geschickt kombinieren (konsolidieren), um einen hohen Auslastungsgrad beim Transport zu erreichen.

Adaption	Allokation	Anpassungsfähigkeit
Begrenzung	Design	Einheit bilden
Flexibilität	Geborgenheit	Grenzen
Kompatibilität	Konsolidierung	Mehrwegsystem
Minimierung	Normung	Passgenauigkeit
Planung	Raumausnutzung	Reduzierung
Selektion	Skalierung	Standardisierung
Suchen	Ummantelung	Vereinheitlichung
Verpackung	Verteilung	Vorgaben
Zuordnung		

Ladungsdiebstahl – Diebstahl von Ware kommt häufig bei hochwertigen Artikeln vor. Dabei ist es schwierig festzustellen, ob dieser vor, nach oder während des Transports passiert.

Diebstahl	Gefahren	Identifikation
Identität	Kennzeichnung	Kontrollmechanismus
Monitoring	Risikominimierung	Schutz
Sicherheit	Sicherung	Überwachung
Vorsorge	Warnsysteme/Alarm	

Ladungssicherung – Die Ladung muss gegen Umfallen und Verrutschen gesichert werden. Dadurch sollen Unfälle vermieden werden. Häufig ist der Verantwortliche für die Ladungssicherung nicht richtig geschult oder es fehlen notwendige Hilfsmittel.

Arbeitsplatzbeschreibung	Erfahrung	Gefahren
Mitarbeitereinbindung	Qualifikation	Risikominimierung
Schutz	Sicherheit	Sicherung
Vermeiden von Umfallen	Vermeiden von Verrutschen	Vorsorge
Wissen		

Lenk- und Rastzeiten – Eine strenge Einhaltung der Lenk- und Rastzeiten nehmen dem Transporteur die notwendige Flexibilität.

Adaption	Anpassungsfähigkeit	Flexibilität
Kompatibilität		

Sicherheit – Logistikdienstleister sehen in der Verbesserung der Sicherheit beim Transport ein hohes Innovationspotential (z. B. gegen Eisplatten, Überwachung von Tankdiebstahl.

Risikominimierung	Schutz	Sicherheit
Sicherung	Vermeiden von Umfallen	Vermeiden von Verrutschen
Verteilung	Vorsorge	Warnsysteme/Alarm
Wartung		

Temperatur des Transports – Viele Sendungen müssen bei einer bestimmten Temperatur transportiert werden. Schwierig wird dies, wenn beispielsweise Teilpartien mit unterschiedlichen Temperaturen transportiert werden sollen.

Adaption	Anpassungsfähigkeit	Energie
Flexibilität	Klimatisierung	Kompatibilität
Kontrollmechanismus	Monitoring	Planung
Überwachung		

Unfallvermeidung – Während des Transports und bei der Verladung gibt es eine Vielzahl an Möglichkeiten die Transporteinheiten und die Ware zu beschädigen. Logistikdienstleister sind immer auf der Suche nach neuen Maßnahmen zur Unfallvermeidung.

Begrenzung	Einheit bilden	Erfahrung
Geborgenheit	Gefahren	Grenzen
Klimatisierung	Passgenauigkeit	Risikominimierung
Schutz	Sicherheit	Sicherung
Ummantelung	Vermeiden von Umfallen	Vermeiden von Verrutschen
Verpackung	Vorsorge	Warnsysteme/Alarm
Wartung	Wissen	

Vermeidung von Fehlmengen – Sowohl bei der Be- als auch der Entladung kann es zu Fehlmengen kommen. Ebenso kann durch Diebstahl während des Transportes Ware abhandenkommen. Es sind Maßnahmen gesucht, um dies zu vermeiden.

Diebstahl	Gefahren	Identifikation
Kennzeichnung	Kontrollmechanismus	Mitarbeitereinbindung
Monitoring	Qualifikation	Risikominimierung
Schadenserfassung	Schutz	Sicherheit
Sicherung	Überwachung	Vorsorge
Warnsysteme/Alarm	Wertevermittlung	Zuverlässigkeit

Zuverlässige Ankunftszeiten – Durch Staus oder andere Störungen kann die Ankunftszeit von den Verkehrsträgern nicht genau vorhergesagt werden.

Erfahrung	Flexibilität	Kontrollmechanismus
Monitoring	Planung	Überwachung
Zuverlässigkeit		

Transportträger

Einhaltung von Gewichtsobergrenzen – Durch die gesetzlichen Bestimmungen sind Gewichtsobergrenzen beim Transport festgelegt. Durch leichtere und gleichzeitig stabilere Ladungsträger kann ein höheres Volumen von einem schweren Transportgut transportiert werden.

Design
Festigkeit
Leichtbau
Minimierung
Raumausnutzung
Reduzierung
Skalierung
Stabilität
Strukturvereinfachung

Größere Transporteinheiten – Auf Hauptverkehrsstrecken mit hohem Transportaufkommen fordern die Logistikunternehmen, dass sie größere Transporteinheiten nutzen dürfen.

Allokation
Anreize
Attraktivität
Flexibilität
Konsolidierung
Lockmittel
Motivation
Nutzenverdeutlichung
Raumausnutzung
Überzeugung
Verteilung
Wertevermittlung
Zuordnung

Rückführung von Ladungsträgern/Palettentausch – Beim Palettentausch werden Paletten innerhalb eines definierten Pools gegen Paletten aus dem gleichen Pool getauscht. Die Rückführung der Ladungsträger ist aufwendig und muss verwaltet werden.

Adaption
Allokation
Anpassungsfähigkeit
Design
Festigkeit
Flexibilität
Identifikation
Identität
Kennzeichnung
Kompatibilität
Konsolidierung
Kooperation
Leichtbau
Minimierung
Normung
Raumausnutzung
Reduzierung
Selektion
Skalierung
Stabilität
Standardisierung
Strukturvereinfachung
Suchen
Übermittlung
Übertragung
Vereinheitlichung
Verteilung
Vorgaben
Zuordnung

Skalierung von Transporteinheiten – Bei der „letzen Meile“ in der City-Logistik sind die Transporteinheiten oft klein und große Transportträger bei der Anlieferung in engen Straßen oder Hinterhöfen unpraktisch. Auf Überlandstrecken ist eine Konsolidierung zu möglichst großen Einheiten jedoch sinnvoll. Es stellt sich die Frage, wie die Übergänge günstig gestaltet werden können.

Adaption	Anpassungsfähigkeit	Design
Flexibilität	Kompatibilität	Normung
Raumausnutzung	Skalierung	Standardisierung
Strukturvereinfachung	Vereinheitlichung	

Verpackung und Kommissionierung

Kleine Versandeinheiten – Standards für die Verpackung kleiner Versandeinheit fehlen bzw. sind nicht durchsetzbar. So entstehen beim Verpacken häufig Zwischenräume, die mit Füllmaterial ausgefüllt werden müssen, um ein Verrutschen der Artikel zu verhindern. Dadurch entsteht mehr Transportvolumen als nötig.

Adaption	Allokation	Anpassungsfähigkeit
Begrenzung	Design	Einheit bilden
Flexibilität	Kompatibilität	Konsolidierung
Minimierung	Normung	Planung
Raumausnutzung	Selektion	Skalierung
Standardisierung	Suchen	Vereinheitlichung
Verteilung	Vorgaben	Zuordnung

Manuelle Arbeitsschritte – Für viele kleine und mittelständische Logistikdienstleister lohnt sich der Einsatz von automatischen Kommissionieranlagen nicht. Deshalb muss eine Vielzahl an Schritten (Suchen, Entnahme,...) manuell erfolgen, wodurch Ineffizienzen und Fehler entstehen.

Allokation	Automatisierung	Identifikation
Kennzeichnung	Konsolidierung	Kontrollmechanismus
Monitoring	Risikominimierung	Selektion
Suchen	Überwachung	Verteilung
Vorsorge	Warnsysteme/Alarm	Zuordnung

Optimierung der Zusammenstellung von Ladeeinheiten – Die Zusammenstellung von einzelnen Artikeln zu einer Sendung, bzw. das Befüllen von Ladeeinheiten, basiert meist auf der Erfahrung der Mitarbeiter. Der zur Verfügung stehende Raum wird so nicht immer optimal ausgenutzt.

Adaption	Anpassungsfähigkeit	Begrenzung
Design	Einheit bilden	Erfahrung
Flexibilität	Geborgenheit	Gefahren
Grenzen	Klimatisierung	Kompatibilität
Konsolidierung	Mehrwegsystem	Minimierung
Normung	Passgenauigkeit	Reduzierung
Risikominimierung	Schutz	Selektion
Sicherheit	Sicherung	Skalierung
Standardisierung	Ummantelung	Vereinheitlichung
Vermeiden von Umfallen	Vermeiden von Verrutschen	Verpackung
Verteilung	Vorgaben	Vorsorge
Wissen	Zuordnung	

Transportfreundliche Verpackungsdesigns – Verpackungseinheiten sollen im Idealfall leicht, stabil und kostengünstig sein. Durch unterschiedliche Formen und Materialien kann die Verpackung transportfreundlicher werden.

Adaption	Anpassungsfähigkeit	Begrenzung
Design	Einheit bilden	Festigkeit
Flexibilität	Geborgenheit	Grenzen
Kompatibilität	Leichtbau	Mehrwegsystem
Passgenauigkeit	Raumausnutzung	Risikominimierung
Schutz	Sicherheit	Sicherung
Skalierung	Stabilität	Strukturvereinfachung
Ummantelung	Vermeiden von Umfallen	Vermeiden von Verrutschen
Verpackung	Vorsorge	

Anhang VII: Liste der analogen Bereiche mit den zugeordneten abstrakten Begriffen

Im Folgenden werden die durch die analogen Bereiche kurz erläutert und anschließend die zugehörigen abstrakten Begriffe aufgelistet.

Allgemein

Allgemein: Motivationsstrategien - Es gibt folgende vier Motivationsstrategien:

- Zwangsstrategie: Hier wird dem Mitarbeiter mit z. B. einer Abmahnung gedroht, um ihn künftig besser zu motivieren.
- Köderstrategie: Bei der Köderstrategie werden die Mitarbeiter durch Prämien belohnt (Bonus-System).
- Verführungsstrategie: Bei dieser Strategie soll sich der Mitarbeiter mit dem Unternehmen identifizieren und erkennen, dass er von dem Erfolg des Unternehmens profitieren kann.
- Visionsstrategie: Die Visionsstrategie versucht den Mitarbeiter durch einen positiven Ausblick in die Zukunft zu motivieren.

Anreize	Ansehenssteigerung	Attraktivität
Horizonterweiterung	Imagesteigerung	Lockmittel
Motivation	Neugierde	Nutzenverdeutlichung
Überzeugung	Wertevermittlung	

Allgemein: Namensschilder - Namensschilder dienen zur Zuordnung oder Identifikation von Personen. Typische Einsatzbereiche sind dabei Tagungen und Konferenzen.

Identifikation	Identität	Kennzeichnung

Architektur

Architektur: Erdbebensicherer Bau (Japan) - Unter einem Erdbebensicheren Bau wird verstanden, dass Gebäude Erdbeben bis zu einer bestimmten Stärke ohne Beschädigungen übersteht. Dies kann zum einen durch die Bauweise der Gebäude erreicht werden. Beispiele dafür sind redundante Bauteile, symmetrische Grundrisse oder/und gut dehnbare Verbindungen und Materialien. Zum anderen kann dies noch durch eine seismische Isolierung der Gebäude erreicht werden. Dabei werden die Gebäude durch eine spezielle Lagerung vom Untergrund entkoppelt, um eine Reduzierung der Wirkung der Erdbebenwellen auf die Gebäude zu erreichen.

Flexibilität	Gefahren	Risikominimierung
Schutz	Sicherheit	Sicherung
Stabilität	Vermeiden von Umfallen	

Architektur: Mauer - Eine Mauer ist ein Bauwerk, das zum Schutz errichtet wird. Die Funktion (Sichtschutz, Schutz vor unerwünschten Zugang, Aufstauen von z. B. Wasser, Verhinderung der Auswanderung, usw.) einer Mauern bestimmen die Abmaße und die Verwendeten Werkstoffe.

Festigkeit	Risikominimierung	Schutz
Sicherheit	Sicherung	Stabilität

Architektur: Pyramide - Die Pyramiden wurden in Ägypten als Grabstätte von Pharaonen und deren Hofstaat errichtet. Zum Schutz vor Grabräubern wurde ein Tunnelsystem errichtet, dessen Eingang versteckt ist. Der massive Steinbau über der Grabstätte diente zum einen der Selbstdarstellung der Pharaonen, zum anderen als zusätzlicher Schutz vor Plündereien.

Gefahren	Schutz	Sicherheit
Sicherung		

Architektur: Statik - Die Statik dient zur Berechnung von Kräften und deren Wechselwirkungen in einem Bauwerk. Dazu kommen sowohl analytische als auch graphische Verfahren zum Einsatz, um das Versagen oder die Tagfähigkeit nachzuweisen. Als Kräfte werden die variablen Kräfte (z. B. Wind, Schnee, Wasser, usw.) als auch die konstante Gewichtskraft angenommen. Erkenntnisse aus der Berechnung der Statik können in der Planung zur Optimierung des Materialeinsatzes und zur Erhöhung der Sicherheit verwendet werden.

Design	Festigkeit	Leichtbau
Planung	Sicherheit	Stabilität
Strukturvereinfachung		

Architektur: Wolkenkratzer - Bei einem Wolkenkratzer kommt eine Stahlbetonbauweise zum Einsatz, die eine hohe Tragfähigkeit bei möglichst geringem Gewicht aufweist. Bei ganz hohen Wolkenkratzern wie z. B. dem Burj Khalifa in Dubai wird ein Spezialbeton mit einem hohen Härtegrad verwendet, um Schwankungen durch den Wind auszugleichen.

Festigkeit Leichtbau Stabilität

Automobilbranche:

Automobilbranche: ABS - Das Antiblockiersystem verbessert die Sicherheit beim Fahren und vermindert gleichzeitig den Abrieb der Reifen auf den Laufflächen. Bei einem starken Bremsvorgang wird durch eine kurzzeitige Verminderung des Bremsdrucks das Blockieren der Räder vermieden. Während der Fahrt wird mittels eines Drehzahlmessers jedes der vier Räder kontinuierlich gemessen. Sinkt während des Bremsvorganges die Drehzahl eines Rades unverhältnismäßig gegenüber den anderen Rädern, so wird der Bremsdruck an diesem Rad reduziert und ein blockieren des Rads verhindert.

Flexibilität Schutz Sicherheit
Stabilität

Automobilbranche: Airbag - Der Airbag ist ein Kunststoffsack, der sich innerhalb von Millisekunden zwischen Insassen und Teilen des Fahrzeuginnenbaus mit Luft gefüllt entfaltet. Dadurch wird ein harter Zusammenstoß des Insassen und dem Fahrzeug vermieden und somit die Verletzungsgefahr reduziert. Die Schwere und der Winkel des Aufpralles bestimmen die Anzahl und die Art der Airbags, die zum Einsatz kommen. Dabei melden zwei Beschleunigungssensoren unabhängig voneinander eine starke Verzögerung des Fahrzeuges an das Steuergerät zurück. Das Steuergerät übermittelt dann an die entsprechenden Airbags im Fahrzeug ein Signal zum Auslösen.

Risikominimierung Schutz Sicherheit
Sicherung Vorsorge

Automobilbranche: Autodesign - Das Design eines Autos ist mitentscheidend für den Markterfolg. Um den Markterfolg vor der Serienproduktion besser abschätzen zu können, wurde das Rosenthal Raster entwickelt. Dabei wurden die Erkenntnisse aus der humanen Attraktivitätsforschung mit einbezogen, wodurch 71 physiologische Attraktivitätsaspekte (Gestalt und Form des Menschen, z. B. Augenposition, Stirnhole, Ausprägung von Kinn und Becken,...) entstanden sind, die weltweiten Schönheitsidealen entsprechen. Diese Aspekte können auf das Autodesign übertragen werden und damit der Erfolg eines Autos vorhergesagt werden.

Ansehenssteigerung	Attraktivität	Design
Identifikation	Identität	Imagesteigerung

Automobilbranche: Diebstahl - Zur Reduzierung der unerlaubten Entnahme von Treibstoff aus dem Tank eines LKWs, werden elektronische Tankabsicherungsmodule eingebaut. Der Tankinhalt wird kontinuierlich überwacht und bei starken Veränderungen ein Alarm ausgelöst. Der Alarm kann sowohl ein Benachrichtigung (z. B. SMS) an den Fahrzeugeigentümer als auch das Ertönen eines akustischen Signals (z. B. Hupe des Fahrzeuges) sein.

Diebstahl	Erreichbarkeit	Gefahren
Identifikation	Informationsaustausch	Kontrollmechanismus
Monitoring	Risikominimierung	Schadenserfassung
Schutz	Sicherheit	Übermittlung
Überwachung	Warnsysteme/Alarm	

Automobilbranche: Gurte - Der Sicherheitsgurt in einem Fahrzeug ist ein Rückhaltesystem, das die Fahrzeuginsassen in einer Unfallsituation an einer sicheren Position im Fahrzeug fixiert und somit ein unkontrolliertes Umherfliegen der Insassen vermeidet. Neuere Fahrzeuge sind mit einem Gurtstraffer und Gurtkraftbegrenzer ausgestattet, die das Verletzungsrisiko zusätzlich noch verringern. Dies wird erreicht, indem der Gurt in Millisekunden verkürzt wird und die Insassen an die optimale Position gebracht werden.

Gefahren	Schutz	Sicherheit
Sicherung	Vermeiden von Umfallen	Vermeiden von Verrutschen

Automobilbranche: Hochzeit - Als Hochzeit wird das Zusammenführen der Karosserie mit dem Fahrwerk bezeichnet. Durch die modulare Bauweise in der Automobilindustrie ist es möglich, unterschiedliche Fahrzeugtypen bzw. Antriebskonzepte am gleichen Fließband zu fertigen. Damit ein reibungsfreier Prozess bei der Hochzeit gewährleistet ist, ist ein hohes Maß an Prozesssicherheit, Standardisierung und Passgenauigkeit erforderlich. Nur so ist es machbar, flexibel und ohne große Rüstzeiten unterschiedliche Derivate an einem Fließband herzustellen.

Flexibilität	Kompatibilität	Normung
Passgenauigkeit	Skalierung	Standardisierung
Vereinheitlichung	Vorgaben	

Automobilbranche: Knautschzone beim Fahrzeug - Die Knautschzonen bzw. Deformationszonen sind Bereiche an einem Fahrzeug, die bei einer Kollision die auftretende kinetische Energie in Verformungsenergie umwandeln. Dadurch sind die Fahrzeuginsassen einer erheblich geringeren Verzögerung ausgesetzt. Knautschzonen befinden sich im Front-, Seiten- und Heckbereich eines Fahrzeuges und können in drei Zonen eingeteilt werden.

- Bereich 1: Dieser Bereich ist mit elastischen Werkstoffen ausgestattet, um bleibende Schäden am Fahrzeug bei geringen Geschwindigkeiten zu verhindern.
- Bereich 2: In diesem Bereich werden leicht verformbare Strukturen verbaut, die die auftretende kinetische Energie bei mittleren Unfällen ganz absorbieren soll und Schäden an der tragenden Struktur vermieden werden. Möglich ist dies z. B. durch hohle Stahlträger, die sich bei einer Kollision leicht in sich selbst rollen.
- Bereich 3: Der dritte Bereich ist die sichere Fahrgastzelle, die durch ihre Steifigkeit das Überleben der Insassen sichern soll.

Anpassungsfähigkeit	Risikominimierung	Schutz
Sicherheit		

Automobilbranche: Modularisierung - Bei einer modularen Bauweise wird das Gesamtsystem aus vielen einzelnen Modulen zusammengebaut. Dies ist nur möglich, wenn ein hoher Standardisierungsgrad vorliegt und genormte Schnittstellen geschaffen werden. Durch eine Modularisierung kann dem Kunden eine höhere Produktvarietät angeboten werden und ein aufwandsärmerer Austausch von veralteten oder defekten Modulen ist dadurch möglich.

Adaption	Anpassungsfähigkeit	Design
Einheit bilden	Flexibilität	Kompatibilität
Normung	Raumausnutzung	Skalierung
Standardisierung	Vereinheitlichung	Vorgaben

Automobilbranche: Produktionslayout - Das Produktionslayout von neuen geplanten Fahrzeugwerken wird meist in Form eines Kammes gestaltet. Dabei wird ein Hauptstrang gebildet, von dem aus kleine Nebenstränge gebildet werden. Dies hat den Vorteil, dass Nebenstränge schnell und flexibel an die Produktionsanforderungen angepasst werden können ohne den Hauptstrang zu stören.

Adaption	Anpassungsfähigkeit	Flexibilität
Kompatibilität	Raumausnutzung	Skalierung

Automobilbranche: Puffer (Produktion) - In der Produktion können Pufferzonen eingebaut werden, um Störungen oder unterschiedliche Bearbeitungszeiten von den einzelnen Prozessschritten auszugleichen. Dabei werden benötigte Ausgangsmaterialen vor dem nächsten Prozessschritt auf einer vordefinierten Fläche gelagert und bei Bedarf entnommen.

Sicherheit	Vorsorge

Automobilbranche: Qualitätskontrolle - Bei der Produktion von hohen Stückzahlen wird vermehrt eine optische Qualitätskontrolle eingesetzt. Dabei wird von jedem produzierten Teil eines oder mehrere Fotos aus unterschiedlichen Blickwinkeln fotografiert, analysiert und anschließend mit einem im System hinterlegten Datensatz verglichen. Befindet sich das produzierte Teil im Toleranzbereich, wird es für den Verkauf oder folgende Prozessschritte freigegeben. Falls es nicht den Richtwerten entspricht, wird es automatisch aussortiert.

Automatisierung	Identifikation	Identität
Kennzeichnung	Kontrollmechanismus	Monitoring

Risikominimierung	Selektion	Suchen
Überwachung	Vorgaben	Warnsysteme/Alarm

Automobilbranche: Querbaukasten - Mit dem modularen Querbaukasten werden verschiedene Spurweiten und Radstände mit nur geringen Anpassungen realisiert. Dies ist jedoch nur durch ein hohes Maß an Standardisierung möglich. Vorreiter dieser Technik ist der Volkswagenkonzern, der über alle seine Marken hinweg den modularen Querbaukasten erfolgreich eingeführt hat.

Adaption	Anpassungsfähigkeit	Flexibilität
Kompatibilität	Kooperation	Kostenmanagement
Normung	Skalierung	Standardisierung
Vereinheitlichung	Vorgaben	

Automobilindustrie: Allradantrieb - Der Allradantrieb bei einem Fahrzeug wird sowohl aus Traktionsgründen eingesetzt, als auch um die Fahrdynamik und die Sicherheit zu verbessern. Besonders Fahrzeuge mit leistungsstarken Motoren können durch einen Allradantrieb ihr Drehmoment über mehrere Achsen auf die Straße übertragen. Es wird zwischen folgenden vier Allradkonzepten unterschieden:

- manuell zuschaltbarer Allradantrieb: Der Allradantrieb wird manuell bei Bedarf zugeschaltet. Im Allradbetrieb werden die Antriebsachsen mithilfe einer einfachen Kupplung ohne Mitteldifferenzial verbunden.
- permanenter Allradantrieb mit fester Kraftverteilung: Beim permanenten Allradantrieb wird ein Mittendifferenzial in das Schaltgetriebe integriert, wodurch eine feste Drehmomentverteilung (z. B. 50:50 oder 40:60) bestimmt wird. Durch manuelles Sperren des Hinterachsen- und Mitteldifferenzials oder durch Bremseingriffe kann die Traktion zusätzlich verbessert werden.
- permanenter Allradantrieb mit variabler Kraftverteilung: Bei einem Allradsystem mit variabler Kraftverteilung wird das Antriebsmoment automatisch in Abhängigkeit des Eingangs- und Ausgangsdrehmoments geregelt. Unabhängig vom Fahrer wird dies im Mitteldifferenzial mit einer Lammelenkupplung, Visco-Sperre oder Torsen-Differenzial veranlasst.
- automatisch geregelter Allradantrieb: Ein automatisch geregeltes Allradsystem regelt situationsabhängig und stufenlos die Kraftverteilung zwischen Vorder- und Hinterachse. Dies wird durch eine elektronisch regelbare Lamellenkupplung ermöglicht, die elektromechanisch, hydraulisch oder elektromagnetisch ausgelöst wird.

Flexibilität	Monitoring	Sicherheit
Stabilität	Überwachung	Vermeiden von Umfallen
Verteilung	Zuordnung	

Automobilindustrie: Downsizing - Beim Downsizing (engl. Verkleinerung) werden Fahrzeuge mit kleinerem Hubraum hergestellt, die jedoch durch eine Effizienzsteigerung die gleiche Leistung wie ihre Vorgänger erzielen. Erreicht wird dies z. B. durch eine Reduktion der Zylinderanzahl, verbesserte Turbolader und eine effizientere Motorsteuerung.

Energie	Minimierung	Reduzierung
Skalierung		

Automobilindustrie: Motorgetriebe - Bei einem Motorgetriebe werden durch Zahnräder die Drehzahl und das Drehmoment übertragen und gewandelt. Bei der Herstellung der Zahnräder ist auf eine hohe Passgenauigkeit der Auflageflächen der Zahnräder zu achten, da sonst ein hoher Abrieb entsteht und die Zahnräder schnell verschleißen.

Kompatibilität	Passgenauigkeit	Skalierung
Übertragung		

Automobilindustrie: Reifen - Der Reifen ist die Verbindung zwischen dem Straßenbelag und dem Fahrzeug. Dabei werden die Reifen speziell an die Temperaturen (Sommer- und Winterreifen), die Beschaffenheit der Fahrbahn (Spike-Reifen) und der Belastung (Vollgummireifen) angepasst.

Adaption	Anpassungsfähigkeit	Flexibilität
Kompatibilität	Stabilität	Übertragung
Vermeiden von Verrutschen		

Automobilindustrie: Start-Stop-Automatik - Durch das System der Start-Stop-Automatik wird beim Auskoppeln des Ganges, z. B. bei einer Rotphase an der Ampel, der Motor automatisch ausgeschaltet. Durch das Schalten in den Leerlauf und gleichzeitiges Lösen der Kupplung wird der Motor ausgeschaltet. Wird die Kupplung erneut betätigt, startet der Motor wieder. Somit wird unnötiger Treibstoffverbrauch während einer Wartezeit vermieden.

Energie	Minimierung	Reduzierung

Banken

Banken: Dokumentation - Banken sind verpflichtet die Unterlagen der Kunden und deren Kontobewegungen eine gesetzliche Mindestdauer zu archivieren. Dafür wurden früher vermehrt Verschieberegale eingesetzt. Dabei sind die Regale auf Schienen frei bewegbar und nur der Gang für das benötigte Regal ist zugänglich. Alle anderen Regalgänge sind geschlossen und können jeder Zeit nach Bedarf geöffnet werden. Somit wird ein hoher Flächennutzungsgrad erreicht.

Dokumentation	Raumausnutzung

Banken: Geldautomatennetzwerk - Verscheiden regionale Kunden schließen sich zu einem größeren Netzwerk zusammen, um ihren Kunden eine größere Infrastruktur an Geldautomaten mit kostenloser Bargeldabhebung zur Verfügung zu stellen. In Deutschland bilden 423 Sparkassen mit insgesamt über 25.700 Geldautomaten (Jahr 2012) das größte Netzwerk.

Allokation	Arbeitsauslastung	Infrastruktur
Konsolidierung	Kooperation	Verteilung

Banken: Hohe Kontobewegungen - Bei vielen Banken existiert eine Überweisungsobergrenze, die gesondert hochgesetzt werden muss, um hohe Geldbeträge zu überweisen. Des Weiteren sind alle Geldinstitute nach dem Geldwäschegesetz verpflichte Kontobewegungen zu überwachen und Verdachtsfälle zu melden.

Kontrollmechanismus	Monitoring	Schutz
Sicherheit	Überwachung	Warnsysteme/Alarm

Banken: SEPA - Single Euro Payments Area (SEPA) ist ein Bankenprojekt zur Vereinheitlichung von Zahlungstransfers im europäischen Raum. Ziel ist es den Zahlungsverkehr auf nationaler wie grenzüberschreitender Ebene zu vereinheitlichen und somit einen europaweiten Standard zu schaffen.

Kompatibilität	Normung	Standardisierung
Vereinheitlichung		

Banken: TAN-System - Die Transaktionsnummer (TAN) bekommt der Kunde von seiner Bank und ist als Sicherheitsvorkehrung zu verstehen, durch die sich der Kunde beim Online-Banking ausweisen kann. Die Nummer soll den Bankkunden vor Betrügern schützen, in dem erst die Nummer den Kunden dazu befugt eine Transaktion durchzuführen. Unter anderem wird beim Online-Banking für die Ausführung einer Überweisung die Eingabe der TAN verlangt.

Diebstahl	Gefahren	Identifikation
Identität	Risikominimierung	Schutz
Sicherheit		

Banken: Versicherung - Im Privatleben wie im Geschäftsleben können unvorhersehbare Ereignisse eintreten, die die Zielerreichung behindern. Um zumindest die finanziellen Auswirkungen dieser Risiken für den privaten Haushalt oder die Firma vorhersehbar zu machen, können Versicherungen abgeschlossen werden. Dabei werden die Kosten des eingetretenen Risikos vom Versicherungsunternehmen übernommen.

Diebstahl	Gefahren	Risikominimierung
Schutz	Sicherheit	Sicherung
Vorsorge		

Bau

Bau: Asiatische Gerüste - In Asien und Afrika werden Baugerüste aus Bambus gebaut, da Stahlgerüste zu teuer sind. Ein Bambusgerüst weist ähnliche Tragfestigkeit wie Stahl auf, ist ein schnell nachwachsender Rohstoff und besitzt eine hohe Flexibilität. Als Nachteil kann die kurze Lebensdauer angesehen werden, jedoch kann Bambus kompostiert werden und ist somit umweltfreundlich.

Festigkeit	Flexibilität	Leichtbau
Stabilität		

Bau: Baustellenzaun - Baustellen müssen nach dem Unfallverhütungsgesetz in Deutschland vor unberechtigtem Eindringen abgesichert werden. Dazu werden Baustellen durch einen standardisierten Bauzaun abgegrenzt.

Diebstahl	Gefahren	Risikominimierung
Schutz	Sicherheit	Vorsorge

Bau: Diebstahlschutz - Um den Diebstahl auf Baustellen zu reduzieren, werden viele Maschinen mit einem GPS-Sender ausgestattet, wodurch sich die Fahrzeuge jeder Zeit orten lassen.

Diebstahl	Gefahren	Risikominimierung
Schutz	Sicherheit	Sicherung
Suchen		

Bau: Fachwerkkonstruktion - Eine Fachwerkkonstruktion besteht aus mehreren Stäben, die zu Drei- oder Mehrecken verbunden sind. In den einzelnen Stäben treten nur Zug- und Druckkräfte auf, wodurch eine hohe Tragfähigkeit erreicht wird. Ein typische Beispiel für eine solche Bauweise sind alte Eisenbahnbrücken, Hochspannungsmasten oder Kräne, die durch die Fachwerkkonstruktion eine hohe Stabilität erreichen.

Design	Festigkeit	Leichtbau
Minimierung	Reduzierung	Stabilität
Strukturvereinfachung		

Bau: Gerüste - Durch die Verschalung wird dem Beton die Form vorgegeben und sie dient zum Ableiten der auftretenden Kräfte während des Aushärtens. Durch diese Technik lässt sich fast jede Geometrie realisieren. Für eine geometrisch einfache Form (z. B. eine simple Ebene) kann auf Serienverschalungen zurückgegriffen werden, die auch mehrfach eingesetzt werden können.

Adaption	Anpassungsfähigkeit	Flexibilität
Kompatibilität	Mehrwegsystem	Skalierung

Bau: Luftentfeuchter und Heizgeräte - Luftentfeuchter und Heizgeräte werden bei Neubauten, Gebäuden mit Wasserschäden oder beispielsweise Schwimmbädern eingesetzt, um die Luftfeuchtigkeit zu senken oder auch auf konstantem Niveau zu halten. Dazu gibt es grundsätzlich folgende zwei Verfahren:

- Absorption des Wasserdampfs
- Kühlung der Luft

Klimatisierung	Minimierung	Reduzierung

Bau: Reihenhaus - Ein Reihenhaus ist ein Wohnhaus, das mit mehreren gleichartigen Häusern eine Reihe bildet. Ein Vorteil dieser Bauweise ist die optimale Raumausnutzung, da bis zu den Grundstücksgrenzen gebaut wird. Weiterhin besitzen diese Hauser einen geringeren Energiebedarf gegenüber freistehenden Häusern, da der Wärmeabgang durch das angrenzende Reihenhaus begrenzt wird.

Energie	Klimatisierung	Minimierung
Raumausnutzung	Reduzierung	

Bau: Structural Health Monitoring - Das Structural Health Monitoring wird bei Bauwerken eingesetzt, die über einen längeren Zeitraum stärker als ursprünglich geplant belastet werden. Dabei werden die Belastungen und Verformungen des Bauwerkes mithilfe von Sensoren genau beobachtet und aufgezeichnet.

Gefahren	Monitoring	Sicherheit
Stabilität	Überwachung	Vorsorge
Warnsysteme/Alarm		

Bau: Wannen - Gebäude werden bei hohem Grundwasserspiegel in eine Wanne gebaut, um sie gegen den Eintritt von Wasser zu schützen. Dabei gibt es folgende drei Arten von Wannen:

- Weiße Wanne (wasserdichter Beton)
- Braune Wanne (Geotextil mit einer Bentonit-Füllung)

- Schwarze Wanne (Bitumendickbeschichtung und Kunststoffbahnen)

Begrenzung	Einheit bilden	Geborgenheit
Grenzen	Schutz	Ummantelung

Bau: Zugangsberechtigung - Biometrische Identifikation über z. B. den Fingerabdruck oder einen Irisscan werden in Hochsicherheitsbereichen des Staats oder Geldinstituten verwendet. Auch im normalen Wohnungsbau kann diese Methode durch eine dezente Identifikation über den Fingerabdruck direkt im Türgriff eingesetzt werden. Ein weiteres Beispiel dafür ist die Touch ID bei Smartphones.

Identifikation	Identität	Risikominimierung
Schutz	Sicherheit	Sicherung

Beratung

Beratung: Unternehmensberatung - Eine Unternehmensberatung unterstützt durch ihr externes Wissen ein Unternehmen bei der Findung einer Lösung für ein vorhandenes Problem. Dabei werden von der Unternehmensberatung gemeinsam mit dem Kunden (Unternehmen) Lösungskonzepte erarbeitet und vorgeschlagen.

Erfahrung	Wissen

Elektronik

Elektroindustrie: Audiokabel - Die Cinch-Stecker werden bei Audiosystemen eingesetzt, um die Audiosignale zu übertragen. Dabei wurde folgendes Farbschema fixiert:

- Weiß: Linker Audiokanal
- Rot: Rechter Audiokanal
- Orange: Digital-Audio
- Schwarz: Subwoofer
- Grau: Lautsprecherstecker

Identifikation	Identität	Kennzeichnung
Kontrollmechanismus	Normung	Risikominimierung

Standardisierung	Vereinheitlichung	Vorsorge
Warnsysteme/Alarm	Zuordnung	

Elektroindustrie: Elektrokabel - Elektroleitungen sind farblich genormt, um Verwechslungen zu vermeiden. So ist die Schutzleitung bei einem normalen Netzkabel gelb-grün gefärbt, die Außenlast schwarz oder braun und der neutrale Leiter immer blau.

Gefahren	Identifikation	Identität
Kennzeichnung	Kontrollmechanismus	Normung
Risikominimierung	Schutz	Sicherheit
Standardisierung	Vereinheitlichung	Zuordnung

Elektroindustrie: EU-Energielabel - Durch das erhöhte Umweltbewusstsein und steigende Energiekosten ist die Energieeffizienz während der Nutzung ein entscheidendes Kaufkriterium von verschiedensten Gütern (z. B. Auto, Gebäude und Elektrogeräten) geworden. Um Vergleiche für die Verbraucher leichter zu gestalten sind Hersteller von Elektrogeräten beispielsweise verpflichtet, die Energieeffizienzklasse ihres Gerätes zu berechnen und als zusätzliche Information anzubringen.

Energie	Identifikation	Identität
Kennzeichnung	Kompatibilität	Normung
Standardisierung	Vereinheitlichung	Vorgaben

Elektroindustrie: Hub - Ein Hub ist ein Gerät aus der Elektronik, das als zentraler Verteiler dient. Durch den Hub werden Datenpakete in einem Netzwerk an alle Stationen, die mittels Netzwerkkabeln verbunden sind, weitergeleitet und verteilt.

Allokation	Infrastruktur	Konsolidierung
Selektion	Übermittlung	Übertragung
Verteilung	Zuordnung	

Elektroindustrie: Verteilerkasten - Ein Verteilerkasten enthält Sicherungs- und Schaltelemente, um den Strom auf die nachfolgenden Verbraucher zu verteilen. Der Aufbau eines Verteilerkastens ist standardisiert und in der DIN 43880 beschrieben. Es wird dabei in Haupt- (direkt nach dem Transformator, leitet den Strom in das Industrie- oder Wohngebiet weiter), Unter- (verteilt den Strom im Haus) und Gruppenverteiler (verteilt den Strom in einer Wohnung) unterschieden.

Allokation	Konsolidierung	Normung
Selektion	Standardisierung	Übermittlung
Übertragung	Vereinheitlichung	Verteilung
Zuordnung		

Elektronik: Luft- und Wasserkühlung (Computer) - Die durch die Rechenprozesse erzeugt Umwandlung von elektrischer Energie in Wärme wird bei Computern durch ein Luft- oder/und Wasserkühlsystem abtransportiert. Vorteile eines Wasserkühlsystems sind die höhere Wärmeleitfähigkeit und der leisere Betrieb gegenüber Luftkühlsystemen.

Klimatisierung

Elektronik: Widerstände - Ein elektrischer Widerstand ist ein Bauteil, das zur Begrenzung von elektrischem Strom, Aufteilung der Spannung in einer Schaltung oder Umwandlung elektrischer Energie in Wärme eingesetzt wird.

Klimatisierung

Energie

Energie: Stromnetz - Das Stromnetz sichert eine flächendeckende Elektrizitätsversorgung. Zudem stellt es eine einfache und bedarfsorientierte Ressourcenbeschaffung dar, denn der Strom wird nur bei Bedarf bezogen und abgerechnet.

Allokation	Flexibilität	Infrastruktur
Verteilung	Zuordnung	

Erziehung

Erziehung: Berufsanforderung ErzieherInnen - ErzieherInnen müssen sich im Berufsalltag häufig auf unterschiedliche Situationen und Verhaltensweisen der zu betreuenden Kinder einstellen, um erfolgreich zu sein. Dies wird durch spezielle Ausbildungen und Schulungen vermittelt und trainiert.

Adaption	Anpassungsfähigkeit	Flexibilität

Erziehung: Berufsberatung - Das Bundesministerium für Familie, Senioren, Frauen und Jugend in Deutschland fördert speziell die Ausbildung an männlichen Erzieher, um den Anteil von Männern in diesem Berufsbild zu steigern. Dazu werden in Schulen die Schüler auf diesen vielfältigen und anspruchsvollen Beruf durch Kampagnen aufmerksam gemacht.

Anreize	Ansehenssteigerung	Attraktivität
Horizonterweiterung	Imagesteigerung	Nachwuchsrekrutierung
Nutzenverdeutlichung	Überzeugung	Wertevermittlung

Erziehung: Schule - Die Schulen haben als Aufgabe die Schüler gemeinsam mit den Eltern zu erziehen und Wissen und Erfahrung weiter zu geben. Durch Prüfungen werden Leistungskennzahlen von den Schülern erhoben und das erlernte Wissen getestet. In vielen Bundesländern werden die weiterführenden Bildungseinrichtungen (Haupt-, Realschule und Gymnasium) unterteilt und der Zugang anhand von Leistungsmerkmalen beschränkt.

Erfahrung	Selektion	Verteilung
Wissen	Zuordnung	

Erziehung: Überzeugung von Kindern - Bei der Erziehung versuchen die Eltern den Kindern bestimmte Sachverhalte anhand von Beispielen bildlich zu erklären. Auch durch den eigenen großen Erfahrungsschatz können sie die Kinder überzeugen.

Erfahrung	Nutzenverdeutlichung	Überzeugung
Wertevermittlung	Wissen	

Gesundheitswesen

Gesundheitsbranche: Förderung von Fitnessstudios - Krankenkassen und Fitnessstudios gehen Kooperationen ein, indem sie einzelne Kurse finanziell unterstützen. Dazu müssen diese von qualifizierten Fachkräften (z. B. lizensierte Trainer, Sportlehrer, usw.) geleitet werden und die Gesundheit fördern.

Anreize	Attraktivität	Kooperation
Motivation	Nutzenverdeutlichung	Risikominimierung
Überzeugung	Vorsorge	

Gesundheitswesen: Handschuhe (Medizin) - Im Gesundheitswesen werden Handschuhe verwendet, um das Risiko einer Infektion bei medizinischen Behandlungen sowohl für den Patienten als auch für den Mitarbeiter im Gesundheitswesen zu senken und den Hygienestandard zu erhöhen.

Gefahren	Risikominimierung	Schutz
Sicherheit	Vorsorge	

Gesundheitswesen: Krankenhaus: Barcodedrucker - Der Einsatz von Barcodedruckern im Krankenhaus erlaubt eine einwandfreie Erkennung von Patienten und Blutbeuteln und führt dadurch zu einer Produktivitätssteigerung und einer Reduzierung der Kosten.

Identifikation	Identität	Kennzeichnung
Übertragung		

Gesundheitswesen: Mobile Apps - Durch Apps auf mobilen Endgeräten sind Patienten überall in der Lage sich schnell und unkompliziert über mögliche Krankheitssymptome zu informieren. Auch die Suche nach einem geeigneten Arzt oder die rasche Interaktion mit anderen Menschen mit ähnlichen Krankheitsbildern ist möglich.

Erreichbarkeit	Flexibilität	Informationsaustausch
Infrastruktur	Kommunikation	Meldung
Übermittlung	Übertragung	Wissen

Gesundheitswesen: Patientenarmband - Im Krankenhaus muss unabhängig vom aktuellen Zustand des Patienten eine schnelle und sichere Identifikation erfolgen. Dazu werden Patientenarmbänder eingesetzt, die der Patient um den Arm gebunden bekommt. Sie sind mit seinem Namen, einem Barcode oder RFID-Chip versehen. Dadurch kann im IT-System rasch die Krankenakte eingesehen werden und im Notfall entsprechend reagiert werden.

Identifikation	Identität	Kennzeichnung
Risikominimierung	Sicherheit	

Gesundheitswesen: Patientensicherheit - Die Patientensicherheit beschreibt das Resultat einer schadens- und fehlerfreien ärztlichen Behandlung und medizinischen Gesundheitsversorgung. Durch hohe Sicherheitsstandards in den Prozessen, Alarmsysteme, geschultes Personal und stätige Überprüfung des Qualitätsmanagement wird versucht die Patienten vor vermeidbaren Schäden bei einer Heilbehandlung zu bewahren.

Kontrollmechanismus	Monitoring	Risikominimierung
Sicherheit	Überwachung	Vermeiden von Umfallen
Vermeiden von Verrutschen	Vorsorge	Warnsysteme/Alarm
Wartung		

Gesundheitswesen: Rettungsdecke - Die Rettungsdecke schützt verunglückte Menschen vor Wind, Nässe und Unterkühlung. Sie besteht aus einer Polyesterfolie (dünn, transparent, wasserdicht und reißfest) und einer Aluminiumschicht (stark reflektierend).

Klimatisierung

Gesundheitswesen: Urinflaschen - Zur Entsorgung von Ausscheidungen der Patienten werden in Krankenhäusern Urinflaschen aus Kunststoff verwendet, die nach Gebrauch thermisch desinfiziert und wieder verwendet werden.

Mehrwegsystem

Gesundheitswesen: Zusammenarbeit von Ärzten und Krankenhäusern - Durch die Gesundheitsreformen sind die Grenzen zwischen den Sektoren ambulant und stationär im Gesundheitssystem durchlässiger geworden. Die Kooperationen zwischen niedergelassenen Ärzten und Krankenhäusern ermöglicht eine Optimierung von Behandlungsabläufen. Ein Beispiel für diese Zusammenarbeit ist eine Praxis im Krankenhaus.

Arbeitsauslastung	Kooperation

Informationstechnologie

Informationstechnologie: Cloud-Computing - Durch das Cloud-Computing können einem Nutzer die Ressourcen des gesamten Spektrums der Informationstechnologie dynamisch und kundenspezifisch zur Verfügung gestellt werden. Der Zugriff erfolgt über Netzwerke (z. B. Internet), wodurch mehrere Nutzer gleichzeitig auf die gleichen Ressourcen zugreifen können.

Allokation	Erreichbarkeit	Flexibilität
Infrastruktur	Risikominimierung	Skalierung
Verteilung	Wissen	

Informationstechnologie: Cookies - Webanbieter speichern während des Surfens im Internet kurze Textinformationen (Cookies) über die Internetnutzung und auch persönliche Angaben. Dies hat zur Folge, dass Internetnutzer bei einem erneuten Besuch einer Internetseite Informationen wie z. B. E-Mail-Adressen oder andere Kundeninformationen nicht erneut eingeben müssen, sondern diese direkt angezeigt werden.

Automatisierung	Mehrfacheingaben	Übermittlung
Übertragung		

Informationstechnologie: Internet - Das Internet ist ein Netzwerk an dem weltweit Rechner miteinander verbunden sind und dient zum schnellen Datenaustausch. Durch das Internet sind die Nutzer in der Lage Informationen schnell abzurufen oder auch bereit zu stellen. Weitere Funktionen sind der Versand von Emails, Telefonieren oder auch das Einkaufen im Internet.

Allokation
Dokumentation
Informationsaustausch
Infrastruktur
Kommunikation
Konsolidierung
Meldung
Selektion
Suchen
Übermittlung
Übertragung
Verteilung
Zuordnung

Informationstechnologie: Online Simulationen - Um z. B. eine Problemlösung bei einer Baustellenmontage zu beschleunigen und somit Kosten zu senken, werden Echtzeit Online-Simulationen eingesetzt. Mithilfe spezieller Software werden Simulationsmodelle auf Basis vorhandener Montagepläne generiert. Wenn eine Störung auftritt, werden mittels der Software Störungsszenarien durchgespielt, verschiedene Abfolgen der einzelnen Prozessschritte ausgemacht und diese anhand logistischer und monetärer Kriterien beurteilt. Anhand dieser Unterstützung kann dann die optimalste Abfolge der durchzuführenden Montageschritte identifiziert werden.

Monitoring
Planung
Risikominimierung
Überwachung
Vorsorge

Informationstechnologie: PPS System - In produzierenden Betrieben wenden sich Benutzer aufgrund der Aufgabenteilung wiederholt an die gleichen Funktionen. Daher besteht die Möglichkeit in Produktionsplanungs- und Steuerungssystemen (PPS-Systemen) durch die Bereitstellung von Daten eine Mehrfacheingabe, d. h. die erneute Eingabe identischer Daten, zu vermeiden. Dafür stehen verschiedene Möglichkeiten zur Auswahl. Werden beispielsweise wiederholt die gleichen Aufgaben ausgeführt, dann bietet es sich an immer die zuletzt eingegebenen Daten bereitzustellen. Eine weitere Möglichkeit ist die personalisierte Datenbereitstellung des Systems. In diesem Fall wird das System vorab individuell eingestellt.

Mehrfacheingaben

Informationstechnologie: SIMATIC: Industrielle Identifikation - SIMATIC Ident beinhaltet RFID- und Code-Lesesysteme und ist eine von Siemens entwickelte Identifikationslösung. Dieses System stellt einer Firma Informationen darüber bereit, wann sich welches Produkt bzw. welches Teil an welchem Ort aufhält und in welchem Zustand es ist. Damit wird die Firma vom Beschaffungsprozess über den Produktionsprozess bis zum Versandprozess unterstützt. Konkreter setzt sich dieses System aus maschinenlesbaren, automatisierten und berührungslosen Identifikationssystemen zusammen, welche die virtuellen Informationsströme mit den Güterströmen synchronisiert. Das führt zu einer äußerst hohen Übersichtlichkeit in den Herstellungs- und Logistikprozessen. Die Vorteile die sich durch den Einsatz von SIMATIC Ident für ein Unternehmen ergeben sind beispielsweise die unverzügliche Identifizierung möglicher Fehlerquellen und deren Beseitigung sowie die garantierte Einhaltung von Qualitätsanforderungen. Dabei finden die folgenden beiden Technologien Anwendung: „RFID (Radio Frequency Identification) auf Basis von Funkwellen oder optisch arbeitende Code-Lesesysteme zur Erkennung von 1D-Codes (Barcode), 2D-Codes wie Data Matrix Codes (DMC) und Klarschrift OCR (Optical Character Recognition)". Dadurch wir die vollständige Verfolgbarkeit der Güter und Teile ermöglicht. SIMATIC Ident ermöglicht es beispielsweise bei mangelhafter Güterqualität die Ursache dafür bis zur einzelnen Maschine zurückzuverfolgen.

Allokation	Identifikation	Informationsaustausch
Kommunikation	Kontrollmechanismus	Meldung
Monitoring	Suchen	Übermittlung
Übertragung	Überwachung	

Informationstechnologie: SolarMagic System Manager - Um die Leistung von Photovoltaik-Anlagen zu verbessern, kann diese mithilfe des MYPVDATA-Portals kontrolliert und beobachtet werden. Dafür werden über das Portal Informationen zur Echtzeit-Leistung bereitgestellt, damit bei sinkender Leistung sofort Maßnahmen eingeleitet werden können. Dadurch wird sichergestellt, dass die Anlage stabile und bestmögliche Ergebnisse erzielt. Der sogenannte SolarMagic System Manager (Energiezähler, Internet-Gateway und Datenlogger) wird zur Beobachtung der Leistung über das MYPVDATA-Portal eingesetzt. Bei Zwischenfällen wird dann automatisch per E-Mail oder SMS eine Alarmnachricht verschickt. Folglich ermöglicht es dieser MYPVDATA Service den Aufwand zur Aufrechterhaltung der Leistungsbereitschaft der Photovoltaik-Anlage zu reduzieren sowie deren Verfügbarkeit zu erhöhen. Des Weiteren sind die Eigentümer jederzeit bestens über den Zustand ihrer Photovoltaik-Anlage informiert.

Kontrollmechanismus	Monitoring	Überwachung

Informationstechnologie: Virenscanner und Firewalls - Ein Virenscanner durchsucht den Computer nach unerwünschten Programmen und schlägt eine Maßnahme zur Beseitigung von Computerviren, -würmern oder Trojanern vor. Eine Firewall hingegen schützt das Netzwerk oder einzelne Computer vor unerwünschten Zugriffen aus dem Internet oder einem anderen Netzwerk.

Diebstahl	Gefahren	Identifikation
Identität	Kennzeichnung	Kontrollmechanismus
Monitoring	Risikominimierung	Schutz
Sicherheit	Sicherung	Suchen
Überwachung	Vorsorge	

Konsumgüter

Konsumgüter: Diebstahlschutz - Um den Diebstahl von Konsumgütern zu vermindern oder zu vermeiden, werden Warensicherungen an den Gütern angebracht. Dabei gibt es folgenden Möglichkeiten der Diebstahlsicherung:

- Mechanische Sicherung: Das Konsumgut wird z. B. mit Sicherungsschloss und Drahtseil im Laden fest verankert.
- Elektronische Artikelsicherung (EAS): Sicherung des Artikels durch ein Sender und Empfänger z. B. RFID
- Chemische Warensicherung: Beim unbefugten entfernen der Sicherung tritt eine chemische Substanz aus, die den Artikel unbrauchbar macht.

Diebstahl	Gefahren	Identifikation
Identität	Risikominimierung	Schutz
Sicherheit	Sicherung	Warnsysteme/Alarm

Konsumgüter: Rutschmatte - Eine Rutschmatte erhöht den Reibungswiderstand durch seine Form und/oder Materialeigenschaften und verhindert somit ein ungewolltes verrutschen der darauf befindlichen Gegenständen.

Risikominimierung	Schutz	Sicherung
Vermeiden von Verrutschen		

Konsumgüter: Wärmekissen - Wärmekissen verwenden Salze, die thermische Energie lange speichern können und den Effekt, dass bei einem Phasenübergang von flüssig zu fest Wärmeenergie freigesetzt wird. Wird das Wärmekissen in einem Wasserbad erhitzt, schmelzen die Salzkristalle und nehmen somit Energie auf. Nach einer Abkühlung kann zeitunabhängig eine Kristallisation mithilfe eines Metallblättchens im Inneren des Wärmekissens ausgelöst werden. Durch das Erstarren des Salzes wird Energie in Form von Wärme freigesetzt.

Klimatisierung

Konsumgüter: Weihnachtsgeschäft im Einzelhandel - In den Wochen vor Weihnachten verzeichnet der Einzelhandel einen hohen Umsatzzuwachs. Daran müssen sowohl die Verkaufsbereiche (z. B. mehr Personal) als auch die dahinter stehende Logistik angepasst werden.

Adaption Anpassungsfähigkeit Flexibilität
Planung

Kunst

Kunst: Vektorgrafiken - Bilder oder auch Schriften können als Vektor gespeichert werden. Dabei werden die Bilder oder Schriftzeichen in einfache geometrische Objekte unterteilt. Dies hat den Vorteil, dass die Graphiken und Schriftzeichen verlustfrei und stufenlos skaliert werden können und einen geringen Speicherplatz benötigen.

Adaption Anpassungsfähigkeit Flexibilität
Skalierung

Lebensmittel

Lebensmittel: Alufolie - Alufolie wird durch Walzen von Aluminium hergestellt und hauptsächlich im Lebensmittelbereich eingesetzt, da sie gas- und luftundurchlässig ist. Weiterhin reflektiert sie Wärmestrahlungen, wodurch sie gegen eine ungewollte Abkühlung oder Aufwärmung eingesetzt werden kann.

Klimatisierung

Lebensmittel: Lebensmittelampel - Um für den Verbraucher den Inhalt von gesundheitsrelevanten Stoffen transparenter darzustellen, wurde eine Lebensmittelkennzeichnung in Form von Ampelfarben eingeführt. Verglichen werden dabei der Gehalt von Fett, gesättigte Fettsäure, Zucker und Salz. Durch die farbliche Kennzeichnung wird dem Verbraucher signalisiert, welche Produkte gesund (grün) sind und welche einen hohen Gehalt (rot) des Inhaltstoffes aufweisen. Falls diese Kennzeichnung nicht auf der Verpackung angebracht ist, kann mit Applikationen auf mobilen Endgeräten dies über das Internet ausfindig gemacht werden.

Dokumentation	Gefahren	Identifikation
Informationsaustausch	Kennzeichnung	Kommunikation
Kompatibilität	Kontrollmechanismus	Normung
Selektion	Standardisierung	Vereinheitlichung
Vorgaben	Warnsysteme/Alarm	Wissen

Lebensmittel: Wackelpudding - Wackelpudding enthält Gelatine. Diese Zutat ist dafür verantwortlich, dass der Pudding wackelt und verleiht anderen Süßigkeiten wie beispielsweise den Gummibärchen ihre Beweglichkeit.

Anpassungsfähigkeit	Stabilität

Lebensmittelbranche: Lebensmittelverpackung - In der Lebensmittelbranche wird häufig der Inhalt auf der Verpackung abgebildet, um den Kunden zum Kauf zu motivieren und gleichzeitig eine schnelle visuelle Identifikation zu ermöglichen. Beispielsweise sind auf dem Deckel eines Erdbeer-Joghurts Erdbeeren abgebildet.

Identifikation	Identität	Kennzeichnung

Maschinenbau

Maschinenbau: Baugruppen - Ein Gesamtsystem kann durch viele einzelne Baugruppen aufgebaut werden. Dadurch wird die Planung und Konstruktion von großen Anlagen übersichtlicher und ein späterer Austausch von fehlerhaften Teilen mit geringerem Aufwand möglich.

Adaption	Anpassungsfähigkeit	Flexibilität
Kompatibilität	Normung	Skalierung
Standardisierung	Vereinheitlichung	Vorgaben

Maschinenbau: Energieverbrauch senken - Produktionshallen können heutzutage durch eine Wärmedämmung, Nutzung von Erdwärme zur Kühlung und Heizung als auch Abwärme und Solarkollektoren zur Warmwasseraufbereitung den Energieverbrauch deutlich senken.

Energie

Maschinenbau: Kooperationen - Im Maschinen- und Anlagenbau werden vertikale und horizontale Kooperationen eingegangen. Vertikale Kooperationen werden häufig mit Zulieferern in Form von gemeinsamen Entwicklungsprojekten eingegangen, um Entwicklungsrisiken zu reduzieren. Horizontale Kooperationen werden meist mit anderen Unternehmen in der gleichen Prozessstufe eingegangen, um größere Auftragsvolumina zu bewältigen und damit Kosten zu sparen.

Arbeitsauslastung	Kompatibilität	Kooperation

Maschinenbau: Kühlsysteme - Durch ein Kühlsystem in einer Maschine wird die durch z. B. Reibung entstandene Wärme abtransportiert, um die Maschine vor Überhitzung zu schützen. Dabei existieren verschiedene Varianten (z. B. Wasser- oder Luftkühlung) von Kühlsystemen, die unterschiedliche Wirkungsgrade besitzen.

Energie	Klimatisierung	Minimierung
Reduzierung		

Maschinenbau: Lichtschranke (Maschinen) - Eine Lichtschranke ist ein Gerät, das die Unterbrechung eines Lichtstrahls erkennt. Dazu wird in einer Lichtquelle ein Lichtstrahl erzeugt und beim Empfänger (Sensor) wird die Lichtintensität gemessen. Eine Unterbrechung des Lichtstrahls wird durch eine Veränderung der Lichtintensität des Sensors festgestellt. Durch Lichtschranken können Sicherheitsabschaltungen bei Maschinen ausgelöst werden.

Gefahren	Kontrollmechanismus	Monitoring
Risikominimierung	Schutz	Sicherheit
Überwachung	Warnsysteme/Alarm	

Maschinenbau: QMS - Das Qualitätsmanagementsystem dient zur Unterstützung der Unternehmensführung, um ein systematisches Qualitätsmanagement durchzuführen. Dabei wird unternehmensweit in allen Bereichen und Funktionen die Qualität gemessen und kontinuierlich verbessert, wodurch die Unternehmensleistung dauerhaft gesteigert werden soll.

Erfahrung	Kontrollmechanismus	Monitoring
Qualifikation	Sicherung	Überwachung
Vorsorge	Warnsysteme/Alarm	Wissen
Zuverlässigkeit		

Maschinenbau: Richtlinien und Verordnungen - Durch ISO- und DIN-Normen werden im Maschinenbau Standards etabliert. Ein Beispiel dafür sind genormte Gewindemaße (z. B. M6).

Arbeitsplatzbeschreibung	Normung	Risikominimierung
Schadenserfassung	Sicherheit	Standardisierung
Vereinheitlichung	Vorgaben	

Maschinenbau: Rippen - Kühlrippen vergrößern durch ihre geometrische Form die Oberfläche eines Körpers und erhöhen damit die Wärmeübertragung.

Klimatisierung	Raumausnutzung	Übertragung

Maschinenbau: Sensoren - Im Maschinenbau werden durch Sensoren einzelne Betriebszustände überwacht und bei Abweichungen eine Fehlermeldung oder/und ein Maschinenstop ausgelöst.

Automatisierung	Kontrollmechanismus	Monitoring
Schutz	Sicherheit	Überwachung

Maschinenbau: Sollbruchstelle - Eine Sollbruchstelle ist ein Element in einem Bauteil, dass bei einer Überlastung oder einem Schaden versagen wird. Dadurch versucht man einen Schaden am Gesamtsystem zu vermeiden oder zumindest zu verringern.

Risikominimierung Schutz Sicherheit

Maschinenbau: Verzahnung - Bei einem Getriebe werden durch Zahnräder die Drehzahl und das Drehmoment übertragen und gewandelt. Bei der Herstellung der Zahnräder ist auf eine hohe Passgenauigkeit der Auflageflächen der Zahnräder zu achten, da sonst ein hoher Abrieb entsteht und die Zahnräder schnell verschleißen.

Einheit bilden Kompatibilität Passgenauigkeit
Übertragung

Maschinenbau: Wärmetauscher - Der Wärmetauscher überträgt die thermische Energie von einem Medium in ein anderes. Dabei gibt es eine direkte, indirekte und halbindirekte Wärmeübertragung. Durch die Strömungsrichtungen (Gleich-, Gegen- oder Kreuzstrom) kann ein unterschiedlicher Wirkungsgrad bei der Übertragung erreicht werden.

Klimatisierung Übertragung

Maschinenbau: Zertifizierung - Maschinen können zertifiziert werden, wenn Sie bestimmte Standards erfüllen. Eine der bekanntesten Zertifizierungen sind das GS-Zeichen und die CE-Kennzeichnung. Des Weiteren kann sich ein Unternehmen nach gewissen DIN- und ISO-Normen zertifizieren lassen, um z. B. gegenüber dritten einen Nachweis von bestimmten Standards zu erbringen.

Erfahrung Qualifikation Sicherung
Vorsorge Wissen Zuverlässigkeit

Natur

Natur: Ameisen und Insekten: Arbeitsteilung und Spezialisierung - Die verschiedenen Aufgaben im Ameisenstaat werden in der Regel durch spezialisierte Arbeiter ausgeführt: Königin, Arbeiter. Soldaten etc. Diese Arbeitsteilung führt aufgrund der Spezialisierung zu einer größeren Effizienz und Leistungsfähigkeit. Ein weiterer Vorteil ist die Formbarkeit, d. h. die Anzahl an Arbeitern für verschiedene Aufgaben kann bei inneren Störungen angeglichen werden.

Adaption	Allokation	Anpassungsfähigkeit
Flexibilität	Kompatibilität	Kooperation
Selektion	Skalierung	Suchen
Verteilung	Zuordnung	

Natur: Ameisen und Insekten: Kooperativer Transport - Ameisen arbeiten beim Transport generell gemeinschaftlich. Wenn eine Ameise eine Beute nicht alleine transportieren kann, rekrutiert sie andere Ameisen entweder durch direkten Kontakt oder hinterlässt vor Ort eine chemische Markierung mithilfe von Pheromonen. Beim gemeinsamen Transport verändern die Ameisen automatisch ihre Position und Anordnung bis sie die Beute zum Nest transportieren können.

Adaption	Allokation	Anpassungsfähigkeit
Flexibilität	Kennzeichnung	Kommunikation
Kooperation	Meldung	Suchen
Übermittlung	Übertragung	

Natur: Ameisen und Insekten: Selbstorganisation und Verhaltensmuster - Gruppenarbeiten erfolgen generell durch Selbstorganisation, so dass keine Aufsicht benötigt wird. Die Koordination untereinander wird durch unterschiedliche Interaktionen, z. B. mit Duftstoffen, unterstützt. Viele dieser Verhaltensmuster haben sich evolutionär entwickelt und laufen unbewusst ab.

Automatisierung	Identifikation	Identität
Kennzeichnung	Kommunikation	Planung
Übermittlung	Übertragung	

Natur: Bambus - Bambus wurde in Ländern wie beispielsweise Thailand und Kolumbien Jahrhunderte lang als Baustoff für Häuser etc. eingesetzt. Die Pflanze weist allerhand positive Merkmale auf und beeindruckt bei wenig Gewicht und große Elastizität mit immenser Härte und hoher Druck- und Zugfestigkeit. Diese Charakteristiken sind auf den Aufbau der Bambusstäbe zurückzuführen, deren äußerste Schichten die stabilsten sind. Darüber hinaus besitzen die Stäbe Knoten, wodurch diese in Segmente gegliedert werden, was den Stäben weitere Stabilität verleiht.

Leichtbau	Stabilität

Natur: Bäume: Äste - Damit Bäume tonnenschweren Ästen und Belastungen durch das Wetter z. B. Wind oder Schnee standhalten können, ist eine gleichmäßige Spannungsverteilung innerhalb des Baumes erforderlich. Zur Reduzierung von Spannungsspitzen wachsen Bäume deshalb an Stellen lokaler Überbeanspruchungen stärker. Dort bilden sich so genannte Rippen, Wülste oder Wurzelanläufe.

Adaption	Anpassungsfähigkeit	Design
Festigkeit	Leichtbau	Minimierung
Reduzierung	Stabilität	Verpackung

Natur: Bienen: Wabenkammer - Die Wabenkammer ist zum einen aufgrund des Prinzips der Verbundstabilisierung sehr stabil und tragfähig. Die Versteifung wird durch die wabenartige Stützschicht zwischen zwei festen Deckschichten erzeugt. Des Weiteren haben die Sechsecke der Seitenwände einen sehr kleinen Umfang und benötigen daher ein Minimum an Baumaterial bei gleichbleibendem Fassungsvermögen.

Begrenzung	Design	Festigkeit
Grenzen	Leichtbau	Minimierung
Raumausnutzung	Reduzierung	Stabilität
Verpackung		

Natur: Bienen: Wärmeregulation in den Wabenkammern - Damit die Bienen in den Wabenkammern ihre Brut großziehen können, ist permanent eine Temperatur von +35 °C erforderlich. Im Falle eines Absinkens der Temperatur werden die Bienen aktiv und versuchen die +35 °C dadurch wieder herzustellen, dass sie ihren Körper erwärmen indem sie mit ihren Brustmuskeln zittern und diese Wärme an die Umgebung übertragen (Ofenprinzip). Sollte es in den Wabenkammern zu warm werden, gibt es mehrere Möglichkeiten für die Bienen die Temperatur zu senken. Eine Möglichkeit ist es durch das Wedeln mit den Flügeln den Luftaustausch zu fördern (Ventilatorprinzip). Sollte der gewünschte Effekt dadurch nicht eintreten, können die Bienen auch Wassertropfen in den Wabenzellen platzieren, um die Temperatur zu reduzieren (Kühlschrankprinzip). Zur weiteren Ausdehnung der Kühlfläche setzten die Bienen ihren Rüssel ein und schlagen wiederholend mit diesem, wodurch sich die Wassertropfen filmartig verbreitern (Kühlrippenprinzip).

Klimatisierung

Natur: Bienenstock - Der Bienenstock dient dazu, die Bienen das ganze Jahr über vor schlechten Wetterbedingungen wie Regen, Schnee und Wind zu schützen. Die Tiere verständigen sich auf zwei Arten miteinander: zum einen durch einen Tanz und zum anderen durch Gerüche. Um beispielsweise allen Bienen mitzuteilen dass die Königin präsent ist, wird ein spezieller Duft im Bienenstock verbreitet. Der Bienenstock dient ebenfalls als Ort, um die anderen Bienen über eine neue Nahrungsquelle zu informieren. In diesem Fall wird für die Übermittlung der Information ein Tanz aufgeführt.

Informationsaustausch	Kommunikation	Meldung
Schutz	Sicherheit	Übermittlung
Übertragung		

Natur: Blütenknospen: Blätter - Im geschlossenen Zustand sind die Blätter einer Blütenknospe optimal gefaltet, denn im entfalteten Zustand ist das Volumen wesentlich größer als in der geschlossenen Blüte. Durch die schuppenförmige Anordnung der äußersten Blätter werden zudem die inneren Knospenblätter z. B. vor Kälte geschützt.

Geborgenheit	Klimatisierung	Minimierung
Raumausnutzung	Reduzierung	Schutz
Skalierung	Ummantelung	Verpackung

Natur: Chamäleon - Der Farbwechsel des Chamäleons wird einerseits zur Tarnung und andererseits zur Kommunikation mit Artgenossen eingesetzt. Um sich vor der Gefahr, die von Feinden ausgeht, zu schützen, passt das Tier die Farbe seines Körpers an die Farbe der Umgebung an.

Adaption	Anpassungsfähigkeit	Flexibilität
Kompatibilität		

Natur: Delphine: Blasloch - Delphine atmen durch ein sogenanntes Blasloch. Dieses liegt tiefer hinter der vorgewölbten Stirn und beruhigt die dadurch verursachten Turbulenzen. Damit kann der Strömungswiderstand reduziert werden.

Design Energie Minimierung
Reduzierung

Natur: Delphine: Haut - Die Haut des Delphins dämpft durch eine elastische und flüssige Schicht schwammigen Gewebes. Wenn diese aufgrund von Strömungsturbulenzen nachgibt, wird Wasser rausgepresst. Sobald der Druck nachlässt, saugt die Schicht sich wieder mit Wasser voll. Hohe Reibungswiderstände als Folge der Strömungsturbulenzen werden wegen dieser Duktilität vermieden.

Design Energie

Natur: Delphine: Luftsäcke im Kopf - Delphine verfügen im Kopf über drei an den Nasengang angeschlossene Luftsäcke. Mithilfe einer jeweils selbstständigen Muskulatur kann ihr Volumen verändert werden. Die Töne kommen durch verschiedene Schallschwingungen im Fettpolster hinter der Stirn zu Stande.

Informationsaustausch Kommunikation Meldung
Übermittlung Übertragung

Natur: Delphine: Schnauze - Die Schnauze reduziert durch seine Form den Strömungswiderstand und ermöglicht dem Delphin Geschwindigkeiten von 22,5 m/s zu erreichen.

Design Energie Minimierung
Reduzierung

Natur: Eier: Schale - Das Material der Eierschale ist sehr luftdurchlässig, da ein Hühnerembryo bis zu sechs Liter Sauerstoff in seiner Entstehungsphase benötigt. Mithilfe von kleinen Poren findet der Austausch von Gasen statt. Um Keime allerdings vom Embryo fernzuhalten, werden keine Mikroorganismen durchgelassen. Des Weiteren verfügt das Ei wegen seiner Form über eine hohe Stabilität. Durch den Bogen wird Druck z. B. durch die brütende Henne optimal verteilt und führt zu keinem Riss.

Begrenzung	Design	Festigkeit
Geborgenheit	Grenzen	Klimatisierung
Schutz	Stabilität	Ummantelung
Verpackung		

Natur: Elefanten: Rüssel - Elefanten atmen und riechen mit dem Rüssel. Dieser stellt so zu sagen die Nase dar. Zudem können sie damit tasten, trinken und Dinge aufheben ähnlich einer menschlichen Hand. Der Rüssel besteht aus keinem Knochen, sondern aus etwa 40.000 längs- und quergestreiften Muskeln, die sich um die zwei Nasenröhren aufbauen.

Design	Flexibilität

Natur: Gelenke - Bei den Gelenken ist der Gelenkkopf fast als Negativform der Gelenkpfanne zu verstehen. Für einen reibungsarmen Bewegungsablauf sind sie mit Knorpeln ausgestattet. Dadurch passen sie (Gelenkkopf und -pfanne) ähnlich wie Schloss und Schlüssel zueinander.

Passgenauigkeit

Natur: Grashalme: Aufbau - Der Roggenhalm beispielsweise besteht aus einer Außen- und Innenröhre mit 3-4 mm Durchmesser. Durch 0,03 mm dicke Stege zwischen den Röhren stellt der Halm ein dünnes, doppelwandiges Rohr dar. Dieses Hohlprofil ist gegenüber Biegekräften widerstandfähiger als ein massiver Stab aus gleicher Masse.

Begrenzung	Design	Festigkeit
Leichtbau	Stabilität	Verpackung

Natur: Haifische: Antihaftung der Haut - Haie besitzen eine Haut auf der sich eine Vielzahl kleiner Zähne befindet. Dieser Aufbau trägt dazu bei, dass die Entstehung von Querwirbeln unterbunden wird, was wiederum zu einer Reduzierung des Widerstandes bei der Fortbewegung im Wasser führt. Darüber hinaus erschwert diese Haifischhaut es den Seepocken und anderen Meerestieren sich daran festzusetzen, da sie aufgrund der Zähne nur mühsam Halt finden.

Design Energie Minimierung
Reduzierung

Natur: Haifische: Oberflächenstruktur (Galapagoshai) - Aufgrund der Oberflächenbeschaffenheit seiner Haut kann der Galapagoshai bis zu 60 km/h schnell schwimmen. Diese Fähigkeit ist auf seine Faltenrillenschuppen zurückzuführen, die den Wasserwiderstand verringern. Die Schuppen weisen kleine Gräben auf, die eine Grenzschichtführung realisieren.

Design Energie Minimierung
Reduzierung

Natur: Insektenbeine - Die Beine der Insekten besitzen eine harte äußere Schicht, die sich hauptsächlich aus Chitin und Proteinen zusammensetzt und für die notwendige Festigkeit der Beine sorgt. Bei fliegenden Insekten, wie beispielsweise dem Schmetterling, ist darüber hinaus ein geringes Körpergewicht von Bedeutung, weswegen deren Laufbeine leicht gebaut sind.

Festigkeit Leichtbau Stabilität

Natur: Kaiserpinguine: Haut - Kaiserpinguine weisen unterschiedliche Möglichkeiten auf, um sich vor der antarktischen Kälte zu schützen. Zunächst besitzt das Gefieder des Kaiserpinguins einen speziellen Aufbau und zwar befinden sich unter den groben Federn noch kleine Daunen. Diese Daunen sind in der Lage Luft einzuschließen, die eine isolierende Wirkung hat. Des Weiteren trägt sich der Kaiserpinguin selbst ein öliges Sekret auf sein Gefieder auf. Das Sekret erhält der Pinguin aus seiner Bürzeldrüse und es hilft dabei die Daunen weiter abzudämmen. Ihre dicke Speckschicht ist ein weiterer Schutz vor der Kälte. Gemäß der Bergmann'schen Regel können große Tiere im Gegensatz zu kleinen Tieren mehr Wärme erzeugen und verlieren diese auch nicht so schnell. Das lässt sich durch das vorhandene kleine Oberflächen-Volumen-Verhältnis bei großen Tieren erklären. Ein weiterer Vorteil des Kaiserpinguins bei dem Schutz vor Kälte ist sein Wärmeaustauschsystem. Dabei wird das kalte Blut, das von außen zum Herzen fließt, von dem nach außen fließenden, warmen Blut aufgewärmt.

Klimatisierung

Natur: Kakerlake (Panzer) - Das Material aus dem der Panzer einer Kakerlake gemacht ist heißt Chitin und verleiht ihm seine Festigkeit, sodass der Panzer den Tieren Schutz bietet.

Geborgenheit	Schutz	Sicherheit
Stabilität	Ummantelung	

Natur: Katzen: Pfoten - Ein Gepard besitzt weiche Pfoten, die sich ausweiten können, was zu einer Vergrößerung der Berührungsfläche mit dem Erdboden führt. Der Gepard verfügt dadurch sogar bei schneller Fortbewegungsgeschwindigkeit über einen sicheren Halt beim Abbremsen und Ändern der Richtung.

Vermeiden von Umfallen

Natur: Klapperschlange: Temperaturempfindlichkeit - Eine, am Kopf der Schlange liegende mit einer 15 µm dünnen Membran überzogene, Grube ermöglicht es der Klapperschlange Veränderungen der Temperatur von 1/1000 °C wahrzunehmen. Diese Membran ist mit etwa 150.000 parallel geschalteten Sinneszellen versehen, die dadurch die Reize erhöhen. Dieses sogenannte Grubenorgan befähigt die Klapperschlange die warmblütigen Beutetiere bei Nacht auszumachen.

Identifikation	Klimatisierung

Natur: Kofferfische: Form - Trotz der eckigen und voluminösen Gestalt verfügt der Kofferfisch über einen niedrigen Strömungswiderstand und damit über eine optimale aerodynamische Form. Der relativ stromlinienförmige Körperbau ermöglicht energiesparende Bewegungen. Zwar ist er wegen seiner kleinen Flossen nicht sehr schnell, dafür aber umso wendiger.

Design	Energie

Natur: Kokon - Der Kokon dient dazu die Raupe sowohl vor Feinden als auch vor anderen äußeren Einflüssen zu schützen.

Begrenzung	Einheit bilden	Geborgenheit
Grenzen	Passgenauigkeit	Schutz
Sicherheit	Ummantelung	Verpackung

Natur: Kokosnüsse: Schale - Kokosnüsse sind hohen Druckkräften gewachsen. Aufgrund der stoß abfedernden Kokosfaserschicht aus Zellulose, überstehen sie das Herabfallen von der Kokospalme unbeschadet. Die unempfindliche Schale schirmt das Fruchtfleisch vor Bakterien, Parasiten und Salzwasser ab. Bei kleinen Rissen verhindert eine hochelastische Zwischenschicht den Verlust von Flüssigkeiten. Allerdings existieren Sollbruchstellen, die das Öffnen der Nuss sehr erleichtern.

Begrenzung	Festigkeit	Geborgenheit
Grenzen	Schutz	Sicherheit
Sicherung	Stabilität	Ummantelung
Verpackung		

Natur: Libellen: Gestaltung der Hinterleibsanhänge - Aufgrund der großen Ähnlichkeit des Libellen Weibchens mit den Weibchen anderer, verwandter Arten, sind die Libellen Männchen teilweise nicht in der Lage die Libellen Weibchen mithilfe ihrer Facettenaugen eindeutig zu identifizieren. Daher sind die Männchen auf ihre Hinterleibsanhänge angewiesen. Diese werden zwischen dem Kopf und der Vorderbrust des Weibchens platziert und falls die Gestaltung dieses weiblichen Körperteils und die Hinterleibsanhänge des Männchens vollständig kompatibel zueinander sind (Schlüssel-Schloss-Prinzip), dann kann das Männchen sicher sein, dass es sich um die richtige Kopulationspartnerin handelt.

Identifikation	Identität	Kennzeichnung
Kompatibilität	Kontrollmechanismus	Passgenauigkeit
Risikominimierung	Vorsorge	Warnsysteme/Alarm

Natur: Lotus Blume - Die spezielle Oberfläche der Lotusblätter ergibt sich aus den spitzen Fortsätzen der Zellen der obersten Gewebeschicht auf denen sich kleine wachsige Erhebungen befinden. Aufgrund dieses Aufbaus ihrer Oberfläche laufen Wassertropfen an den Blättern herunter und entfernen gleichzeitig Verunreinigungen, wodurch die Blätter der Lotuspflanze durchgehend trocken und gereinigt sind.

Design	Vorsorge	Wartung

Natur: Menschen: Bandscheiben - Die 23 Bandscheiben der Wirbelsäule, auch als Zwischenwirbelscheiben bezeichnet, wirken wie Wasserkissen. Sie setzen sich aus einem festen äußeren Kern (Faserring) und einem galleartigen inneren Kern (Nucleus pulposus) zusammen. Letzteres ist von schichtweise wechselnden in flachen schraubförmigen Windungen umhüllt. Die Formbarkeit der Wirbelsäule liegt in der Bandscheibe, bei Belastung gibt diese Flüssigkeit ab und bei Entlastung nimmt sie wieder welche auf. Damit stellen die Bandscheiben eine Art Stoßdämpfung für die einzelnen Wirbel dar.

Adaption	Anpassungsfähigkeit	Flexibilität
Schutz	Sicherung	Verpackung
Vorsorge		

Natur: Menschen: Darmfellzotten, Lungenbläschen - Die schaumartige aus Blasen bestehende Struktur der menschlichen Lunge weist eine Fläche von über 80 m^2 auf, während es beim Darm und seinen Falten nur 1 m^2 sind. Allerdings befinden sich darauf Zotten mit einer Oberfläche von 40 m^2, auf denen wiederum Mikrozotten mit 200 m^2 sind.

Raumausnutzung

Natur: Menschen: DNA - Die Desoxyribonukleinsäure (DNA) trägt in Form einer schraubenförmigen Doppelhelix das Erbgut des Menschen. Die Stabilität dieser Form wird durch die Wasserstoffbrückenbindungen und die Stapel-Wechselwirkungen der aufeinander folgenden Basen erreicht. Chemisch besteht die DNA aus Nukleinsäure und hat mehrere Aufgaben. Zur Speicherung und Weitergabe der Gene an die Zellen zählt ebenfalls die präzise Vervielfältigung der Erbinformationen bei der Zellteilung. Dieser Vorgang wird Replikation genannt. Des Weiteren minimiert sie Erbänderungen bzw. Mutationen durch die Strukturstabilität.

Dokumentation	Identifikation	Identität
Kennzeichnung	Stabilität	Wissen

Natur: Menschen: Herz-Kreislauf-System - Das Herz-Kreislauf System erfüllt viele Aufgaben, unter anderem die Versorgung der Zellen mit Sauerstoff und Nähstoffen sowie den Abtransport von Abfallstoffen wie beispielsweise CO2. Zudem spielt es eine wichtige Funktion bei der Wärmeregulierung. Die Blutgefäße fungieren dabei als Transportröhren. Ein paar wenige große Leitungen, z. B. die Aorta, transportieren eine große Menge über längere Strecken, während durch die immer feinere Verzweigung das Gewebe durch die Kapillargefäße umfassend und schnell versorgt wird. Die Gesamtlänge der verzweigten Gefäße ergibt mehrere 10.000 km. Das Blut kann mithilfe des Blutplasmas Einfluss auf Körpertemperatur ausüben, in dem es Wärme aufnehmen oder abgeben kann. Des Weiteren wird diese über die Fließgeschwindigkeit des Blutes gesteuert. Bei erweiterten Blutgefäßen fließt das Blut gemächlicher und gibt die Wärme besser ab. Bei Kälte ziehen sich Gewebe und Muskeln zusammen und verengen die Blutgefäße, wodurch wiederum weniger Wärme abgegeben wird.

Klimatisierung	Übertragung	Verteilung

Natur: Menschen: Immunsystem - Das Immunsystem hilft dem menschlichen Körper sich gegen Krankheitserreger und Fremdstoffe zu wehren und wird daher auch als Abwehrsystem bezeichnet. Unter Krankheitserregern sind beispielsweise Viren und Bakterien zu verstehen. Folglich ist es die Aufgabe des Immunsystems für eine gute Gesundheit des Menschen zu sorgen. Sobald ein Fremdkörper in den menschlichen Körper eindringt bemerkt das Immunsystem dies unverzüglich und identifiziert den Eindringling anhand der Antigene auf seiner Oberfläche als Fremdkörper. Diese Antigene lösen eine Reaktion des Immunsystems aus. Bei einem gesunden Immunsystem werden Antikörper gebildet, die dann zusammen mit den Fremdkörpern einen sogenannten Antigen-Antikörper-Komplex ergeben. Entweder ist der Komplex selbst in der Lage Eiweißstoffe zu erzeugen, die die Eindringlinge vernichten oder Lymphozyten werden mobilisiert, die dann den ganzen Komplex vernichten und beseitigen. Für gewöhnlich bekommt der Mensch bei einem intakten Immunsystem von diesem Vorgang überhaupt nichts mit.

Gefahren	Identifikation	Identität
Kennzeichnung	Kontrollmechanismus	Monitoring
Schutz	Sicherheit	Überwachung
Warnsysteme/Alarm		

Natur: Menschen: Oberflächensensoren der Haut - Die menschliche Haut ist mit diversen Sinneszellen ausgestattet. Diese übermitteln als Oberflächensensoren Reize an das Rückenmark von dem aus die Informationen an das Gehirn weitergegeben werden. Der menschliche Körper ist durch die Sensoren der Haut unter anderem dazu in der Lage Wärme, Kälte und Druck zu registrieren oder Verletzungen zu bemerken. Anschließend fällt das Gehirn ein Urteil darüber, ob dieser Kontakt erfreulich oder feindlich ist und reagiert in angemessener Art und Weise darauf.

Identifikation Identität Kennzeichnung

Natur: Menschen: Sinnesorgane - Der Mensch hat fünf Sinnesorgane und zwar das Auge, das Ohr, die Nase, die Zunge und die Haut, die es den Menschen erlauben Sachlagen und Ereignisse in der Umwelt zu registrieren. Ohren, Augen, Zunge und Haut empfangen Reize, die sie mithilfe von elektrischen Nervenimpulsen an das Gehirn weiterleiten. Darauf folgt die Verarbeitung dieser im Gehirn, wodurch der Mensch diese Nervenimpulse als Bilder, Bewegungen, Geräusche, Gerüche, Geschmack, Temperatur und Berührung erfasst.

Identifikation Identität Kennzeichnung

Natur: Miesmuscheln: Schleim - Miesmuscheln sondern Klebestoff ab, der im Wasser aushärtet. Damit bleiben die Muscheln auch bei starker Strömung oder Brandung an ihrer Unterlage festkleben. Neben der hohen Haftung ist der Schleim zusätzlich sehr elastisch.

Vermeiden von Umfallen Vermeiden von Verrutschen

Natur: Oberflächenspannung - Zwischen Flüssigkeitsmolekülen wirken Kohäsionskräfte, weil die positiv geladenen Wasserstoffatome in Wechselbeziehung mit dem Elektronenpaar des Sauerstoffatoms eines anderen Wasserstoffmoleküls stehen. Diese sogenannten Wasserstoffbrückenbindungen sind relativ stark. Bei geringen Oberflächenspannungen wie beispielsweise bei Silikonen, Wachsen und Teflon können Organismen daran nicht haften.

Schutz Stabilität Vermeiden von Umfallen
Vermeiden von Verrutschen

Natur: Orientalische Wespen: Energie Erzeugung - Bei Sonne und Temperaturen zwischen 20-30° C können die Wespen Spannungen von hundert Millivolt und Stromstärken von wenigen Nanoampere erzeugen und speichern. Die organischen Halbleiterkristalle fungieren wie Solarzellen und stellen die benötigte Energie für den Stoffwechsel bereit.

Energie

Natur: Palmenblätter: Faltstrukturen - Die Kombination aus Rippenstruktur und Faltung spart Platz und erreicht eine hohe Stabilität bei wenig Gewicht.

Design	Leichtbau	Raumausnutzung
Stabilität	Strukturvereinfachung	Verpackung

Natur: Pantoffeltierchen: Ausweichmechanismus - Pantoffeltierchen schwimmen so lange geradeaus, bis ihnen der Weg versperrt wird und sie gegen diese Barriere schwimmen. Als Reaktion darauf schwimmen die Pantoffeltierchen ein Stück zurück, verändern ihre Schwimmrichtung und versuchen weiter zu schwimmen. Sollte die Barriere immer noch den Weg versperren, wird erneut die Richtung verändert. Dieser Vorgang wird so häufig wiederholt bis der Weg frei von Hindernissen ist.

Allokation	Automatisierung	Infrastruktur

Natur: Quallen und Kraken: Greifsysteme - Kraken besitzen acht Fangarme und nutzen diese zum Ergreifen von Beutetieren. Die Fangarme werden sowohl vom Gehirn als auch von den in den Nervenknoten eingespeicherten Neuralmuster der Fangarme gesteuert. Immerhin können einfache Bewegungen durch diese Neuralmuster realisiert werden. Mittels der chemischen Sinneszellen der Saugnäpfe erhalten die Kraken darüber hinaus Auskunft über die Eigenschaften der berührten Objekte und Flächen. Die Fangarme (Tentakel) der Qualle sind mit Nesselkapsel ausgestattet, aus denen bei Kontakt Gift herausströmt. Die Tentakellänge ist abhängig von der Quallenart. Einige Quallenarten haben lediglich kurze Fangarme. Wohingegen andere Arten mit Tentakeln von ca. 20 Meter Länge ausgestattet sind. Quallen setzen ihre Fangarme, wie die Kraken, zum Beutefang ein. Da es allerdings für schnelle Beutetiere ein Leichtes wäre sich aus den Fangarmen zu befreien, macht die Qualle von ihrem Gift Gebrauch, um die Tiere zu überwältigen. Abschließend dienen die Fangarme dazu, die Beute zum Magenraum der Qualle zu ziehen.

Identifikation	Identität	Kennzeichnung

Natur: Raubvögel: Spreizen der Flügelenden - Beim Fliegen bilden sich aufgrund der verschiedenen Druckverhältnisse über- und unterhalb des Flügels Wirbel. Dadurch, dass die Raubvögel ihre Flügelenden spreizen können, werden aus einem großen Randwirbel mehrere kleine, was zu einem geringeren Energiebedarf beim Fliegen führt. Folglich ermöglicht das Spreizen den Raubvögeln ihren Auf- und Vortrieb zu optimieren.

Energie

Natur: Riesenherzmuscheln: Schalenschloss - Die Schale der Muschel setzt sich aus zwei separaten Schalenklappen zusammen, die durch ein elastisches Schlossband miteinander verbunden sind. Im entspannten Zustand öffnet sich die Schale beim Zusammenziehen des Bandes. Für das Schließen der Schalen überwindet die Muschel den Widerstand des Schlossbandes durch Schließmuskeln. Der innere Rückenrand der beiden Schalklappen ist verbreitet und Dornen greifen ineinander ein, was eine bewegliche Kopplung der Schalenhälften erzielt. Dieser Formschluss gibt der Schale seitliche Stabilität gegen Verrutschen.

Begrenzung	Einheit bilden	Geborgenheit
Grenzen	Passgenauigkeit	Schutz
Sicherheit	Ummantelung	Vermeiden von Umfallen
Vermeiden von Verrutschen	Verpackung	

Natur: Säugetiere: Fell z. B. Eisbären - Eisbären besitzen ein helles und dichtes Fell an dem das Wasser umgehend abperlt. Durch das Anlegen oder Aufstellen ihres Felles sind die Tiere sogar in der Lage die Wärmedämmung je nach vorherrschender Umgebungstemperatur zu verändern. Darüber hinaus haben Eisbären eine schwarze Haut, die positiv zur Wärmeaufnahme beiträgt. Ein stehendes Luftpolster im Fell verhindert dann, dass diese Wärme an die Umwelt abgegeben wird. Außerdem sind die Haare des Eisbären hohl, wodurch sie als Lichtleiter fungieren und die Sonnenstrahlen direkt zur dunklen Haut führen. Obendrein fördert die vorhandene dicke Fettschicht ebenfalls die Wärmedämmung.

Energie	Flexibilität	Klimatisierung

Natur: Säugetiere: Knochen - Die Knochen weisen in ihrer äußeren Gestalt Ähnlichkeiten auf mit einer Säule im Doppel-T-Profil sowie dem Querschnitt eines Röhrenprofils. Druckkräfte werden optimal auf die Randschichten verteilt, indem sich die in den oberen und unteren Verdickungen befindlichen Knochenbälkchen wie gotische Spitzbogen anordnen. Zudem werden an dauerhaft beanspruchten Stellen die Knochen dicker und an unbelasteten Stellen abgebaut. Die Knochenwand selbst besteht aus zwei festen dünnen Deckschichten und einer hochporösen, schwammartigen dicken Zwischenschicht. Hierdurch wird das Material optimal verwendet und gleichzeitig eine maximale Stabilitätserhöhung erreicht.

Festigkeit	Leichtbau	Stabilität

Natur: Schleimpilze (Physarum plasmodium): Ausbreitung - Auf der Suche nach Nahrung bringt dieser Schleimpilz effiziente Verbindungen hervor. Er ist in der Lage die kürzeste Verbindung zwischen einem Ausgangspunkt und einem Zielpunkt ausfindig zu machen. Darüber hinaus kann er mithilfe von Haferflocken, die sowohl am Ein- als auch am Ausgang eines Labyrinths platziert werden, den optimalsten Weg aus diesem Labyrinth aufdecken.

Allokation	Infrastruktur	Selektion
Suchen	Verteilung	Zuordnung

Natur: Schmetterlinge: Kopulationsorgane - Bei den Kopulationsorganen von Schmetterlingen, die derselben Art angehören, liegt ein sogenanntes Schlüssel-Schloss-Prinzip vor. D.h. durch die spezielle Form der beiden unterschiedlichen Kopulationsorgane entsteht eine stabile, lösbare Verbindung. Es existiert eine Reihe von Sicherungselementen, die verhindern, dass die Kopulation ungewollt und verfrüht durch ein Lösen dieser Verbindung beendet wird. Dieser Effekt ist besonders von Bedeutung, da die Paarung häufig während des Fluges anfängt.

Identifikation	Identität	Kennzeichnung
Schutz	Sicherheit	

Natur: Schmetterlinge: Rüssel - Schmetterlinge nutzen ihren Rüssel zur Nahrungsaufnahme, in dem sie den Nektar aus den Blütenkelchen und Baumstämmen saugen. Bei einer ausreichenden Menge an Pollen werden diese durch Auf- und Ausrollen des Rüssels geknetet. Mithilfe des Speichels werden beispielsweise die Aminosäuren aus den Pollen rausgezogen.

Flexibilität Kompatibilität

Natur: Schnäbel und Hände - Überwiegend setzen die Vögel ihren Schnabel als Greifwerkzeug ein. D.h. damit wird die Nahrung aufgenommen, abgerissen oder abgeschnitten. Die menschliche Hand befindet sich am Ende des Arms, folgt demnach also auf das Handgelenk und wird ebenfalls als Greifwerkzeug bezeichnet und eingesetzt. Es existieren verschiedene Greifarten bei denen der Daumen von äußerster Wichtigkeit ist.

Flexibilität

Natur: Seesterne: Arme - Die Arme eines Seesterns umfassen Gefäßsysteme, die an der Köperoberfläche durch eine mit Löchern überzogene Siebplatte im direkten Kontakt zum Meerwasser stehen. Dieses Kanalsystem stellt den hydraulischen Antrieb für die auf der Unterseite der Arme befindlichen Saugfüße dar, die mithilfe der Muskeln ausgestreckt oder zurückgezogen werden. Die Fortbewegung gestaltet sich in zwei Schritten. Zunächst heftet der Seestern sich am Untergrund fest und bei der Verkürzung zieht er den Körper nach. Mit dieser Technik erreicht er etwa 6 cm pro Minute.

Adaption Anpassungsfähigkeit

Natur: Spinnen: Faden - Der Faden einer Spinne hat viele positive Merkmale, so kann der Faden beispielsweise fest gespannt werden und reißt dabei trotzdem nicht ein. Darüber hinaus ist er stark verformbar, wodurch er selbst beim Auftreffen und Bewegen der Beutetiere im Netz und bei stürmischem Wetter nicht zerreißt. Außerdem kann der Faden zügig verkürzt werden, um die erforderliche Vorspannung herzustellen. Diese Merkmale resultieren aus den Klebetröpfchen, die den Faden aufgrund der Oberflächenspannung derart in sich aufrollen, dass dieser immer straffgezogen ist. Die Funktionsweise der Klebetröpfchen ist mit der einer Kabeltrommel vergleichbar, so wird der Faden im Anschluss an eine Belastung schleunigst aufgerollt.

Festigkeit Leichtbau Stabilität

Natur: Spinnen: Netz (z. B. Zitterspinne) - Die Zitterspinne verwendet für den Bau ihrer Netze Grashalme als Pfeiler, da diese ihrem Netz Stabilität verleihen. Aufgrund der Bauweise müssen die Fäden, aus denen das Netz besteht, nämlich lediglich im Stande sein Zugbelastungen auszuhalten, weil die Druckbelastungen von den Grashalmen übernommen werden.

Festigkeit	Leichtbau	Stabilität

Natur: Spinnen: Netzkonstruktionen - Die Eigenschaften, die die Netze von Spinnen charakterisieren, sind zum einen die hohe Tragfähigkeit und zum anderen der niedrige Materialeinsatz. Die Stabilität dieser Konstruktionen entsteht durch die Vorspannung.

Festigkeit	Leichtbau	Stabilität

Natur: Springspinnen: Augen - Das Gesichtsfeld der Springspinne beträgt mindestens 300°. Die vorderen Mittelaugen agieren aufgrund ihres Aufbaus wie Teleobjektive. Die Augen können das Bild Zeile für Zeile und Punkt für Punkt aufnehmen. Somit wird die Form des gesehenen Gegenstandes auf optischem Wege abgetastet.

Identifikation	Identität	Kennzeichnung
Suchen		

Natur: Süßwasserschwämme: Filterung - Süßwasserschwämme können je nach Art täglich Wasser im Fassungsvermögen des 20.000 fachen ihres Körpervolumens durch den Köper leiten. Dabei werden daraus Nahrungsteilchen ausgesiebt.

Identifikation	Identität	Kennzeichnung
Kontrollmechanismus	Monitoring	Selektion
Suchen	Überwachung	Zuordnung

Natur: Termitenbau - Erstens steigt die Temperatur im Inneren des Termitenbaus aufgrund seiner erheblichen Masse nicht enorm an. Darüber hinaus weisen Termitenbauten noch eine Rippenstruktur auf, die zur idealen Klimatisierung beiträgt und wodurch die Temperatur größtenteils konstant bleibt. Dahinter verbirgt sich das Prinzip, dass gekühlte Luft nach unten herabsinkt.

Klimatisierung

Natur: Tintenfische: Saugnäpfe - Der Tintenfisch setzt seine Saugnäpfe überwiegend zur Fortbewegung ein und eher selten zum Fangen von Beutetieren. Aufgrund der stark ausgeprägten Muskulatur der Saugnäpfe ist der Oktopus in der Lage, große Unterdrücke entstehen zu lassen. Vor der Berührung einer Oberfläche ziehen sich die Ring- und Meridionalmuskeln der Saugnäpfe stark zusammen, so dass der Saugnapfboden nach außen gepresst wird und das Saugnapfvolumen gering ist. Bei der Berührung der Oberfläche nimmt die Höhe des Saugnapfrandes ab und der Saugnapfrand wird fest an die Oberfläche gedrückt. So tritt eine Versiegelung ein und die Ringmuskeln ziehen sich weiter zusammen.

Sicherung Stabilität Vermeiden von Umfallen

Vermeiden von Verrutschen

Natur: Vögel: Federkleid - Vögel können die Isolationsdicke ihres Federkleides beeinflussen, das heißt bei einer sinkenden Umgebungstemperatur bauscht zum Beispiel die Amsel ihr Federkleid auf, wodurch ihr Körper teilweise eine fast runde Form annimmt. Dadurch wird das Oberflächen-Volumen-Verhältnis optimiert, was dazu führt, dass die Amsel weniger Körperwärme an die Umgebung abgibt.

Energie Klimatisierung

Natur: Wölfe: Verhalten - Jedes Wolfsrudel hat einen Leitwolf, von dem sich alle Mitglieder des Rudels leiten lassen. Gemeinsam wird das Ziel verfolgt, dass das Wolfsrudel stärker ist als jedes einzelne Mitglied. Es existieren lediglich ein paar grundlegende Regeln, die von allen zu befolgen sind. Beispielsweise sind alle für die Jagd und das Aufziehen des Nachwuchses verantwortlich. Ansonsten sind die einzelnen Tiere relativ frei, in dem was sie machen. Die Kommunikation innerhalb des Wolfsrudels ist von höchster Bedeutung. Sie erfolgt zum einen über das Heulen und zum anderen über Duftmarken, die im Revier hinterlassen werden. Da das gesamte Rudel nur unregelmäßig zusammenkommt, sind Geheul und Duftmarken unerlässlich, um über relevante Zwischenfälle und Vorkommnisse informiert zu werden.

Identifikation	Identität	Informationsaustausch
Kennzeichnung	Kommunikation	Kooperation
Meldung	Übermittlung	Übertragung

Öffentlicher Nahverkehr

Öffentlicher Nahverkehr: Echtzeit Fahrplandaten - Anhand der Echtzeit-Fahrplandaten, die den Kunden sowohl über das Internet als auch über die elektronischen Anzeigetafeln an den Haltestellen bekannt gegeben werden, erhalten diese Informationen über die exakten Ankunftszeiten der Busse und Bahn an den Haltestelle.

Informationsaustausch	Kommunikation	Meldung
Übermittlung	Übertragung	

Schiffbau

Schiffbau: Schotten - Bei Schiffen wird der Rumpf in einzelne Bereiche unterteilt. Durch ein Schott können diese wasserdicht voneinander abgetrennt werden. Bei einem ungewollten Wassereintritt können diese geschlossen werden und somit ein Volllaufen des Schiffes mit Wasser verhindert werden.

Gefahren	Risikominimierung	Schutz
Sicherheit	Sicherung	

Sport

Sport: Aufstellung - Eine Aufstellung beim Fußball definiert die Position der Spieler auf dem Spielfeld. Je nach Aufstellung kann eine defensive oder offensive Spieltaktik gewählt werden.

Arbeitsplatzbeschreibung	Planung	Verteilung
Zuordnung		

Sport: Helm - Ein Helm schützt den Kopf eines Sportlers vor Verletzungen, die durch z. B. einen Sturz, heruntergefallene Gegenstände oder durch Zusammenstöße ausgelöst werden. Die äußerste Schicht eines Helms ist dabei aus sehr widerstandsfähigem Material, um ein Durchdringen von Fremdkörpern zu vermeiden.

Einheit bilden	Geborgenheit	Gefahren
Passgenauigkeit	Schutz	Sicherheit
Sicherung	Ummantelung	

Sport: Mannschaft - Eine Mannschaft im Sport ist eine Gruppe, die gemeinsam ein sportliches Ziel verfolgt. In der Mannschaft werden je nach Eignung unterschiedliche Funktionen mit Verantwortlichkeiten verteilt und nur ein perfektes Zusammenspiel aller Mitglieder einer Mannschaft gewährleistet einen maximalen Erfolg.

Kooperation

Sport: Nike Airmax (Schuh) - Bei den Laufschuhen von Nike (Airmax) befindet sich in den Schuhen ein Luftpolster, das beim Laufen dämpfend wirkt und auch den Druck je nach Belastung gleichmäßig verteilt.

Adaption	Anpassungsfähigkeit	Flexibilität
Kompatibilität	Passgenauigkeit	Verpackung

Sport: Seil (Klettern) - Beim Klettern wird der Sportler durch ein Kletterseil abgesichert und somit vor einem lebensgefährlichen Sturz bewahrt. Dazu wird der Kletterer mit einem speziellen Gurt mit dem Seil verbunden. Durch Karabinerhacken in der Wand wird der Kletterer vor einem Absturz bewahrt.

Gefahren	Sicherheit	Sicherung

Sport: Skibindung - Eine Skibindung verbindet den Skischuh mit dem Ski. Im Falle einer zu hohen Belastung der Skibindung (z. B. in Folge eines Sturzes) löst sich diese und verhindert somit stärkere Verletzungen des Skifahrers (z. B. verdrehen des Knies). Des Weiteren wird automatisch ein Stopper ausgelöst, der die Ski bremst und somit ein unkontrolliertes weiterfahren eines einzelnen Ski vermeidet.

Einheit bilden Kompatibilität Passgenauigkeit
Risikominimierung Schutz Sicherheit

Sport: Snowboard - Beim Snowboard werden häufig kleine Rutschmatten zwischen den Bindungen geklebt, um ein verrutschen während der Liftfahrt zu verhindern.

Gefahren Sicherheit Sicherung
Vermeiden von Verrutschen

Sport: Surfen - Surfer tragen auf der Standfläche des Surfbretts eine Wachsschicht auf, um einen sicheren Stand auf dem Surfbrett zu erhalten und nicht auf einer Wasserschicht auszurutschen.

Gefahren Sicherheit Sicherung
Vermeiden von Verrutschen

Sport: Torwart - Der Torwart versucht das eigene Tor zu beschützen, in dem er z. B. beim Fußball verhindert, dass der Ball hinter die Torlinie gelangt.

Gefahren Schutz

Sport: Training - Im Training werden meist unter Anleitung eines Trainers Bewegungsabläufe oder das Zusammenspiel mehrerer Spieler geübt, um in einem Wettkampf die bestmögliche Leistung abzurufen.

Erfahrung Qualifikation Wissen

Tourismus

Tourismus: Airline Industrie: Revenue Management - Das Revenue Management ist ein Instrument zur Preis- und Kapazitätsauslastung, bei dem die Preisdifferenzierung nicht auf Produktebene, sondern durch Mengenkontingente erfolgt. Das Ziel ist die Ertragsoptimierung und eignet sich speziell für verderbliche und knappe Ressourcen.

Anreize | Flexibilität | Kostenmanagement
Motivation | Planung | Selektion
Verteilung | Zuordnung

Tourismus: Anzahlung - Durch eine Anzahlung sichert sich der Reiseveranstalter ab, dass der Reisegast eine ernsthafte Buchung durchgeführt hat. Dadurch bekommt der Reiseveranstalter eine bessere Planungssicherheit.

Kontrollmechanismus | Planung | Risikominimierung
Sicherheit | Zuverlässigkeit

Tourismus: Blind Booking - Ein hoher Grad an Flexibilität wird seitens der Reisenden belohnt. Bei dem sogenannten „Blind Booking" oder auch „Joker Fliegen" können Reiseinteressierte sehr günstig Restplätze erhalten. Im Gegensatz zu den Last-Minute-Angeboten hat der Reisende nur einen geringen Einfluss auf das Reiseziel. Es kann lediglich eine Kategorie, wie z. B. „Schnee & Ski", „Kultur" oder „Party" ausgewählt werden. Alle Interessenten werden anschließend in einem Pool gesammelt und die Reisegesellschaft verteilt die Restplätze so, dass eine optimale Auslastung der Reiseplätze erfolgt (es wird selbstverständlich die Restriktion berücksichtigt, dass Reisegemeinschaften die gleiche Reise zugewiesen bekommen). Auf diese Weise können Personen günstig verreisen und die Reisegesellschaften können die letzten Plätze füllen.

Flexibilität | Kostenmanagement | Raumausnutzung
Verteilung | Zuordnung

Tourismus: Ein-, Liege- und Auslaufzeiten - Kreuzfahrtschiffe richten ihre Ein-, Liege- und Auslaufzeiten wenn möglich nach den Gezeiten, um Treibstoff zu sparen.

Energie | Minimierung | Reduzierung

Tourismus: Ersatzverkehr - Bei Ausfällen von Flugzeugen können Passagiere schnell auf Ersatzmaschinen oder die Bahn umgebucht werden. Dadurch kann der Kunden trotz Ausfall der ursprünglichen Leistung noch schnellstmöglich an sein Ziel gelangen.

Adaption	Anpassungsfähigkeit	Kooperation
Verteilung	Zuordnung	

Tourismus: Gepäckabgabe - Gepäckstücke werden von den Fluggesellschaften beim Check-In mit einem Barcode eindeutig beschriftet, um bei der Verladung die Fehlerquote zu senken.

Identifikation	Identität	Kennzeichnung

Tourismus: Hoteltresor - In Hotels werden die Zimmer mit einem Tresor ausgestattet, um wichtige Gegenstände der Hotelgäste vor Diebstahl zu schützen.

Begrenzung	Diebstahl	Einheit bilden
Geborgenheit	Gefahren	Grenzen
Schutz	Sicherheit	Ummantelung

Tourismus: Klimaanlage im Flugzeug - Die Klimaanlage im Flugzeug hat die Aufgabe den Luftaustausch, den Druck sowie die Temperatur in der Kabine und dem Gepäckraum zu regeln.

Klimatisierung

Tourismus: Koffer - Beim Koffer spielt das Gewicht, das Volumen und die Stabilität eine entscheidende Rolle. Aus diesem Grund werden in dem Bereich hochwertige Materialien, wie z. B. Leder, Stoffgewebe, Kunststoff, Aluminium oder Polycarbonat, eingesetzt. Diese Werkstoffe zeichnen sich vor allem durch ihr geringes Gewicht und die außerordentliche Belastung aus. Durch Teleskopgestänge kann dem Passagier zusätzlich der Transport des Koffers erleichtert werden und darüber hinaus ist es häufig ebenfalls möglich das Volumen durch das Öffnen von Reisverschlüssen noch zu erweitern.

Adaption	Anpassungsfähigkeit	Begrenzung
Festigkeit	Geborgenheit	Grenzen
Leichtbau	Normung	Raumausnutzung
Schutz	Skalierung	Stabilität

Standardisierung	Strukturvereinfachung	Ummantelung
Vereinheitlichung	Verpackung	Vorgaben

Tourismus: Last Minute - Reiseveranstalter besitzen pro Saison ein bestimmtes Kontingent an Flügen, Hotels etc. Falls dieses nicht vollständig ausgeschöpft wird, erfolgt ein Last-Minute-Verkauf zu vergünstigten Preisen, wodurch ein Kaufanreiz beim Kunden hervorgerufen wird.

Adaption	Anpassungsfähigkeit	Anreize
Attraktivität	Flexibilität	Lockmittel

Tourismus: Luftfahrt-Allianzen - Bei Luftfahrt-Allianzen sind die Unternehmen rechtlich eigenständig, jedoch werden Bereiche wie das Buchungssystem, Vielfliegerprogramme oder Anschlussflüge aufeinander abgestimmt. Zudem vermieten sich die Unternehmen Sitzplätze untereinander (Codesharing). Beim Codesharing handelt es sich um einen gemeinsamen Flug in derselben Maschine, den sich zwei Flugunternehmen teilen. Dieser Flug ist jeweils mit zwei Flugnummern ausgeschrieben. Ein Vorteil von Luftfahrt-Allianzen ist vor allem die Kostenreduktion, die unter anderem durch Codesharing, gemeinsame Computersysteme und Kundenbindungsprogramme erreicht wird. Außerdem können die einzelnen Fluggesellschaften durch eine Allianz ein größeres Streckennetz anbieten.

Anreize	Ansehenssteigerung	Arbeitsauslastung
Attraktivität	Flexibilität	Imagesteigerung
Kompatibilität	Kooperation	Lockmittel

Tourismus: Notfallsystem (Flugzeug) - Die regulären Turbinen eines Flugzeugs werden mithilfe des Stromnetzes betrieben. Ferner besitzt das Flugzeug noch die sogenannte RAT (Ram Air Turbine), die bei einem Notfall, bei dem die regulären Turbinen ausfallen, ausgefahren wird und Strom generieren kann. Es handelt sich dabei um eine hydraulische Pumpe, durch die ein Hydraulikgenerator aktiviert wird.

Risikominimierung	Schutz	Sicherheit
Vorsorge		

Tourismus: Online-Bewertungssystem - Auf speziellen Internet-Plattformen können Reisende die von ihnen besuchten Reiseziele und Hotels bewerten und Details dokumentieren. Der Erfolg eines Hotels ist stark von dessen Beschreibung im Internet abhängig, denn potentielle Kunden des Hotels informieren sich oft vor der Buchung auf derartigen Plattformen. Je ausführlicher und wahrheitsgetreuer die Gäste das Hotel auf der Plattform dokumentieren, desto wertvoller sind diese Informationen für andere.

Ansehenssteigerung	Attraktivität	Dokumentation
Erfahrung	Imagesteigerung	Informationsaustausch
Kommunikation	Kontrollmechanismus	Meldung
Risikominimierung	Übermittlung	Übertragung
Überzeugung	Warnsysteme/Alarm	Wissen

Tourismus: Passkontrolle - An Flughäfen wird bei einer Passkontrolle zum einen die Echtheit des Dokumentes überprüft und zum anderen der Reisende anhand von bestimmten Merkmalen identifiziert.

Identifikation	Identität	Kennzeichnung
Kontrollmechanismus	Normung	Sicherheit
Standardisierung	Vereinheitlichung	Vorgaben

Tourismus: Reiseführer - Unter einem Reiseführer kann sowohl eine Person als auch ein Buch verstanden werden. Touristen erhalten vom Reiseführer wichtige Informationen zu Themen wie beispielsweise Sehenswürdigkeiten, Transportmitteln und Hotels.

Erfahrung	Gefahren	Informationsaustausch
Risikominimierung	Vorsorge	Wissen

Tourismus: Schiffsmöbel - Auf Schiffen werden die Möbel durch Fixierungen im Boden gegen das Verrutschen abgesichert.

Risikominimierung	Vermeiden von Umfallen	Vermeiden von Verrutschen

Tourismus: Schlüsselkarten - In Hotels werden Schlüsselkarten eingesetzt, um die einzelnen Zimmer der Hotelgäste zu öffnen. Diese sind mit einem Magnetstreifen versehen, der den Zugangscode übermittelt. Wird die Schlüsselkarte verloren, kann sie einfach und schnell im System gesperrt werden.

Diebstahl	Gefahren	Identifikation
Schutz	Sicherheit	

Tourismus: Smartphones - Eine Studie der Hochschule Heilbronn erkannte, dass mobile Applicationen sich positiv auf Geschäftsreisende auswirkt. Denn durch die Nutzung von z. B. Smartphones kann die Produktivität von Reisenden in allen Phasen der Reise erhöht werden, da eine ständige Verfügbarkeit von Informationen an jedem Ort herrscht. 78 Prozent der nutzenden Geschäftsreisenden glaubt, dass mit dem Smartphone ihre Unabhängigkeit gestiegen ist. „die Sorge, dass eine ständige Erreichbarkeit Stress produziere, scheint nicht geteilt zu werden. 62 Prozent betonen, dass Smartphones einen positiven Effekt auf ihre „Work-Life-Balance“ habe“.

Anreize	Attraktivität	Erreichbarkeit
Flexibilität	Informationsaustausch	Kommunikation
Meldung	Motivation	Neugierde
Nutzenverdeutlichung	Übermittlung	Übertragung
Überzeugung	Wissen	

Tourismus: Sternesystem - Innerhalb der Hotellerie wurde ein hohes Maß an Standard erreicht, indem ein gleiches Bewertungssystem eingeführt wurde. Die Länder Deutschland, Österreich, Niederlande, Tschechien, Ungarn, Schweiz und Schweden haben sich auf ein einheitliches Sternesystem geeinigt, um die Transparenz für den Kunden zu erhöhen.

Dokumentation	Erfahrung	Identifikation
Identität	Informationsaustausch	Kennzeichnung
Kommunikation	Kompatibilität	Normung
Qualifikation	Selektion	Standardisierung
Vereinheitlichung	Vorgaben	

Anhang VIII: Evaluationsbogen

1. Wie beurteilen Sie folgende Aussagen zur Handhabbarkeit und Benutzerfreundlichkeit des DIA.log Demonstrators?

	Stimme voll und ganz zu	Stimme zu	Neutral	Stimme nicht zu	Stimme überhaupt nicht zu	Weiß nicht
Das Vorgehen im DIA.log Demonstrator ist für mich klar erkennbar						
Die einzelnen Schritte sind ausreichend beschrieben						
Der Aufbau des Benutzermenüs ist logisch strukturiert						
Der DIA.log Demonstrator hat eine übersichtliche Oberfläche						
Der DIA.log Demonstrator ist einfach und intuitiv zu bedienen						
Die Erklärungstexte sind hilfreich						
Überflüssige Schritte konnte ich nicht beobachten						
Das Programm macht einen stabilen Eindruck						

2. Wie beurteilen Sie folgende Aussagen zum Analogienetzwerk?

	Stimme voll und ganz zu	Stimme zu	Neutral	Stimme nicht zu	Stimme überhaupt nicht zu	Weiß nicht
Die Vernetzung von Problemen, abstrakter Begriffen und Analogien ist nachvollziehbar						
Die vom DIA.log Demonstrator vorgeschlagenen Analogien sind nützlich						
Ich bin bereit, das Netzwerk durch die von mir identifizierten abstrakten Begriffe und Analogien zu ergänzen						

3. Wie beurteilen Sie folgende Aussagen zur Nutzung des DIA.log Demonstrators in ihrem Unternehmen?

	Stimme voll und ganz zu	Stimme zu	Neutral	Stimme nicht zu	Stimme überhaupt nicht zu	Weiß nicht
Der DIA.log Demonstrator hilft mir, eine Ideenfindung zu strukturieren						
Mithilfe des DIA.log Demonstrators kann ich gewohnte Denkbahnen verlassen						
Der DIA.log Demonstrator hilft, Lösungen für Probleme zu entwickeln						
Ich bin davon überzeugt, dass der DIA.log Demonstrator nützlich für Unternehmen ist						

4. Wie beurteilen Sie folgende Aussagen zur Bewertung der Projektergebnisse?

	Stimme voll und ganz zu	Stimme zu	Neutral	Stimme nicht zu	Stimme überhaupt nicht zu	Weiß nicht
Die Methode ist für die Logistik innovativ						
Die Anwendung von Analogien ist neu für mich						
Ich habe bereits Analogien genutzt, um innovative Ideen zu entwickeln						
Ich finde es sinnvoll, Analogien für Logistikinnovationen einzusetzen						
Für die Durchführung der Anwendung von Analogien benötige ich kein zusätzliches methodisches Wissen						
Meine im Unternehmen zur Verfügung stehenden Ressourcen reichen aus, um die Anwendung von Analogien durchzuführen						
Ich kann mir vorstellen, dass ich diese Methode zur Entwicklung von Innovationen einsetzen werde						
Die Anwendung von Analogien wird Anregungen im kreativen Prozess bringen						

Sind Sie in einem KMU tätig?

Ja Nein

Haben Sie noch weitere Wünsche und Anregungen, die dieses Projekt betreffen?

Literaturverzeichnis

Adamson, R. E., und D. W. Taylor. 1954. Functional fixedness as related to elapsed time and to set. *Journal of Experimental Psychology* 47: 122–126.

Adamson, Robert E. 1952. Functional fixedness as related to problem solving: A repetition of three experiments. *Journal of experimental psychology* 44: 288–291.

Adhitya, A., R. Srinivasan, und I. A. Karimi. 2009. Supply chain risk identification using a HAZOP-based approach. *AICHE Journal* 55: 1447–1463.

Alam, I., und C. Perry. 2002. A customer-oriented new service development process. *Journal of Services Marketing* 16: 515–534.

Altshuller, G. 2004. *And suddenly the inventor appeared: TRIZ, the theory of inventive problem solving*. 6. Aufl. Worcester, Mass.: Technical Innovation Center.

Anderson, E. J., T. Coltman, T. M. Devinney, und B. Keating. 2011. What Drives the Choice of a Third-Party Logistics Provider? *Journal of Supply Chain Management* 47: 97–115.

Anderson, J. R. 2013. *Kognitive Psychologie*. 7., erw. und überarb., neu gestaltete Aufl. Hrsg. J. Funke, K. Neuser-von Oettingen, und G. Plata. Berlin: Springer.

Apel, M., und P. C. Ludz. 1976. *Philosophisches Wörterbuch*. 6. Aufl. Berlin: de Gruyter.

Arbinger, R. 1997. *Psychologie des Problemlösens: eine anwendungsorientierte Einführung*. Darmstadt: Wiss. Buchges.

Babiak, U. 2001. *Effektive Suche im Internet*. 4., aktualisierte und überarb. Aufl. O'Reilly.

Backerra, H., C. Malorny, und W. Schwarz. 2002. *Kreativitätstechniken*. 2. Aufl. Hanser.

Bähring, K., S. Hauff, M. Sossdorf, und K. Thommes. 2008. Methodologische Grundlagen und Besonderheiten der qualitativen Befragung von Experten in Unternehmen: ein Leitfaden. *Die Unternehmung : Swiss journal of business research and practice ; Organ der Schweizerischen Gesellschaft für Betriebswirtschaft (SGB)* 62: 89–111.

Barczak, G., A. Griffin, und K. B. Kahn. 2009. PERSPECTIVE: Trends and Drivers of Success in NPD Practices: Results of the 2003 PDMA Best Practices Study. *Journal of Product Innovation Management* 26: 3–23.

Bechert, D. W. 1998. Turbulenzbeeinflussung zur Widerstandsverminderung. In *Bionik: ökologische Technik nach dem Vorbild der Natur?*, Hrsg. A. v. Gleich, 237–242. Stuttgart: Teubner.

Benkenstein, M. 2001. Besonderheiten des Innovationsmanagements in Dienstleistungsunternehmungen. In *Handbuch Dienstleistungsmanagement*, Hrsg. M. Bruhn und H. Meffert, 689–703. Gabler Verlag.

Benkenstein, M., und A. von Stenglin. 2006. Innovationsmanagement im Service-Marketing: Neue Geschäfte für den Service erschließen. In *Service Engineering*, Hrsg. H.-J. Bullinger und A.-W. Scheer, 271–295. Springer Berlin Heidelberg.

Beyer, G., J. Boessenkool, A. Johansson, P. I. Nilsson, und F. v. Oene. 2005. How Top Innovators Get Innovation Right: Results from Arthur D. Little's Third Innovation Excellence Survey. *Prism* 81–95.

Bhushan, B. 2012. *Biomimetics : Bioinspired Hierarchical-Structured Surfaces for Green Science and Technology*. Berlin/Heidelberg, DEU: Springer.

Biela, A. 1991. *Analogy in science*. Lang.

Blumberg, B., D. R. Cooper, und P. S. Schindler. 2011. *Business research methods*. 3. European ed. London u.a.: McGraw-Hill Education.

Böger, M. 2010. „Gestaltungsansätze und Determinanten des Supply Chain Risk Managements“. Lohmar: Technische Universität Hamburg-Harburg.

Bogner, A., und W. Menz. 2009. Das theoriegenerierende Experteninterview. In *Das Experteninterview*, Hrsg. A. Bogner, B. Littig, und W. Menz, 60–98. VS Verlag für Sozialwissenschaften.

Bonnardel, N. 2000. Towards understanding and supporting creativity in design: analogies in a constrained cognitive environment. *Knowledge-Based Systems* 13: 505–513.

Bonnardel, N., und E. Marmèche. 2004. Evocation Processes by Novice and Expert Designers: Towards Stimulating Analogical Thinking. *Creativity and Innovation Management* 13: 176–186.

Bonnardel, N., und E. Marmèche. 2005. Towards supporting evocation processes in creative design: A cognitive approach. *International Journal of Human-Computer Studies* 63: 422–435.

Bortz, J., und N. Döring. 2006. *Forschungsmethoden und Evaluation - für Human- und Sozialwissenschaftler*. 4., überarb. Aufl. Springer .

Bouncken, R. B. 2009. Dancing with up stream directives in the supply chain: Suppliers' innovation performance. *International Journal of Business Research* 9: 1–12.

Bowers, M. R. 1989. Developing New Services: Improving the Process Makes it Better. *Journal of Services Marketing* 3: 15–20.

Bransch, N. 2005. *Service-Engineering: Hintergrund, Methoden und Potenzial*. Berlin: VDM-Verl. Dr. Müller.

Breuer, F., und P. Muckel. 1996. Schritte des Arbeitsprozesses unter unserem Forschungsstil. In *Qualitative Psychologie*, Hrsg. F. Breuer, 79–173. VS Verlag für Sozialwissenschaften.

Brockhoff, K. 1999. *Forschung und Entwicklung : Planung und Kontrolle*. 5., erg. und erw. Aufl. Oldenbourg.

Bruhn, M. 2012. *Marketing*. 11., überarb. Aufl. Gabler Verlag.

Bruhn, M. 2006. Markteinführung von Dienstleistungen — Vom Prototyp zum marktfähigen Produkt. In *Service Engineering*, Hrsg. H.-J. Bullinger und A.-W. Scheer, 227–248. Springer Berlin Heidelberg.

Bruhn, M. 2013. *Qualitätsmanagement für Dienstleistungen Handbuch für ein erfolgreiches Qualitätsmanagement. Grundlagen - Konzepte - Methoden.* 9., vollst. überarb. u. erw. Aufl. 2013. Springer Berlin Heidelberg.

Brüsemeister, T. 2008. *Qualitative Forschung*. 2., überarbeitete Auflage. VS Verlag für Sozialwissenschaften.

Bullinger, H.-J., und T. Meiren. 2001. Service Engineering - Entwicklung und Gestaltung von Dienstleistungen. In *Handbuch Dienstleistungsmanagement: von der strategischen Konzeption zur praktischen Umsetzung*, Hrsg. M. Bruhn und Heribert Meffert, 149–175. Wiesbaden: Gabler.

Bullinger, H.-J., und G. H. Schlick. 2002. *Wissenspool Innovation: Kompendium für Zukunftsgestalter*. Frankfurt am Main: Frankfurter Allgemeine Buch.

Bullinger, H.-J., und P. Schreiner. 2006. Service Engineering: Ein Rahmenkonzept für die systematische Entwicklung von Dienstleistungen. In *Service Engineering*, Hrsg. H.-J. Bullinger und A.-W. Scheer, 53–84. Springer Berlin Heidelberg.

Bürgel, H. D., C. Haller, und M. Binder. 1996. *F&E-Management*. München: Vahlen.

Bürgel, H. D., und A. Zeller. 1997. Controlling kritischer Erfolgsfaktoren in Forschung und Entwicklung. *Controlling : Zeitschrift für erfolgsorientierte Unternehmenssteuerung* 9: 218–225.

Burr, W., und M. Stephan. 2006. *Dienstleistungsmanagement : Innovative Wertschöpfungskonzepte für Dienstleistungsunternehmen*. Kohlhammer.

Busse, C., und S. M. Wagner. 2008. An audit tool for innovation processes of logistics service providers. In *Managing innovation: the new competitive edge for logistics service providers, Schriftenreihe Logistik der Kühne-Stiftung*, Hrsg. S. M. Wagner und C. Busse, 107–133. Berne u.a.: Haupt.

Buzan, T., und B. Buzan. 2002. *Das Mind-Map-Buch. Die beste Methode zur Steigerung Ihres geistigen Potenzials*. Landsberg am Lech ; München: mvg.

BVL e.V. 2014. Was genau ist Logistik? Eine Geschichte und eine Erklärung. http:/www.bvl.de/wissen/logistik-defintionen (Zugegriffen Dezember 21, 2014).

Carter, C. R., und M. M. Jennings. 2002. Logistics Social Responsibility: An Integrative Framework. *Journal of Business Logistics* 23: 145–180.

Casakin, H. 2004. Visual analogy as a cognitive strategy in the design process: Expert versus novice performance. *journal of Design Research* 4: 124–142.

Charmaz, K. C. 2006. *Constructing Grounded Theory: A Practical Guide Through Qualitative Analysis*. London ; Thousand Oaks, Calif: Sage Publications Ltd.

Christensen, B. T., und C. D. Schunn. 2005. Spontaneous Access and Analogical Incubation Effects. *Creativity Research Journal* 17: 207–220.

Condoor, S., und D. LaVoie. 2007. Design Fixation: a Cognitive Model. *Guidelines for a Decision Support Method Adapted to NPD Processes.*

Cooper, R. G. 2009. How companies are reinventing their idea–to–launch methodologies. *Research-Technology Management* 52: 47–57.

Cooper, R.G. 1996. Overhauling the New Product Process. *Industrial Marketing Management* 25: 465–482.

Cooper, R. G. 2008. Perspective: The Stage-Gate® Idea-to-Launch Process - Update, What's New, and NexGen Systems*. *Journal of Product Innovation Management* 25: 213–232.

Cooper, R. G., und U. de Brentani. 1991. New industrial financial services: What distinguishes the winners. *Journal of Product Innovation Management* 8: 75–90.

Cooper, R. G., und S. J. Edgett. 1999. *Product development for the service sector.* Perseus.

Cooper, Robert G. 1994. Perspective third-generation new product processes. *Journal of Product Innovation Management* 11: 3–14.

Corbin, J. M., und A. L. Strauss. 2008. *Basics of qualitative research: Techniques and Procedures for Developing Grounded Theory*. 3. ed. Sage Publ.

Corsten, H., und R. Gössinger. 2007. *Dienstleistungsmanagement*. 5., vollst. überarb. und wesentlich erw. Aufl. Oldenbourg.

Corsten, H., und B. Meier. 1983. Organisationsstruktur und Innovationsprozesse. *WISU-Studienblatt* 12: 251–256.

Courage, C., und K. Baxter, Hrsg. 2005. APPENDIX F - AFFINITY DIAGRAM. In *Understanding Your Users, Interactive Technologies*, 714–721. San Francisco: Morgan Kaufmann.

Cowell, D. W. 1988. New service development. *Journal of Marketing Management* 3: 296–312.

Dahl, D. W., und P. Moreau. 2002. The Influence and Value of Analogical Thinking During New Product Ideation. *Journal of Marketing Research* 39: 47–60.

Dahrendorf, R. 1972. *Konflikt und Freiheit: auf dem Weg zur Dienstklassengesellschaft*. München: Piper.

Daun, C., und R. Klein. 2004. Vorgehensweisen zur systematischen Entwicklung von Dienstleistungen im Überblick. In *Computer Aided Service Engineering*, Hrsg. R. Klein, K. Herrmann, A.-W. Scheer, und D. Spath, 43–67. Springer Berlin Heidelberg.

Dean, B., und B. Bhushan. 2010. Shark-skin surfaces for fluid-drag reduction in turbulent flow: a review. *Philosophical Transactions of the Royal Society A: Mathematical, Physical and Engineering Sciences* 368: 4775–4806.

Delfmann, W. 1990. Marketing und Logistik integrieren. *Jahrbuch der Logistik* 10–15.

Delfmann, W, und M. Reihlen. 2008. Strategien in der Logistik. In *Handbuch Logistik, VDI-Buch*, Hrsg. D. Arnold, H. Isermann, A. Kuhn, H. Tempelmeier, und K. Furmans, 891–897. Springer Berlin Heidelberg.

Denyer, D., und D. Tranfield. 2009. Producing a Systematic Review. In *The SAGE Handbook of Organizational Research Methods*, Hrsg. D. Buchanan und A. Bryman, 671–689. Los Angeles ; London: SAGE Publications Ltd.

Denzin, N. 2009. *The Research Act: A Theoretical Introduction to Sociological Methods*. Auflage: New. New Brunswick, NJ: Aldine Pub.

Denzin, N. K., und Y. S. Lincoln. 1998. Methods of Collecting and Analyzing Empirical Materials. In *Collecting and interpreting qualitative materials*, Hrsg. N. K. Denzin und Y. S. Lincoln, 35–45. Thousand Oaks, Calif. u.a.: Sage Publ.

DIN, Deutsches Institut für Normung e. V., Hrsg. 1998. *Service-Engineering: entwicklungsbegleitende Normung (EBN) für Dienstleistungen*. Berlin; Wien; Zürich: Beuth.

Disselkamp, M. 2005. *Innovationsmanagement : Instrumente und Methoden zur Umsetzung im Unternehmen*. 1. Aufl. Gabler.

Donnelly, J. H., L. L. Berry, und T. W. Thompson. 1985. *Marketing financial services: a strategic vision*. Homewood, Ill.: Dow Jones-Irwin.

Dorfman, J., V. A. Shames, und J. F. Kihlstrom. 1995. Intuition, incubation, and insight: implicit cognition in problem solving. In *Implicit Cognition*, Hrsg. G. Underwood, 257–296. Oxford University Press.

Dreher, M., und E. Dreher. 1982. Gruppendiskussion. In *Verbale Daten: eine Einführung in die Grundlagen und Methoden der Erhebung und Auswertung*, Hrsg. G. L. Huber und H. Mandl, 141–165. Weinheim: Beltz.

Drupal. 2014. Drupal - Open Source CMS | Drupal.org. https://www.drupal.org/ (Zugegriffen November 14, 2014).

Duncker, K. 1945. *On problem-solving*. Hrsg. L. S. Lees. Washington: American Psychological Ass.

Ebert, G., F. Plesckak, und H. Sabisch. 1992. Aktuelle Aufgaben des Forschungs- und Entwicklungs-Controlling in Industrieunternehmen. In *Innovationsmanagement und Wettbewerbsfähigkeit*, 137–157.

Edgett, S. J. 1996. The new product development process for commercial financial services. *Industrial Marketing Management* 25: 507–515.

Edvardsson, B., und J. Olsson. 1996. Key Concepts for New Service Development. *The Service Industries Journal* 16: 140–164.

Ehrlenspiel, K., und H. Meerkamm. 2013. *Integrierte Produktentwicklung*. 5., überarb. und erw. Aufl. Hanser.

El Houssi, A. A., K. P. Morel, und E. J. Hultink. 2005. Effectively Communicating New Product Benefits to Consumers: The Use of Analogy versus Literal Similarity. *Advances in Consumer Research* 32: 554–559.

Ellinger, A. E., D. J. Ketchen Jr., G. T. M. Hult, A. B. Elmadağ, und R. G. Richey Jr. 2008. Market orientation, employee development practices, and performance in logistics service provider firms. *Industrial Marketing Management* 37: 353–366.

Ellram, L. M. 1996. The Use of the Case Study Method in Logistics Research. *Journal of Business Logistics* 17: 93–138.

Ellwein, C. 2002. *Suche im Internet für Industrie und Wissenschaft*. Oldenbourg-Industrieverl.

Engelhardt, W.-H., M. Kleinaltenkamp, und M. Reckenfelderbäumer. 1992. *Dienstleistungen als Absatzobjekt*. Bochum, 1992.

Engelhardt, W. H., M. Kleinaltenkamp, und M. Reckenfelderbäumer. 1993. Leistungsbündel als Absatzobjekte : ein Ansatz zur Überwindung der Dichotomie von Sach- und Dienstleistungen. *Schmalenbachs Zeitschrift für betriebswirtschaftliche Forschung* 45: 395–426.

Enkel, E., und C. Dürmüller. 2013. Cross-Industry-Innovation : der Blick über den Gartenzaun. In *Praxiswissen Innovationsmanagement: von der Idee zum Markterfolg*, Hrsg. Oliver Gassmann und Philipp Sutter, 195–213. München: Hanser.

Enkel, E., und O. Gassmann. 2010. Creative Imitation: Exploring the Case of Cross-Industry Innovation. *R & D management* 40: 256–270.

Enkel, E., A. Lenz, und R. Prügl. 2009. Kreativitätspotenziale aus analogen Industrien nutzen: eine empirische Analyse von Cross-Industry-Innovationsworkshops. In *Rationalität der Kreativität?*, Hrsg. S. A. Jansen, E. Schröter, und N. Stehr, 137–162. VS Verlag für Sozialwissenschaften.

Eversheim, W. et al. 2003. Methodenbeschreibung. In *Innovationsmanagement für technische Produkte: mit Fallbeispielen*, Hrsg. W. Eversheim, 133–232. Berlin; Heidelberg; New York; Hongkong; London; Mailand; Paris; Tokio: Springer.

Fähnrich, K.-P. et al. 1999. *Service engineering: Ergebnisse einer empirischen Studie zum Stand der Dienstleistungsentwicklung in Deutschland*. Stuttgart: Univ.

Fähnrich, K.-P., und M. Opitz. 2006. Service Engineering – Entwicklungspfad und Bild einer jungen Disziplin. In *Service Engineering*, Hrsg. H.-J. Bullinger und A.-W. Scheer, 85–112. Springer Berlin Heidelberg.

Fielding, N. G., und R. M. Lee. 1991. *Using Computers in Qualitative Research*. SAGE.

Fischer, S. 2008. Naturinspirierte Verfahren in der Informatik - Anregungen für die Logistik. In *Das Beste der Logistik*, Hrsg. Helmut Baumgarten, 137–146. Berlin; Heidelberg: Springer.

Flämig, Heike et al. 2012. *BIONOS - Bionics for optimizing supply chains: Ressourceneffiziente Gestaltung von Wertschöpfungsketten durch Bionik ; Abschlussbericht ;*. Hamburg: TUHH.

Flick, U. 2008. Triangulation in der qualitativen Forschung. In *Qualitative Forschung: ein Handbuch*, Hrsg. E. von Kardorff, I. Steinke, und U. Flick, 309–318. Reinbek bei Hamburg: Rowohlt Taschenbuch-Verl.

Fließ, S., D. Nonnenmacher, und H. Schmidt. 2013. Service Blueprint als Methode zur Gestaltung und Implementierung von innovativen Dienstleistungsprozessen. In *Dienstleistungsinnovationen, Forum Dienstleistungsmanagement Wissenschaft & Praxis*, Hrsg. M. Bruhn und B. Stauss, 173–202. Wiesbaden: Gabler.

Flint, D. J., E. Larsson, B. Gammelgaard, J. T. Mentzer 2005. Logistics innovation: a customer value-oriented social process. In *Journal of Business Logistics* 26: 113-147

Forbus, K. D., D. Gentner, und K. Law. 1994. MAC/FAC: A Model of Similarity-Based Retrieval. *Cognitive Science* 19: 141–205.

Franklin, J. R. 2008. Managing the Messy Process of Logistics Service Innovation. In *Managing innovation: the new competitive edge for logistics service providers*, Hrsg. S. M. Wagner und C. Busse, 153–169. Berne; Stuttgart; Vienna: Haupt.

Friedrichs, J. 1990. *Methoden empirischer Sozialforschung*. 14. Aufl. Westdeutscher Verlag.

Frietzsche, U., und R. Maleri. 2006. Dienstleistungsproduktion. In *Service Engineering*, Hrsg. H.-J. Bullinger und A.-W. Scheer, 195–225. Springer Berlin Heidelberg.

Frunzke, H. 2010. Logistikinnovationen : Logistik als Gegenstand von F&E ; eine Begriffsabgrenzung und ein Vorschlag für eine F&E-Projekttypologie. In *Dimensionen der Logistik: Funktionen, Institutionen und Handlungsebenen, Gabler Research*, Hrsg. R. Schönberger und R. Elbert. Wiesbaden: Gabler.

Funke, J. 2003. *Problemlösendes Denken*. Auflage: 1., Aufl. Stuttgart: Kohlhammer.

Gassmann, O. 2013. *Crowdsourcing*. 2. Aufl., [elektronische Ressource]. Hanser.

Gassmann, O., und H. Gebauer. 2013. Dienstleistungsinnovation durch Service Engineering. In *Praxiswissen Innovationsmanagement: Von der Idee zum Markterfolg*, Hrsg. O. Gassmann und P. Sutter. München: Hanser Verlag.

Gassmann, O., und M. Zeschky. 2008. Opening up the Solution Space: The Role of Analogical Thinking for Breakthrough Product Innovation. *Creativity and Innovation Management* 17: 97–106.

Gassmann, O., und M. Zeschky. 2007. Radikale Innovation ist nicht planbar wie ein Produktionsprozess. *Innovation Management* 8–10.

Gaul, W., und M. Volkmann. 2000. Methodeneinsatz zur Unterstützung erfolgreicher Produktinnovationen. *Zeitschrift für Unternehmensentwicklung und Industrial Engineering* 75–78.

Gecowets, G. A. 1979. Physical Distribution Management. *Defense transportation journal* 35: 5–12.

Geiselhart, H. 1995. *Wie Unternehmen sich selbst erneuern: Konzepte für die Umsetzung*. Wiesbaden: Gabler Verlag.

Gentner, D. 1983. Structure-mapping: A theoretical framework for analogy. *Cognitive Science* 7: 155–170.

Gentner, D. 1989. The mechanisms of analogical learning. In *Similarity and analogical reasoning*, vol. 199, 241. Cambridge Univ. Press.

Gentner, Dedre, und Arthur B. Markman. 1997. Structure mapping in analogy and similarity. *American psychologist* 52: 45–56.

Gentner, D., M. J. Rattermann, und K. D. Forbus. 1993. The roles of similarity in transfer: separating retrievability from inferential soundness. *Cognitive psychology* 25: 524–575.

Germain, R. 1996. The role of context and structure in radical and incremental logistics innovation adoption. *Journal of Business Research* 35: 117–127.

Gerpott, T. J. 2005. *Strategisches Technologie- und Innovationsmanagement*. 2., überarb. und erw. Aufl. Schäffer-Poeschel.

Geschka, H. 1986. Kreativitätstechniken. In *Das Management von Innovationen*, Hrsg. E. Staudt. Frankfurt am Main: Frankfurter Allgemeine Zeitung.

Geschka, H. 1993. *Wettbewerbsfaktor Zeit : Beschleunigung von Innovationsprozessen*. Verl. Moderne Industrie.

Geschka, H., und U. von Reibnitz. 1983. *Vademecum der Ideenfindung: eine Anleitung zum Arbeiten mit Methoden der Ideenfindung*. 4., neubearb. Aufl. Frankfurt Main: Battelle-Inst.

Gick, M. L., und K. J. Holyoak. 1980. Analogical problem solving. *Cognitive psychology* 12: 306–355.

Gillham, B. 2008. *Case study research methods*. Repr. London u.a.: Continuum.

Glaser, B. G., und A. L. Strauss. 2010. *Grounded theory: Strategien qualitativer Forschung*. 3., unveränd. Aufl. Bern: Huber.

Glaser, B. G., und A. L. Strauss. 1999. *The Discovery of Grounded Theory: Strategies for Qualitative Research*. Auflage: 0008. New York: Aldine Pub.

Gläser, J., und G. Laudel. 2010. *Experteninterviews und qualitative Inhaltsanalyse: als Instrumente rekonstruierender Untersuchungen*. Auflage: 4. Wiesbaden: VS Verlag für Sozialwissenschaften.

Gleißner, H., und C. Femerling. 2008. *Logistik: Grundlagen - Übungen - Fallbeispiele*. 1. Aufl. Wiesbaden: Gabler.

Goffin, K., C. Herstatt, und R. Mitchell. 2009. *Innovationsmanagement : Strategien und effektive Umsetzung von Innovationsprozessen mit dem Pentathlon-Prinzip*. 1. Aufl. Finanzbuch-Verl.

Golicic, S. L., und H. J. Sebastiao. 2011. Supply Chain Strategy in Nascent Markets: The Role of Supply Chain Development in the Commercialization Process. *Journal of Business Logistics* 32: 254–273.

Gramann, J. 2004. *Problemmodelle und Bionik als Methode*. 1. Aufl. Dr. Hut.

Gregan-Paxton, J., J. D. Hibbard, F. F. Brunel, und P. Azar. 2002. "So that's what that is": Examining the impact of analogy on consumers' knowledge development for really new products. *Psychology and Marketing* 19: 533–550.

Gudehus, T. 2007. *Logistik 1 - Grundlagen, Verfahren und Strategien*. 3., aktualisierte und erw. Aufl., Studienausg. Berlin u.a.: Springer.

Günthner, W. A. 2003. Der Ingenieur in der Logistik - ein Berufsbild im Wandel. *VDI-Berichte* Technologie für die Logistik.

Günthner, W. A., und K. Heptner. 2007. *Technische Innovationen für die Logistik*. 1. Aufl. München: Huss.

Haberfellner, R., P. Nagel, M. Becker, A. Büchel, und H. von Massow. 2002. *Systems engineering: Methodik und Praxis*. 11. Auflage. Hrsg. W. F. Daenzer und F. Huber. Zürich: Verl. Industrielle Organisation.

Haberfellner, R., O. L. de Weck, E. Fricke, und S. Vössner. 2012. *Systems Engineering: Grundlagen und Anwendung*. Zürich: Orell Füssli.

Häder, M. 2010. *Empirische Sozialforschung*. 2., überarb. Aufl. VS, Verl. für Sozialwiss.

Hair, J. F. 2007. *Research methods for business*. Chichester u.a.: Wiley.

Haller, S. 2010. *Dienstleistungsmanagement: Grundlagen - Konzepte - Instrumente*. 4., aktualisierte Aufl. Gabler.

Hammon, L., und H. Hippner. 2012. Crowdsourcing. *Business & Information Systems Engineering* 4: 163–166.

Hargadon, A. 2002. Brokering knowledge: Linking learning and innovation. *Research in Organizational Behavior* 24: 41–85.

Hauschildt, J., und S. Salomo. 2011. *Innovationsmanagement*. 5., überarb. und erw. Aufl. Vahlen.

Hentschel, C., C. Grundlach, und H. T. Nähler. 2010. *TRIZ - Innovationen mit System*. Hanser.

Herstatt, C., und K. Kalogerakis. 2005. Haifischhaut als Vorbild für den Schwimmanzug. *New management : die europäische Zeitschrift für Unternehmenswissenschaften und Führungspraxis* 74: 26–31.

Herstatt, C., und B. Verworn. 2007. *Management der frühen Innovationsphasen: Grundlagen, Methoden, neue Ansätze*. Wiesbaden: Gabler.

Hewitt-Dundas, N., und S. Roper. 2010. Output Additionality of Public Support for Innovation: Evidence for Irish Manufacturing Plants. *European Planning Studies* 18: 107–122.

Heynert, H. 1976. *Grundlagen der Bionik*. Lizenzausg. Hüthig.

Hill, B. 2001. *Bionik: Lernen von der Natur für die Technik ; eine Einführung in die Zukunftstechnologie Bionik*. Hildesheim: Franzbecker.

Hill, B. 1998. *Erfinden mit der Natur: Funktionen und Strukturen biologischer Konstruktionen als Innovationspotentiale für die Technik*. Als Ms. gedr. Aachen: Shaker.

Hill, B. 2004. Fundamentals and Modelling of a Construction Bionics. In *First International Industrial Conference Bionik 2004: April 22nd and 23rd, 2004, held attendant to the Hannover Messe, Hannover, Germany*, Hrsg. I. Boblan und R. Bannasch, 23–30. Düsseldorf: VDI-Verl.

Hill, B. 2005. Naturorientierte Innovationsstrategie — Entwickeln und Konstruieren nach biologischen Vorbildern. In *Bionik*, Hrsg. T. Rossmann und C. Tropea, 313–322. Springer Berlin Heidelberg.

Hill, B. 1999. *Naturorientierte Lösungsfindung*. expert-Verl.

Hines, P., M. Holweg, und J. Sullivan. 2000. Waves, beaches, breakwaters and rip currents – A three-dimensional view of supply chain dynamics. *International Journal of Physical Distribution & Logistics Management* 30: 827–846.

Hipp, C., C. Herstatt, und E. Husmann. 2007. Besonderheiten von Dienstleistungsinnovationen — eine fallstudiengestützte Untersuchung der frühen Innovationsphasen. In *Management der frühen Innovationsphasen*, Hrsg. C. Herstatt und B. Verworn, 405–427. Gabler.

Von Hippel, E., N. Franke, und R. Prügl. 2009. "Pyramiding: Efficient search for rare subjects". *Research Policy* 38: 1397–1406.

Von Hippel, E., S. Thomke, und M. Sonnack. 1999. Creating Breakthroughs at 3M. *Harvard Business Review* 183: 47–57.

Hirsig, C., C. Lüthje, und C. Locher. 2009. Die Kreativität steigern: Open Innovation mit Web Communities. *io new management* 78: 76–80.

Holyoak, K. J. 2005. Analogy. In *The Cambridge Handbook of Thinking and Reasoning*, Hrsg. K. J. Holyoak und R. G. Morrison, 177–142. New York: Cambridge University Press.

Holyoak, K. J., D. Gentner, und B. N. Kokinov. 2001. Introduction: The Place of Analogy in Cognition. In *The analogical mind: perspectives from cognitive science, A Bradford book*, Hrsg. D. Gentner. Cambridge, Mass. u.a.: MIT Press.

Holyoak, K. J., und K. Koh. 1987. Surface and structural similarity in analogical transfer. *Memory & Cognition* 15: 332–340.

Holyoak, K. J., und P. Thagard. 1989. Analogical Mapping by Constraint Satisfaction. *Cognitive Science* 13: 295–355.

Holyoak, K. J., und P. Thagard. 1999. *Mental Leaps: Analogy in Creative Thought*. 3.Auflage Aufl. Cambridge, Mass.: A Bradford Book.

Homburg, C., und H. Krohmer. 2009. *Marketingmanagement: Strategie - Instrumente - Umsetzung - Unternehmensführung*. 3., überarb. und erw. Aufl. Wiesbaden: Gabler.

Horsch, J. 2003. *Innovations- und Projektmanagement : Von der strategischen Konzeption bis zur operativen Umsetzung*. 1. Aufl. Gabler.

Horváth, P. 2003. *Controlling*. 9., vollst. überarb. Aufl. München: Vahlen.

Hou, H., und M. He. 2008. Model of the sustained innovation system in logistic enterprises. In *IEEE International Conference on Service Operations and Logistics, and Informatics, 2008. IEEE/SOLI 2008*, vol. 2, 2382–2386.

Hron, A. 1982. Interviews. In *Verbale Daten: eine Einführung in die Grundlagen und Methoden der Erhebung und Auswertung*, Hrsg. G. L. Huber und H. Mandl, 119–140. Weinheim: Beltz.

Huber, A., und K. Laverentz. 2012. *Logistik*. München: Vahlen.

Hughes, G. D., und D. C. Chafin. 1996. Turning New Product Development into a Continuous Learning Process. *Journal of Product Innovation Management* 13: 89–104.

Isermann, C. 2008. Logistikmanagement. In *Handbuch Logistik, VDI-Buch*, Hrsg. D. Arnold, H. Isermann, A. Kuhn, H. Tempelmeier, und K. Furmans, 875–882. Springer Berlin Heidelberg.

Isermann, H. 1994. Logistik im Unternehmen - eine Einführung. In *Logistik: Beschaffung, Produktion, Distribution*, 21–44. Landsberg/Lech: Verl. Moderne Industrie.

Jansson, D. G., und S. M. Smith. 1991. Design fixation. *Design Studies* 12: 3–11.

Jaschinski, C. 1998. *Qualitätsorientiertes Redesign von Dienstleistungen*. Als Ms. gedr. Aachen: Shaker.

Jeppesen, L. B., und K. R. Lakhani. 2010. Marginality and Problem-Solving Effectiveness in Broadcast Search. *Organization Science* 21: 1016–1033.

Johnson, E. M., E. E. Scheuing, und K. A. Gaida. 1986. *Profitable service marketing*. Homewood, Ill.: Jones-Irwin.

Johnson, S. P., L. J. Menor, A. V. Roth, und R. B. Chase. 2000. A Critical Evaluation of the New Service Development Process. In *New Service Development: Creating Memorable Experiences*, Hrsg. J. A. Fitzsimmons und Mona J Fitzsimmons. Thousand Oaks (Ca.): Sage Publications.

Johri, A. 2008. Boundary spanning knowledge broker: An emerging role in global engineering firms. In *Frontiers in Education Conference, 2008. FIE 2008. 38th Annual*, S2E–7–S2E–12.

Jordan, A. 2008. *Methoden und Werkzeuge für den Wissenstransfer in der Bionik*. Univ.

Kalogerakis, K. 2010. *Innovative Analogien in der Praxis der Produktentwicklung*. Gabler Verlag / GWV Fachverlage GmbH, Wiesbaden.

Kalogerakis, K., C. Lüthje, und C. Herstatt. 2010. Developing Innovations Based on Analogies: Experience from Design and Engineering Consultants. *Journal of Product Innovation Management* 27: 418–436.

Kalogerakis, K., M. Schulthess, und C. Herstatt. 2014. Die kreative Kraft von Analogien. In *Innovationen durch Wissenstransfer*, Hrsg. C. Herstatt, K. Kalogerakis, und M. Schulthess, 3–35. Springer Fachmedien Wiesbaden.

Keane, Mark T., T. Ledgeway, und S. Duff. 1994. Constraints on Analogical Mapping: A Comparison of Three Models. *Cognitive Science* 18: 387–438.

Kersten, W., C. Allonas, S. Brockhaus, und N. Wagenstetter. 2010. Green logistics: An innovation for logistics products? In *Innovative Process Optimization Methods in Logistics: emerging trends, concepts and technologies*, Hrsg. W. Kersten und T. Blecker, 369–386. Erich Schmidt Verlag GmbH & Co. KG.

Kersten, W., C. Herstatt, N. Wagenstetter, und K. Kalogerakis. 2014. *Schlussbericht zum Projekt „Discovering Innovative Analogies in Logistics (DIA.log)".* Technische Universität Hamburg.

Kersten, W., E.-M. Kern, und T. Zink. 2006. Collaborative Service Engineering. In *Service Engineering,* Hrsg. H.-J. Bullinger und A.-W. Scheer, 341–357. Springer Berlin Heidelberg.

Kim, J., und David Wilemon. 2002. Focusing the fuzzy front–end in new product development. *R&D Management* 32: 269–279.

Kitelife Magazin. 2011. Die Geschichte des Kitesurfens. *Kitelife Ausgabe 23 | Kitelife Magazine* 4: 16–17.

Kleinaltenkamp, M. 2001. Begriffsabgrenzungen und Erscheinungsformen von Dienstleistungen. In *Handbuch Dienstleistungsmanagement,* Hrsg. M. Bruhn und H. Meffert, 29–52. Gabler Verlag.

Klement, K. 2007. Entstehung von Innovationsideen im eigenen Unternehmen aus der Perspektive eines Logistikdienstleisters. In *Innovationsmanagement in der Logistik,* 210–226. Bobingen: Deutscher Verkehrs-Verlag.

Knieß, M. 1995. *Kreatives Arbeiten.* München; München: DTV-Beck.

Knoblich, H., und R. Oppermann. 1996. Dienstleistung - ein Produkttyp: Eine Erfassung und Abgrenzung des Dienstleistungsbegriffs auf produkttypologischer Basis. *der markt* 35: 13–22.

Kobe, C. 2007. Technologiebeobachtung. In *Management der frühen Innovationsphasen,* Hrsg. C. Herstatt und B. Verworn, 23–37. Gabler.

Koen, P. A. et al. 2002. Fuzzy front end: Effective methods, tools, and techniques. In *The PDMA ToolBook for New Product Development.* Wiley, New York, NY.

Koether, R. 2007. *Technische Logistik.* 3., aktualisierte und erw. Aufl. München: Hanser.

Koltze, K., und V. Souchkov. 2011. *Systematische Innovation - TRIZ-Anwendung in der Produkt- und Prozessentwicklung.* München: Hanser.

Koschnick, W. J. 1996. *Management : enzyklopädisches Lexikon*. Auflage: 1. Berlin ; New York: de Gruyter.

Kowal, S., und D. C. O'Connell. 1995. Notation und Transkription in der Geschprächsforschung. In *Zeichen für Zeit Notation und Transkription von Bewegungsabläufen*, Hrsg. D. C. O'Connell, 113–138. Tübingen: Narr.

Kowal, S., und D. C. O'Connell. 2010. Zur Transkription von Gesprächen. In *Qualitative Forschung: ein Handbuch*, Hrsg. U. Flick, E. von Kardorff, und I. Steinke, 437–446. Reinbek bei Hamburg: Rowohlt Taschenbuch-Verl.

Krallmann, H., und M. Hoffrichter. 1998. Service Engineering - Wie entsteht eine neue Dienstleistung? In *Dienstleistungsoffensive: Wachstumschancen intelligent nutzen*, Hrsg. H.-J. Bullinger und E. Zahn, 231–261. Stuttgart: Schäffer-Poeschel.

Kreutz, H. 1972. *Soziologie der empirischen Sozialforschung: theoretische Analyse von Befragungstechniken und Ansätze zur Entwicklung neuer Verfahren*. Stuttgart: Enke.

Kuhn, B. 2008. *Logisches Denken schulen: Gehirn trainieren und Zusammenhänge erkennen*. München: Compact-Verl.

Kummer, S. 2013. Logistik. In *Grundzüge der Beschaffung, Produktion und Logistik, wi - wirtschaft Always learning*, Hrsg. S. Kummer, O. Grün, und W. Jammernegg. München u.a.: Pearson.

Küppers, U., und H. Tributsch. 2002. *Verpacktes Leben - Verpackte Technik: Bionik der Verpackung*. Weinheim: Wiley-VCH.

Lakhani, K. R., L. B. Jeppesen, P. A. Lohse, und J. A. Panetta. 2007. The value of openness in scientific problem solving. *Cambridge: Harvard University*.

Lammers, T. 2012. „Komplexitätsmanagement für Distributionssysteme – Konzeption eines strategischen Ansatzes zur Komplexitätsbewertung und Ableitung von Gestaltungsempfehlungen". Hamburg: Technische Universität Hamburg-Harburg.

Lampe, K., und W. Stölzle 2012. State of the Art von Innovationen in der Logistik. In: *Business Innovation in der Logistik - Chancen und Herausforderungen für Wissenschaft und Praxis*, 3-28. Wiesbaden: Springer Verlag

Larson, P. D., R. F. Poist, und Á. Halldórsson. 2007. Perspectives on Logistics Vs. Scm: A Survey of Scm Professionals. *Journal of Business Logistics* 28: 1–24.

Legewie, H. 1994. Globalauswertung von Dokumenten. In *Texte verstehen: Konzepte, Methoden, Werkzeuge, Schriften zur Informationswissenschaft*, Hrsg. A. Boehm, A. Mengel, und T. Muhr, 177–182. Konstanz: Universitätsverlag Konstanz.

Lenk, T., und S. Zelewski. 2000. ECOVIN: Enhancing competitiveness in small and medium enterprises via innovation.

Linde, H., und B. Hill. 1993. *Erfolgreich erfinden: Widerspruchsorientiere Innovationsstrategie für Entwickler und Konstrukteure*. Hoppenstedt Technik Tab. Verl.

Lindemann, U. 2009. *Methodische Entwicklung technischer Produkte*. 3., korrigierte Aufl. Springer-Verlag Berlin Heidelberg.

Liu, Z., X. Li, und D. Zhang. 2009. A Structural Framework of SPMS for Value Chain of Service Supply Chain by Ecology Analogy. In *International Conference on Management and Service Science, 2009. MASS '09*, 1–5.

Li, X., X. J. Gu, und T. G. Liu. 2009. A strategic performance measurement system for firms across supply and demand chains on the analogy of ecological succession. *Ecological Economics* 68: 2918–2929.

Löffler, S. 2009. *Anwenden bionischer Konstruktionsprinzipe in der Produktentwicklung*. Logos-Verl.

Lomas, J. 2007. The in-between world of knowledge brokering. *BMJ* 334: 129–132.

Luchins, A. S. 1969. Mechanisierung beim Problemlösen. In *Denken*, Hrsg. C. F. Graumann, 171–190. Köln: Kiepenheuer & Witsch.

Luczak, H., K. Sontow, J. Kuster, A. Reddemann, und U. Scherrer. 2000. *Service-Engineering: der systematische Weg von der Idee zum Leistungsangebot*. Hrsg. H. Wildemann. München: TCW-Verl.

Lüthje, C. 2007. Methoden zur Sicherstellung von Kundenorientierung in den frühen Phasen des Innovationsprozesses. In *Management der frühen Innovationsphasen*, Hrsg. C. Herstatt und B. Verworn, 39–60. Gabler.

Maleri, R., und U. Frietzsche. 2008. *Grundlagen der Dienstleistungsproduktion*. 5., vollst. überarb. Aufl. Berlin u.a.: Springer.

Malorny, C., und W. Schwarz. 1997. Die sieben Kreativitätswerkzeuge (K7): Innovationsfähigkeit stärken. In *Innovation mit System: Erneuerungsstrategien für mittelständische Unternehmen*, Hrsg. T. Biermann und G. Dehr, 79–104. Berlin u.a: Springer.

Mangold, W. 1973. Gruppendiskussion. In *Grundlegende Methoden und Techniken der empirischen Sozialforschung*, vol. 2, *Handbuch der empirischen Sozialforschung*, Hrsg. R. König, 228–259. Stuttgart: Enke.

Markman, A. B. 1997. Constraints on analogical inference. *Cognitive Science* 21: 373–418.

Marsh, R. L., J. D. Landau, und J. L. Hicks. 1996. How examples may (and may not) constrain creativity. *Memory & Cognition* 24: 669–680.

Marsh, R. L., T. B. Ward, und J. D. Landau. 1999. The inadvertent use of prior knowledge in a generative cognitive task. *Memory & Cognition* 27: 94–105.

Mayer, R. E. 1992. *Thinking, problem solving, cognition*. 2. Aufl. New York, NY: Freeman.

Mayring, P. 2002. *Einführung in die qualitative Sozialforschung eine Anleitung zu qualitativem Denken*. 5., überarb. und neu ausgestattete Aufl. Beltz.

Mayring, P. 2008. Neuere Entwicklungen in der qualitativen Forschung. In *Die Praxis der qualitativen Inhaltsanalyse*, Hrsg. P. Mayring und M. Gläser-Zikuda, 7–19. Weinheim; Basel: Beltz.

Mayring, P. 2010. *Qualitative Inhaltsanalyse Grundlagen und Techniken*. 11., aktualisierte und überarb. Aufl. Beltz.

McCracken, G. D. 1988. *The long interview*. Sage.

McCullen, P., R. Saw, M. Christopher, und D. Towill. 2006. The F1 Supply Chain: Adapting The Car To The Circuit-The Supply Chain To The Market. *Supply Chain Forum* Vol.7 n°1 - 2006.

Mena, C., M. Christopher, M. Johnson, F. Jia 2007. Innovation in Logistics Services. Cranfield, Report produced at the Centre for Logistics and Supply Chain Management at Cranfield School of Management on behalf of National Endowment for Science, Technology and the Arts (NESTA).

Meffert, H. 2006. Marketing für innovative Dienstleistungen. In *Service Engineering*, Hrsg. H.-J. Bullinger und A.-W. Scheer, 249–270. Springer Berlin Heidelberg.

Meffert, H., und M. Bruhn. 2006. *Dienstleistungsmarketing Grundlagen, Konzepte, Methoden*. 5., überarbeitete und erweiterte Auflage. Betriebswirtschaftlicher Verlag Dr. Th. Gabler | GWV Fachverlage GmbH, Wiesbaden.

Meiren, T., und T. Barth. 2002. *Service Engineering in Unternehmen umsetzen: Leitfaden für die Entwicklung von Dienstleistungen*. Stuttgart: Fraunhofer-IRB-Verl.

Merriam, S. B. 1988. *Case study research in education. A qualitive approach*. San Francisco: Jossey-Bass Publ.

Metzig, W., und M. Schuster. 2010. Lernen durch Analogiebildung. In *Lernen zu lernen*, 143–154. Springer Berlin Heidelberg.

Meuser, M., und U. Nagel. 2009. Das Experteninterview — konzeptionelle Grundlagen und methodische Anlage. In *Methoden der vergleichenden Politik- und Sozialwissenschaft*, Hrsg. S. Pickel, G. Pickel, H.-J. Lauth, und D. Jahn, 465–479. VS Verlag für Sozialwissenschaften.

Meyer, A., und C. Blümelhuber. 1998. Dienstleistungs-Innovation. In *Grundlagen und Rahmenbedingungen des Dienstleistungs-Marketing, Managementaspekte von Dienstleistungsanbietern, programmatische Aspekte des externen Marketing, programmatische Aspekte des internen Marketing, Handbuch Dienstleistungs-Marketing*, Hrsg. A. Meyer, 807–826. Schäffer-Poeschel.

Meyer, M. 2010. The Rise of the Knowledge Broker. *Science Communication* 32: 118–127.

Mey, G., und K. Mruck. 2010. Interviews. In *Handbuch Qualitative Forschung in der Psychologie*, Hrsg. G. Mey und K. Mruck, 423–435. VS Verlag für Sozialwissenschaften / Springer Fachmedien Wiesbaden GmbH, Wiesbaden.

Miles, M. B., und A. M. Huberman. 1994. *Qualitative data analysis*. 2. ed., [Nachdr.]. Sage.

Mohammed-Salleh, A., und C. Easingwood. 1993. Why European Financial Institutions Do Not Test-market New Consumer Products. *International Journal of Bank Marketing* 11: 23–27.

Möhrle, M. G., L. Walter, und S. Schumann. 2014. Viele Wege führen nach Rom. In *Innovationen durch Wissenstransfer*, Hrsg. C. Herstatt, K. Kalogerakis, und M. Schulthess, 63–81. Springer Fachmedien Wiesbaden.

Moroff, G. 2008. Dienstleistungslogistik. In *Intensivtraining Produktion, Einkauf, Logistik und Dienstleistung*, Hrsg. H. H. Wannenwetsch, 126–134. Gabler.

Muckel, P. 2011. Die Entwicklung von Kategorien mit der Methode der Grounded Theory. In *Grounded Theory Reader*, Hrsg. G. Mey und K. Mruck, 333–352. VS Verlag für Sozialwissenschaften.

Mudie, P., und A. Cottam. 1999. *The management and marketing of services*. 2nd ed. Oxford u.a.: Butterworth-Heinemann.

Müller, S. 2007. Logistik und Bionik : was logistische Systeme von der Natur lernen können. *Zeitschrift der Kommission Logistik im Verband der Hochschullehrer für Betriebswirtschaft e.V.* 9: 66–77.

Nachtigall, W. 2005. *Biologisches Design*. Springer.

Nachtigall, W. 2010. *Bionik als Wissenschaft: Erkennen - Abstrahieren - Umsetzen*. Heidelberg: Springer.

Nachtigall, W., und G. Pohl. 2013. *Bau-Bionik: Natur - Analogien - Technik*. 2., neu bearb. und erw. Aufl. Berlin: Springer Vieweg.

Nachtigall, W., und A. Wisser. 2013. *Bionik in Beispielen*. Springer Berlin Heidelberg.

Nanazawa, Y., H. Suito, und H. Kawarada. 2009. Mathematical study of trade-off relations in logistics systems. *Journal of Computational and Applied Mathematics* 232: 122–126.

Nolf, B., R. Sambukumar, und P. Tsiakis. 2012. How to implement an Effective Market Scan. *Supply Demand Chain*.

Novick, L. R. 1988. Analogical Transfer, Problem Similarity, and Expertise. *Journal of Experimental Psychology: Learning, Memory, and Cognition* 14: 510–520.

Novick, L. R., und M. Bassok. 2005. Problem Solving. In *The Cambridge handbook of thinking and reasoning*, Hrsg. K. J. Holyoak und R. G. Morrison, 321–349. Cambridge: Cambridge Univ. Press.

Nüttgens, M., M. Heckmann, und M. J. Luzius. 1998. Service Engineering Rahmenkonzept. *Information Management & Consulting* 14–19.

Oke, A. 2008. Barriers to Innovation Management in Logistics Service Providers. In *Managing innovation: the new competitive edge for logistics service providers*, Hrsg. S. M. Wagner und C. Busse, 13–30. Berne; Stuttgart; Vienna: Haupt.

Orloff, M. A. 2006. *Grundlagen der klassischen TRIZ :*. 3., neu bearb. und erw. Aufl. Springer.

Otto, K.-S. 2008. Die Natur zeigt, wie man intelligent Stoffe bewegt - Logistik und Evolutionsmanagement. In *Das Beste der Logistik*, Hrsg. H. Baumgarten, 147–160. Berlin; Heidelberg: Springer.

Ott, S. 2011. *Investitionsrechnung in der öffentlichen Verwaltung: die praktische Bewertung von Investionsvorhaben*. 1. Aufl. Wiesbaden: Gabler.

Pahl, G., W. Beitz, J. Feldhusen, und K.-H. Grote. 2007. *Konstruktionslehre: Grundlagen erfolgreicher Produktentwicklung Methoden und Anwendung*. Berlin: Springer.

Paris, R., und P. Hürzeler. 2008. Was versteht man unter Grounded Theory?

Pawellek, G. 2007. *Produktionslogistik: Planung - Steuerung - Controlling*. München: Hanser.

Petticrew, M., und H. Roberts. 2006. *Systematic Reviews in the Social Sciences: A Practical Guide*. 1 edition. Malden, MA ; Oxford: Wiley-Blackwell.

Pfohl, H.-C. 1994. *Funktionen und Instrumente : Implementierung der Logistikkonzeption in und zwischen Unternehmen*. Springer.

Pfohl, H.-C. 2010. Innovationsmanagement in der Logistik. In *Immer eine Idee voraus: wie innovative Unternehmen Kreativität systematisch nutzen, Innovationsmanagement in Wissenschaft und Praxis*, Hrsg. P. E. Harland und M. Schwarz-Geschka. Lichtenberg: Harland Media.

Pfohl, H.-C. 2004a. *Logistikmanagement: Konzeption und Funktionen*. 2., vollst. überarb. und erw. Aufl. Berlin u.a.: Springer.

Pfohl, H.-C. 2004b. *Logistiksysteme: betriebswirtschaftliche Grundlagen*. 7., korrigierte und aktualisierte Aufl. Berlin u.a.: Springer.

Pfohl, H.-C., H. Frunzke, und H. Köhler. 2007a. Grundlagen für ein Innovationsmanagement in der Logistik. In *Innovationsmanagement in der Logistik*, Hrsg. H.-C. Pfohl, 16–105. Bobingen: Deutscher Verkehrs-Verlag.

Pfohl, H.-C., H. Frunzke, und H. Köhler. 2007b. Innovationsgenerierung in kontraktlogistischen Beziehungen aus Dienstleister- und Kundensicht. In *Innovationsmanagement in der Logistik*, Hrsg. H.-C. Pfohl, 106–164. Bobingen: Deutscher Verkehrs-Verlag.

Piccottini, P. 2011. Die Natur als Vorbild. In *Gesundheitswirtschaft – Wachstumsmotor im 21. Jahrhundert*, Hrsg. P. Granig und L. A. Nefiodow, 77–92. Gabler.

Pleschak, F., und H. Sabisch. 1996. *Innovationsmanagement*. Schäffer-Poeschel.

Porter, M. E. 2004. *Competitive strategy: techniques for analyzing industries and competitors*. 1. Free Press export ed. New York, NY u.a.: Free Press.

Prügl, R. W. 2006. *Die Identifikation von Personen mit besonderen Merkmalen. Eine empirische Analyse zur Effizienz der Suchmethode Pyramiding*. Wirtschaftsuniversität Wien: Dissertation.

Punch, K. F. 2014. *Introduction to Social Research: Quantitative and Qualitative Approaches*. Auflage: 3rd Edition. Thousand Oaks, CA: Sage Publications Ltd.

Ramaswamy, R. 1996. *Design and management of service processes: keeping customers for life*. 1. printing. Reading, Mass. u.a.: Addison-Wesley.

Rechenberg, I. 2013. Pseudobionik kontra wissenschaftliche Bionik - Die 7 Denkschritte der Bionik.

Reckenfelderbäumer, M., und D. Busse. 2006. Kundenmitwirkung bei der Entwicklung von industriellen Dienstleistungen — eine phasenbezogene Analyse. In *Service Engineering*, Hrsg. H.-J. Bullinger und A.-W. Scheer, 141–166. Springer Berlin Heidelberg.

Reichwald, R., R. Goecke, und S. Stein. 2000. *Dienstleistungsengineering: Dienstleistungsvernetzung in Zukunftsmärkten*. München: Verl. TCW Transfer-Centrum.

Reid, S. E., und U. De Brentani. 2004. The Fuzzy Front End of New Product Development for Discontinuous Innovations: A Theoretical Model. *Journal of Product Innovation Management* 21: 170–184.

Reinsch, S., und T. Tracht. 2001. Qualitätsmanagement und Logistik - Eine Analogie. In *Erfolgsfaktor Logistikqualität: Vorgehen, Methoden und Werkzeuge zur Verbesserung der Logistikleistung*, Hrsg. H.-P. Wiendahl, 21–25. Berlin; Heidelberg; New York; Barcelona; Hongkong; London; Mailand; Paris; Tokio: Springer.

Roberts, E. B. 1987. *Generating technological innovation*. New York: Oxford University Press.

Rodrigue, J.-P., und B. Slack. 2013. Intermodal Transportation and Containerization. In *The Geography of Transport Systems*, Hrsg. J.-P. Rodrigue, C. Comtois, und B. Slack, 89–127. Routledge.

Rosenstiel, L. v. 1992. *Grundlagen der Organisationspsychologie*. 3., überarb. Aufl. Stuttgart: Schäffer-Poeschel.

Ross, Brian H. 1984. Remindings and their effects in learning a cognitive skill. *Cognitive Psychology* 16: 371–416.

Rummel, G. 2004. SFT - Eine neue Methode der anwendungsorientierten Bionik. In *First International Industrial Conference Bionik 2004: April 22nd and 23rd, 2004, held attendant to the Hannover Messe, Hannover, Germany*, Hrsg. I. Boblan und R. Bannasch, 39–48. Düsseldorf: VDI-Verl.

Rummel, G. 2014. SQAT® – ein strategisches Tool zur bionischen Innovation. In *Innovationen durch Wissenstransfer*, Hrsg. C. Herstatt, K. Kalogerakis, und M. Schulthess, 203–224. Springer Fachmedien Wiesbaden.

Rutzen, F. 2006. Wirtschaftlichkeitsbeurteilung von Prozessanalytik. In *Prozessanalytik: Strategien und Fallbeispiele aus der industriellen Praxis*, Hrsg. R. W. Kessler, 25–48. Weinheim: Wiley-VCH.

Salampasis, M., D. Tektonidis, und E. P. Kalogianni. 2012. TraceALL: a semantic web framework for food traceability systems. *Journal of Systems and Information Technology* 14: 302–317.

Saunders, M., P. Lewis, und A. Thornhill. 2012. *Research methods for business students*. 6. ed. Harlow u.a.: Pearson.

Scheer, A.-W., O. Grieble, und R. Klein. 2006. Modellbasiertes Dienstleistungsmanagement. In *Service Engineering: Entwicklung und Gestaltung innovativer Dienstleistungen*, Hrsg. H.-J. Bullinger und A.-W. Scheer, 19–52. 2009: Springer-Verlag.

Scherer, J. 2008. In vier Phasen von der Idee zur Dienstleistungsinnovation. *Innovation Management*.

Scheuing, E. E., und E. M. Johnson. 1989. A Proposed Model for New Service Development. *Journal of Services Marketing* 3: 25–34.

Schilling, C. et al. 2005. Towards a bionic algorithm. *Technische Universität Ilmenau Fakultät für Maschinenbau: Tagungsunterlagen : 50. IWK, 19.*

Schlicksupp, H. 1995. *Führung zu kreativer Leistung: so fördert man die schöpferischen Fähigkeiten seiner Mitarbeiter ; mit 127 Literaturstellen*. Renningen-Malmsheim: expert-Verl.

Schlicksupp, H. 2004. *Innovation, Kreativität und Ideenfindung*. 6. Aufl. Würzburg: Vogel.

Schlicksupp, H. 1977. *Kreative Ideenfindung in der Unternehmung :*. 1. Aufl. De Gruyter.

Schmid, U., J. Wirth, und K. Polkehn. 2003. A Closer Look at Structural Similarity in Analogical Transfer. *Cognitive Science Quarterly* 3: 57–89.

Schneider, K. 2004. Der Customer related Service Life Cycle (CurLy). In *Vom Kunden zur Dienstleistung: Methoden, Instrumente und Strategien zum customer related Service-Engineering*, Hrsg. E. Zahn und W. Bscheid, 157–194. Stuttgart: Fraunhofer-IRB-Verl.

Schneider, K., C. Daun, H. Behrens, und D. Wagner. 2006. Vorgehensmodelle und Standards zur systematischen Entwicklung von Dienstleistungen. In *Service Engineering*, Hrsg. H.-J. Bullinger und A.-W. Scheer, 113–138. Springer Berlin Heidelberg.

Schneider, K., und A.-W. Scheer. 2003. Konzept zur systematischen und kundenorientierten Entwicklung von Dienstleistungen. *Veröffentlichungen des Instituts für Wirtschaftsinformatik* 35.

Schnell, R., P. B. Hill, und E. Esser. 2011. *Methoden der empirischen Sozialforschung*. 9., aktualisierte Aufl. München: Oldenbourg.

Schreiner, P., und R. Nägele. 2002. Methodische Gestaltung kundenorientierter Dienstleistungsprozesse. *IM: die Fachzeitschrift für Information Management* 17: 72–76.

Schuh, G. 2013. *Lean Innovation*. Springer Berlin Heidelberg.

Schuh, G., und J. C. Meyer. 2009. Hybride Systeme in Logistiknetzwerken : Überwindung des Zielkonflikts zwischen logistischer Leistungsfähigkeit und Kosteneffizienz in der Konsumgüterindustrie. *PPS-Management : Zeitschrift für ERP-Systeme in Produktion und Logistik* 14: 30–33.

Schulte, C. 2013. *Logistik: Wege zur Optimierung der Supply Chain*. 6., überarb. und erw. Aufl. München: Vahlen.

Schulthess, M. 2012. *Die Nutzung von Analogien im Innovationsprozess :*. Springer Gabler.

Schumpeter, J. A. 1993. *Kapitalismus, Sozialismus und Demokratie*. 7., erw. Aufl. Francke.

Schwarz-Geschka, M. 2010. Kreativität und Kreativitätstechniken in Japan. In *Immer eine Idee voraus: wie innovative Unternehmen Kreativität systematisch nutzen*, *Innovationsmanagement in Wissenschaft und Praxis*, Hrsg. Peter E. Harland und Martina Schwarz-Geschka, 393–410. Lichtenberg: Harland Media.

Seipold, P. 2012. *Entwicklung eines bionischen Vorgehensmodells zur Gestaltung von Wertschöpfungsketten*. MV-Wiss.

Seipold, P. 2014. Wissensumwandlung im Rahmen des bionischen Vorgehensmodells für Wertschöpfungsketten. In *Innovationen durch Wissenstransfer*, Hrsg. C. Herstatt, K. Kalogerakis, und M. Schulthess, 183–201. Springer Fachmedien Wiesbaden.

Shapiro, R. D., und J. L. Heskett. 1985. *Logistics strategy: Cases and concepts*. St. Paul u.a.: West Publ. Co.

Sharma, S., und K. S. Lote. 2013. Understanding demand volatility in supply chains through the vibrations analogy—the onion supply case. *Logistics Research* 6: 3–15.

Shimizu, Y., und H. Kawamoto. 2008. An implementation of parallel computing for hierarchical logistic network design optimization using PSO. In *Computer Aided Chemical Engineering*, vol. Volume 25, *18th European Symposium on Computer Aided Process Engineering*, Hrsg. Bertrand Braunschweig and Xavier Joulia, 605–610. Elsevier.

Shimizu, Y., T. Miura, und M. Ikeda. 2009. A Parallel Computing Scheme for Large-Scale Logistics Network Optimization Enhanced by Discrete Hybrid PSO. In *Computer Aided Chemical Engineering*, vol. Volume 27, *10th International Symposium on Process Systems Engineering: Part A*, 2031–2036. Elsevier.

Shostack, G. L. 1984. Service Design in the Environment. In *Developing new services*, *Proceedings series / American Marketing Association*, Hrsg. W. R. George und C. E. Marshall, 27–43. Chicago, Illinois: American marketing association.

Shostack, G. L., und J. Kingman-Brundage. 1991. How to Design a Service. In *The AMA handbook of marketing for the service industries*, Hrsg. C. A. Congram und M. L. Friedman, 243–261. New York, NY: Amacom.

Silverstein, D., P. Samuel, und N. DeCarlo. 2012. *The innovator's toolkit: 50 techniques for predictable and sustainable organic growth*. 2. Aufl. Hoboken, NJ: Wiley.

Singhal, K., und J. Singhal. 2012a. Imperatives of the science of operations and supply-chain management. *Journal of Operations Management* 30: 237–244.

Singhal, K., und J. Singhal. 2012b. Opportunities for developing the science of operations and supply-chain management. *Journal of Operations Management* 30: 245–252.

SkySails GmbH. 2014. SkySails GmbH - Home. http://www.skysails.info/deutsch/ (Zugegriffen Juni 4, 2014).

Smith, S. M., und S. E. Blankenship. 1989. Incubation effects. *Bulletin of the Psychonomic Society* 27: 311–314.

Smith, S. M., J. S. Linsey, und A. Kerne. 2011. Using Evolved Analogies to Overcome Creative Design Fixation. In *Design Creativity 2010*, Hrsg. T. Taura und Y. Nagai, 35–39. Springer London.

Smith, S. M., T. B. Ward, und J. S. Schumacher. 1993. Constraining effects of examples in a creative generation task. *Memory & Cognition* 21: 837–845.

Specht, G., C. Beckmann, und J. Amelingmeyer. 2002. *F&E-Management: Kompetenz im Innovationsmanagement*. 2., überarb. und erw. Aufl. Stuttgart: Schäffer-Poeschel.

Staehle, W. H., P. Conrad, und J. Sydow. 1999. *Management : eine verhaltenswissenschaftliche Perspektive*. 8. Aufl. Vahlen.

Stauss, B., und M. Bruhn. 2013. Dienstleistungsinnovationen - Eine Einführung in den Sammelband. In *Dienstleistungsinnovationen, Forum Dienstleistungsmanagement Wissenschaft & Praxis*, Hrsg. M. Bruhn und B. Stauss, 3–26. Wiesbaden: Gabler.

Stræte, E. 2004. Innovation and Changing 'Worlds of Production' Case-Studies of Norwegian Dairies. *European Urban and Regional Studies* 11: 227–241.

Stricker, H. 2006. *Bionik in der Produktentwicklung unter der Berücksichtigung menschlichen Verhaltens*. München: Dr. Hut.

Svensson, G. 2011. Teleological strands of thought in supply chain activities: example and analogy - a quest for transformative chain management. *International Journal of Logistics Economics and Globalisation* 3: 42.

Sverrisson, Á. 2001. Translation Networks, Knowledge Brokers and Novelty Construction: Pragmatic Environmentalism in Sweden. *Acta Sociologica* 44: 313–327.

Tax, S. S., und I. Stuart. 1997. Designing and Implementing New Services: The Challenges of Integrating Service Systems. *Journal of Retailing* 73: 105–134.

Thom, N. 1980. *Grundlagen des betrieblichen Innovationsmanagements*. 2., völlig neu bearb. Aufl. Hrsg. E. Grochla. Königstein/Ts.: Hanstein.

Thom, N. 1992. *Innovationsmanagement*. Bern: Schweizerische Volksbank.

Thom, N. 1983. Innovations-Management : Herausforderungen für den Organisator.

Tinello, D., und H. Winkler. 2013. Bionik in der Logistik - Träumerei oder umsetzbares Potential. In *Logistics Systems Engineering*, Hrsg. H. E. Zsifkovits und S. Altendorfer, 19–31. München: Rainer Hampp.

Tiwari, R., und C. Herstatt. 2014. Frugale Innovationen: Analogieeinsatz als Erfolgsfaktor in Schwellenländern. In *Innovationen durch Wissenstransfer*, Hrsg. C. Herstatt, K. Kalogerakis, und M. Schulthess, 83–107. Springer Fachmedien Wiesbaden.

Toonen, C., und K. Windt. 2008. Logistikdienstleistungen. In *Handbuch Logistik, VDI-Buch*, Hrsg. D. Arnold, H. Isermann, A. Kuhn, H. Tempelmeier, und K. Furmans, 581–607. Springer Berlin Heidelberg.

Tranfield, D., D. Denyer, und P. Smart. 2003. Towards a Methodology for Developing Evidence-Informed Management Knowledge by Means of Systematic Review. *British Journal of Management* 14: 207–222.

Trommsdorff, V., und P. Schneider. 1990. Grundzüge des betrieblichen Innovationsmanagement. In *Innovationsmanagement in kleinen und mittleren Unternehmen: Grundzüge und Fälle - ein Arbeitsergebnis des Modellversuchs Innovationsmanagement*. München: Vahlen.

Trommsdorff, V., und F. Steinhoff. 2013. *Innovationsmarketing*. 2., vollst. überarb. Aufl. München: Vahlen.

Ulrich, K. T., und S. D. Eppinger. 2008. *Product design and development*. 4. ed., internat. ed. Boston u.a.: McGraw-Hill/Irwin.

Ulrich, K. T., und S. D. Eppinger. 2012. *Product design and development*. 5. ed. McGraw-Hill Irwin.

Universitätsbibliothek der Technischen Universität Hamburg-Harburg. 2014. Datenbank-Infosystem (DBIS).

Vahs, D., und A. Brem. 2013. *Innovationsmanagement: von der Idee zur erfolgreichen Vermarktung*. 4., überarb. und erw. Aufl., (Rechtsstand November 2012). Stuttgart: Schäffer-Poeschel.

Vahs, D., und J. Schäfer-Kunz. 2012. *Einführung in die Betriebswirtschaftslehre*. 6., überarb. Aufl. Stuttgart: Schäffer-Poeschel.

VDI. 1993. *VDI 2221: Methodik zum Entwickeln und Konstruieren technischer Systeme und Produkte*. Berlin: Beuth-Verlag

VDI. 2012. *VDI 6220: Bionik - Konzeption und Strategie - Abgrenzung zwischen bionischen und konventionellen Verfahren/Produkten*. Berlin: Beuth-Verlag.

Verworn, B., und C. Herstatt. 2000. Modelle des Innovationsprozesses: Eine Einführung.

Vosniadou, S. 1989. Analogical reasoning as a mechanism in knowledge acquisition: A developmental perspective. In *Similarity and analogical reasoning*, Hrsg. S. Vosniadou und A. Ortony, 413–438. Cambridge: Cambridge University Press.

Wagenstetter, N., K. Kalogerakis, und N. Hackius. 2014. Discovering Innovative Analogies in Logistics (DIA.log).

Wagner, S. M., und J. Franklin. 2008. Why LSPs don't leverage innovations. *Supply Chain Quarterly* 2: 66–71.

Wahren, H.-K. 2004. *Erfolgsfaktor Innovation : Ideen systematisch generieren, bewerten und umsetzen ; mit 4 Tabellen*. Springer.

Wallas, G. 1926. *The Art of thought*. New York: Harcourt, Brace.

Ward, T. B. 1998. Analogical Distance and Purpose in Creative Tought: Mental Leaps versus Mental Hops. In *Advances in Analogy Research: Integration of Theory and Data from the Cognitive, Computational, and Neural Sciences*, Hrsg. K. J. Holyoak, D. Gentner, und B. N. Kokinov. Sofia: NBU Series in Cognitive Science.

Weber, J., und S. Kummer. 1998. *Logistikmanagement*. 2., aktualisierte und erw. Aufl. Schäffer-Poeschel.

Wildemann, H. 2010. *Innovationsmanagement : Leitfaden zur Einführung eines effektiven und effizienten Innovationsmanagementsystems*. 10. Aufl. TCW Transfer-Centrum Verl.

Winckler-Ruß, B. 2010. Kreativitätstechniken - Ein Wegweiser durch den Dschungel. In *Immer eine Idee voraus: wie innovative Unternehmen Kreativität systematisch nutzen, Innovationsmanagement in Wissenschaft und Praxis*, Hrsg. P. E. Harland und M. Schwarz-Geschka, 321–342. Lichtenberg: Harland Media.

Witt, J., Hrsg. 1996. *Produktinnovation: Entwicklung und Vermarktung neuer Produkte*. München: Vahlen.

Wittmann, R., A. Leimbeck, und E. Tomp. 2006. *Innovation erfolgreich steuern*. Heidelberg: Redline Wirtschaft.

Zerbst, E. 1987. *Bionik*. Teubner.

Curriculum Vitae Nikolaus Christian Wagenstetter

Persönliche Daten

Name	Nikolaus Christian Wagenstetter
Geburtsdatum	02.08.1982
Geburtsort:	Rosenheim

Beruflicher Werdegang

2010 – 2015	Wissenschaftlicher Mitarbeiter Institut für Logistik und Unternehmensführung (TUHH)
2009 – 2010	Assistent der Geschäftsleitung Wagenstetter Transport GmbH
2002 – 2009	Praktika in Unternehmen, u. a. BMW AG, München Volkswagen de México, Puebla MAN Nutzfahrzeuge AG, München Wagenstetter Transport GmbH, Forsting

Akademischer Werdegang

2010 – 2015	Doktorand Institut für Logistik und Unternehmensführung (TUHH)
2003 – 2009	Studium: Dipl. Ing. (Univ.) Maschinenbau und Management Technische Universität, München Universidad de las Américas, Puebla, Mexiko
2002	Allgemeine Hochschulreife Luitpoldgymnasium, Wasserburg am Inn

SUPPLY CHAIN, LOGISTICS AND OPERATIONS MANAGEMENT

Herausgegeben von Prof. Dr. Dr. h. c. Wolfgang Kersten, Hamburg

Band 14
Daniel Dumke
Strategische Ansätze zur Risikoreduktion im Supply-Chain-Netzwerkdesign
Lohmar – Köln 2013 • 364 S. • € 64,- (D) • ISBN 978-3-8441-0253-6

Band 15
Sebastian Brockhaus
Analyzing the Effect of Sustainability on Supply Chain Relationships
Lohmar – Köln 2013 • 224 S. • € 55,- (D) • ISBN 978-3-8441-0257-4

Band 16
Wolfgang Kersten, Thorsten Blecker and Christian M. Ringle (Eds.)
Sustainability and Collaboration in Supply Chain Management – A Comprehensive Insight into Current Management Approaches
Lohmar – Köln 2013 • 396 S. • € 66,- (D) • ISBN 978-3-8441-0266-6

Band 17
Thorsten Blecker, Wolfgang Kersten and Christian M. Ringle (Eds.)
Pioneering Solutions in Supply Chain Performance Management – Concepts, Technologies and Applications
Lohmar – Köln 2013 • 340 S. • € 63,- (D) • ISBN 978-3-8441-0267-3

Band 18
Insa Mareen Wente
Supply Chain Risikomanagement: Umsetzung, Ausrichtung und Produktpriorisierung – Eine explorative Analyse am Beispiel der Automobilindustrie
Lohmar – Köln 2013 • 240 S. • € 56,- (D) • ISBN 978-3-8441-0271-0

Band 19
Nikolaus Christian Wagenstetter
Nutzung von Analogien für die Entwicklung von Logistikinnovationen – Konzeption eines Vorgehens zur Anwendung von Analogien in der Logistik
Lohmar – Köln 2015 • 304 S. • € 59,- (D) • ISBN 978-3-8441-0414-1

JOSEF EUL VERLAG